种草养畜禽
关键技术彩图详解

DIAGRAMMATIZE THE KEY TECHNOLOGIES OF
CULTIVATING GRASS FEEDING ANIMALS

张桂国　〔韩〕李允京（Lee Yunkyoung）　张崇玉　主编

化学工业出版社
·北京·

内容简介

建立节粮型草食畜牧业发展模式是我国当前和今后畜牧业发展的基本方向，在这一过程中，有许多关键的技术问题需要突破，包括适宜牧草品种的选择、高效加工利用技术，以及结合现代生物学、组学的发展，把新的技术应用于传统畜牧业，以实现高效健康养殖、提升畜产品品质。本书内容在兼顾传统草畜结合关键技术的同时，把如何应用牧草中的活性成分提高动物健康状况和畜产品品质等最新研究成果融入其中，此为本书的一大亮点。

本书将为从事饲草生产、畜牧业生产、现代循环农业生产的从业者，在种养结合、草畜一体化方面提供从理论到生产实践应用技术的详细介绍。

图书在版编目(CIP)数据

种草养畜禽关键技术彩图详解/张桂国，（韩）李允京，张崇玉主编. —北京：化学工业出版社，2022. 5

ISBN 978-7-122-40799-3

Ⅰ.①种…　Ⅱ.①张…②李…③张…　Ⅲ.①牧草-栽培技术-图解②畜禽-饲养管理-图解　Ⅳ.①S54-64②S81-64

中国版本图书馆CIP数据核字（2022）第024932号

责任编辑：张林爽　　文字编辑：张春娥
责任校对：宋　玮　　装帧设计：韩　飞

出版发行：化学工业出版社(北京市东城区青年湖南街13号　邮政编码100011)
印　　装：北京缤索印刷有限公司
710mm×1000mm　1/16　印张17　字数302千字　2022年7月北京第1版第1次印刷

购书咨询：010-64518888　　售后服务：010-64518899
网　　址：http：//www.cip.com.cn
凡购买本书,如有缺损质量问题,本社销售中心负责调换。

定　　价：118.00元

本书编写人员

主　编： 张桂国　[韩] 李允京（Lee Yunkyoung）　张崇玉

副主编： 王　诚　窦桂武　尹朋辉

参　编： 李　彦　左兆河　赵　娟　王　云　王兆凤
周佳萍　周开锋　战汪涛　姜慧新　刘　栋
刘　刚　杨景晁　郝小静　李泽民　王英楠
张　洁　张　新　王云鹏　曹亚男　高　旭
杨向黎　杨国锋　贾春林　赵　鑫　苗福泓
崔立华　杨胜男　于　宏

前言

粮食是关乎国计民生的基础，中国是以农立国的国家，粮食安全必然是国家长治久安、稳定发展的基础。近几十年发展的耗粮型高污染高排放的集约化畜禽养殖模式（注意这里不是传统养殖模式）只能在一个阶段存在，不是畜禽产业可持续发展的优选模式。只有实现产业的转型升级、发展种养结合的农业模式、保持低排高效的饲养状态，并生产优质安全的畜产品才是实现现代畜牧业、种植业可持续发展的目标。我们需要把中国传统的以家庭为单位的种养结合模式，嫁接上现代集约化养殖技术，进而实现传统模式和现代技术的完美结合，从而构建现代种养结合的可循环大农业可持续发展模式，是现代农业发展必须要考虑的问题。

在这一过程中需要因地制宜，既要研究不同农业生产条件下的种养结合发展的可行模式，又要集成嫁接当前畜牧业发展模式下的最新技术，继承传统畜牧业种养结合的核心理念，适应现代畜牧业高产优质高效的需求。研究在当前集约化规模化养殖条件下的关键技术，就必须从饲草料种植，到加工利用、健康养殖等产业链环节开始，使这些技术沿着产业链集成，从而形成适应某一特定生产环境下的（区域性的）技术规程。这是实现中国不同生态区条件下的种养结合，形成可持续发展现代循环农业的可行模式。

在建立草畜一体化的现代循环模式中有几个科学问题需要解决：一是在某一生态区条件下，如何增加饲草产出，从而构建饲草料供给体系。这里有几个技术关键点需要突破：摸清本地有哪些饲草和作物品种资源、推断出本地适合培育的作物和饲草品种、思考如何调整种植业结构、制定出种植业秸秆和其他副产品的科学收贮加工模式。二是草畜如何结合，如何计算以养定种的饲草需要量。这就要考虑养殖品种、规模，科学预测所需要的饲草量，同时根据营养搭配的原理实现饲草的多样化。三是如何进行科学的养殖。这就要求选择适合的养殖品种、数量，养殖模式，这有利于合理利用当地饲草料资源，生产安全优质饲草料。另外，养殖废弃物的处理要和当地土地的消纳能力相结合。在全球一体化的背景下，强调区域性草畜配套并不矛盾，毕竟草料的运输、畜产品的异地运输不仅会增加成本，还会出现产品的保鲜和质量问题。只有利用好当地的资源，才能实现中国传统农业种养结合的模式在现代化农业体系构建中使其精华被吸收，嫁接现代技术，构建新型农业发展模式。

在饲料资源全球化配置的背景下，强调区域性的种养结合与精准化资源产出对接并不矛盾。区域化的种养一体化，强调的是饲草料资源供给本地化，可以降低饲养成本、提高本地化饲料资源的利用程度，既有经济效益也有环境效益，这里也不排斥外地饲料资源的输入和利用；养殖上，发掘本地优质畜禽资源、扩大良种繁育和革新模式，也不排除外来优质品种的养殖。饲料资源本地化，养殖本土优良畜禽品种，是打造地标性优质畜产品，建立地方特色品牌畜产品的可行途径，从而实现食品供应多样化。

本书也正是在此背景下，尝试回答如何构建我国现代种养结合的新型农业模式。即在全球化背景下，如何发掘我国农业传统的种养结合模式，嫁接现代种植、养殖技术，探索适合我国农业发展的新型农业主体模式并集成关键技术，使农业种植业和养殖业健康发展，实现过程的高产高效以及产品的优质安全。

编　者

目 录

第一章

绪 论

一、种养结合可持续发展农业模式历程

无论是东方的农耕文化，还是西方的渔猎和游牧文化，人们所圈养的动物都是基于活动范围内的野生或栽培植物资源，反之，人类活动区域内的植物资源也养育了本区范围内的具有显著区域特点的动物群体，在漫长的大农业发展过程中，逐渐形成了不同生态区条件下的特有的植物、动物资源，以及作物栽培和动物圈养模式。动物的饲养和饲料供给体系的构建都是基于本地资源的基础之上，由此形成了不同地区的特色品种。传统畜牧业发展是大农业中的一部分，是一种相互融合、协调发展的可循环生态模式，基于本地栽培饲草料资源的载畜量和养殖品种以及饲料加工利用模式，在社会整体生产力发展水平较低的情况下，这种模式提供的畜产品并不丰富，但这种传统的草畜结合模式，却是一种可以借鉴的可持续发展模式。在今天生产力发展突飞猛进以及全球信息化和交通运输业的发展情势下，各种资源已经实现了全球化配置。

二、种养结合是农业可持续发展的驱动力

在畜牧业发展中，全球优秀的动物品种资源和饲草料资源，都很容易流通到世界各地，但由于生态环境的自然差异，在一地形成的优势物种，到另一地并不一定能发挥出生产优势，并且由于能源的紧缺和高昂的运输成本，以及各国间存在的物种输出壁垒，新品种的引入和资源的购买必须考虑农业生产的成本。基于本地资源进行品种改良和本土化驯养成了动物引种的必需环节，同时，饲草料供给体系的建立也是基于本地品种资源的改良和配套技术的完善。可持续循环生态模式的发展也必须是基于本地品种资源的发掘和再利用，从种养结合、草畜一体化考虑，种什么品种应由当地的自然生态位决定，而养什么品种，就要考虑当前和今后一段时间内的市场需求和本地所有的饲料资源，以及容易低成本配置的外地资源。

在以草为起点、以畜为终点的循环生态链中，涉及种什么、怎么种以及养什么、怎么养、品种选择、栽培管理、饲料配合、饲养管理、种养两方的资源配套等一系列关键技术问题需要深入研究、集成和解决，从而形成生产上可操作的轻简化、标准化技术规程，构建草畜一体化综合配套技术，以促进我国畜牧业的健康可持续发展。发展以本地饲料资源养殖本地优质动物品种，有利于保存、挖掘、利用本地优质饲草和畜禽品种的种质资源，对于今后生产优质的肉蛋奶品种、培育高产优质高抗逆性植物品种都具有重要意义。

显然，传统的一家一户种养结合养殖方式已不能适应当前社会对畜牧产品的需求，在保持优质畜产品、地方特色畜产品的同时，还要满足量的需求。传统养殖模式下的地方风味畜产品如何嫁接现代化养殖模式，满足现代社会对畜产品多元化风味以及高品质和充足数量的要求，是急需解决的问题。

在畜牧业发展过程中也存在使用违规化学合成添加剂生产畜产品的现象，如违规或超量使用苏丹红、日落黄、诱惑红、三聚氰胺等化工原料作为添加剂，造成食品安全的巨大隐患。在集约化规模养殖条件下，如何把种养结合的理念应用于畜禽健康养殖，既能把地方饲料资源充分利用，同时保持我国地方品种的风味特色，又能让传统的以一家一户为主的养殖业转型升级，既有规模上的扩张，也有品质上的保障，是当前健康养殖、发展生态农业需要探讨的问题。

三、草畜结合发展模式在我国的历史及意义

黄河流域是中华文明的发祥地之一，不同于中东和欧洲民族的游牧文明，农耕文明衍生的是自给自足的自然经济状态，日落而息，日出而作，有规律的生活状态，“昼耕夜读”说的也是农耕文明的一种生活方式。这种文明下，以土地为基本的生产资料，能够种植满足基本生活的粮食，结余则用于发展养殖，提升生活质量，这基本上是一个封闭的生态链。链上的养殖环节，养殖数量、品种都是基于本地饲料资源。由此可见，中国最早的农耕文化就孕育了这种草畜一体化、草畜结合发展的模式。这种模式发展了几千年，在一定程度上也可以认为是可持续发展，它的养殖规模完全取决于本地所有的饲料资源和饲料种类，这是一种以种定养的模式，其中也有以养定种的模式，比如为了养马，专种苜蓿，就是一种案例。

我国的传统农业发展也是一种耕种农业，形成的是农耕文化，畜牧业作为大农业中的一部分，自夏商时期就在我国农业生产中占有重要的地位。在我国传统畜牧业的发展中，已经贯穿了传统的草畜结合、协调发展的理念。大农业中的传统畜牧业发展模式，实际包含自给自足的两种形式，一是以放牧为

主的草地畜牧业（准确地说是北方牧区，如我国的长城以北张家口、内蒙古自治区，关中以西的兰州、新疆、西藏等地，当前仍是以放牧形式为主的草食畜牧业），二是农区草食畜牧业形式，之所以称为农区草食畜牧业，是因为在我国农区大部分是以家庭为单位圈养动物，而少有规模化的以配合饲料为基础的养殖场（我国农区包括黄河中下游地区以及黄淮海区等）。以家庭养殖为主的养殖模式，饲料供给的特点是立足本地自有的饲料资源，经过简单的加工处理和配合，作为圈养动物的主要日粮来源，而养殖的品种既有以草食为主的牛、羊，也有杂食动物猪、鸡，这些品种都是以自有的生产资料为饲料来源，很少有专门外购的饲料资源，有少量饼粕类，很少有动物源性饲料原料，基本上是一种立足自由饲料资源的自配料方式的饲养模式。

种养结合，草畜一体化，就是统筹考虑作物种植和畜禽养殖的产业对接，使两个板块在物质和能量的产出、需求上，能实现前后的种类和数量的衔接，从而实现真正的自我循环和食物链闭环，实现自我更新和发展。种养结合的大农业必须是区域化的技术集成，过大区域的规程技术反而不能适用于每个分区。不同生态区的气候条件不同，也会造成适宜生长的植物种类和作物种植习惯的不同，由此产出的生产资料差异也会较大。同时，适合养殖的动物品种也不同。在生产中必须因地制宜，根据实际情况研究具体的饲草以及秸秆加工利用技术，根据养殖品种确定最佳的饲料配合技术和养殖模式，从而实现种植业产出的生产资料在养殖业中有效利用率最大化、废弃物排泄量最小化，使更多的营养物质从第一种植环节流向动物生产的第二环节，实现经济价值流动转移和增殖，同时还兼具环境生态效益。分区化的技术集成有利于实现精准化的大农业生产技术，包括种植业安排、饲草料加工技术、动物营养供给等，能够实现粮食和饲草的优种优产、畜牧养殖的优质高效，最终实现草畜结合的协调发展。现代农业是实现土地的用养结合、粮食的丰产优质、畜牧业的优产优质、粮食和畜产品的安全优质，从而实现环境的宜居、食品供应的安全优质，最终为全人类的生存发展营造生态宜居环境和优质安全的食物来源。

区域性草畜一体化建设存在两方面的问题，从草—畜生态链的两个端点考虑。一是草的环节，即饲草的供给问题，要考虑饲草的品种和数量，这里的饲草不仅指传统的饲草，也包括作物的秸秆、饲用作物，在饲草供给环节上，目标是数量充足、营养平衡且满足养殖动物的营养需要；在饲草的供给上实现本地化供给，降低饲料成本。这就要求种植业上要考虑种植的种类和数量，结合当地的养殖种类和数量，根据饲料科学配合的要求，确定饲草的种类和数量，来确定种植的数量和种类。另外，种植业也要考虑稳定的粮食生产，同时还要提供饲草来源。种植业通过调整种植结构和栽培模式，来构建优质饲草的生产基地，其关键技术包括多元种植模式、粮饲兼用型作物的种植等，再结合饲草加工技术，进而提高秸秆等的利用率；从种养结合统筹考虑的视角来看，具有两种模式，即以种定养和以养定种。同时从技术上开展研究，来提高当地种植业加工副产品的利用率，最大程度实现饲草料供给本地化。二是要考虑畜的环节，养殖动物的品种和数量要基于本地生态环境的养殖品种（本地资源和引入品种）选择，养殖数量要考虑当地饲料资源供给情况来科学规划，从而降低饲料成本（即动物养殖要充分考虑当地饲草产出和供给情况），养是基于种的基础和饲草料供给能力而建立的生态链下游环节。

四、草畜一体化的发展模式

1. 种养结合模式——以种定养

种什么，养什么，以种定养，立足开发利用本地饲料资源，节约成本。我国传统的养殖业其实是立足本地资源的种类、产量而建立的草食畜牧业的形式。在农区种植的作物、饲草，奠定了畜牧业发展的物质基础。基于本地生产的饲料资源，豢养本地畜禽品种，目的在于服务于战争、用作交通工具（如马）、用于役力（牛、驴、骡）、用于改善膳食结构（羊、鸡、猪）等。

同时人们认为畜牧业还是增加社会财富的一种方式，“六畜不育，则国贫而用不足”“六畜育于家……国之富也”（管子），指明了当时的畜牧养殖，是以家庭为单位进行。而动物品种的分布和地方品种的形成均与各地饲料资源的品种和分布有关，地方畜禽品种具有明显的地域特点。如四川地区多山地、草山草坡，形成的地方品种南江黄羊，善于攀爬，采食低矮灌木、天然野草；山东鲁中、鲁中南多山地丘陵，有泰沂山脉、沂蒙山区，多种植地瓜、花生，形成的沂蒙黑猪、莱芜黑猪、青山羊，都具有耐粗饲、个体小、繁殖力强的特点，同时肉质沉积的风味物质多，具有肉质鲜美的特点，而鲁西一带多平原，耕地多，农作物多，秸秆也多，当地具有吃牛、羊肉的习惯，形成的地方品种鲁西黄牛、小尾寒羊，耐粗饲，可放牧，具有蒙羊的血统，善奔跑，公羊能打斗。古来传统农耕区，主要以牛、驴作为主要役畜，所以在传统的农耕区都形成了牛的品种，黄河中下游黄淮海区是北方主要粮食产区，形成了鲁西黄牛；八百里秦川是关中的主要粮区，形成秦川牛；中原腹地河南南阳一带则是传统的农耕区南阳牛；山西南部则形成晋南牛。

以种定养是基于本土畜禽品种和本地饲料资源的合理模式。中国传统是耕地农业，农耕文化以种植业为主，“五谷为养，五果为助，五畜为益，五菜为充”，畜产品是饮食的一种有益补充，但不是食物中的主要成分。畜牧养殖业是种植业的一种补充，目的之一是丰富人们的膳食结构，二是转化剩余的不适于人们直接食用的作物产品资源。圈养动物是基于当地的饲料资源，以剩余的粮食、作物秸秆构成了中国农区传统饲养动物的日粮组成。基于本地的饲料资源开发，最大化降低了成本，同时养殖的品种也是已适应当地环境和饲料资源的地方畜禽，养殖规模则以自有饲料资源的储备量为基础，饲料供给和养殖规模处于一种动态供需平衡，所以是一种可持续发展的模式。

2. 养种结合模式——以养定种

养什么，种什么，以养定种。在集约化饲养模式下，根据市场的需求有目的地去发展某一方面的规模化养殖，这其中饲料的供应则成为必备的条件。在实现饲料多样化、提高养殖健康和畜产品品质的前提下，则要全面统筹考虑：第一，根据养殖品种和规模选择种植牧草、饲料作物品种和规模，第二，实现全价日粮养分的全面均衡供应，同时提高单位土地的产出，这两个方面都是强调协调发展、全面统筹。

要养什么动物，它适合的牧草是什么？古人也早有探索。我国冷兵器时代，马是最重要的坐骑和长途运输的动物，具六畜之首。在养马过程中，不断有品种的改良和饲养方法的进步，在汉朝张骞出使西域，带回大宛马，改进了中原马品种，引进了外血进行了血统改良，形成了汗血宝马，在引进大宛马的同时，把草也引进，“苜蓿随天马，蒲桃（即葡萄）逐汉臣”，西域和北胡的马引进以后，随着把它们的饲草也一并引进，在长安一带广泛种植，所以汉朝天马和苜蓿、榴花和葡萄、胡萝卜都出现在了文学的诗篇中。“汉家天马出蒲梢，苜蓿榴花遍近郊”就印证了当时长安一带养马和牧草种植的情况。汉朝的养马，苜蓿种植，形成了关中苜蓿品种。现代研究表明，苜蓿草不仅含蛋白质高，更重要的是含有丰富的膳食纤维，它们通过维持胃肠道微生物菌群的健康，而系统性地提高机体免疫力。

3. 饲料配合的理念——因地制宜，发展种养结合

“务于畜养之理，察于土地之宜，六畜遂，五谷殖，则入多”《韩非子·难二》。在古代人们就懂得草畜结合，互相促进，且种地要知道土地的特征，养畜要通晓内在的规律，这样才能种养丰收，相得益彰。

饲料配合、营养平衡的理念更应该在现代养殖业中体现。通过不同种类饲料搭配，来达到营养物质平衡，满足动物不同生长阶段和生产目的下的营养需求。《韩非子·外储说左下》中“吾马菽粟多矣，甚臞，何也？”，古代以菽粟为主要精饲料，统称秣。在春秋战国时候人们就知道用豆类和谷实搭配来养马。《齐民要术·养牛马驴骡》中“食有三刍，饮有三时”，就是说饲料要有

多种草搭配，定时饮水。在我国古代就知道饲料搭配的概念，并有豆类和谷实搭配喂养马匹的经验。

在当代动物营养理论和饲料科学发展的背景下，人们更懂得营养平衡的重要性，如能量平衡，氨基酸平衡，微量元素、维生素的平衡，脂肪（必需脂肪酸）营养的平衡，通过饲料原料的合理搭配来达到营养物质的平衡，以提高养分利用率和动物生产性能。此外，需要强调的是，在种养结合和饲料搭配的理念下，除了考虑营养性，还要考虑环境效应，饲料在反刍动物消化道内发酵过程中会有甲烷的释放，释放的甲烷能量约占采食饲料总能的 7%，同时，释放的甲烷也是一种温室气体。日粮的组合和饲料种类会影响甲烷的释放，当以三叶草或胡枝子替代苜蓿和玉米搭配饲喂奶牛时，甲烷的排放量减少 10%，其重要原因是三叶草里面含一定量的浓缩单宁。因此在选择适宜栽培的牧草时，既要考虑其适口性、营养性，还要考虑它的环境效应。

第二章

牧草在现代畜牧业中的应用

在当前草食畜牧业大力发展的背景下，牧草生产是其发展的前提和物质基础。而牧草的生产又不同于普通配合饲料的生产，涉及从种植到养殖的全产业链，即从牧草种植、收储直到加工利用。如何在生产中把握各个环节的关键技术，完成科学应用的技术体系建设，对于种养结合的生态畜牧业建设至关重要。

人类农业有两大系统，即草地农业系统和耕地农业系统。我国农业长期以来形成了以粮食作物种植为主的耕地农业系统，且不断开垦原有的草地资源来进行农作物种植，从而使耕地农业越来越发达，草地农业逐步退化。伴随着以放牧饲养的草食动物饲养量逐年减少，代之以饲喂粮食为主的集约化圈养逐年增加。随着人民生活水平的不断提高，膳食结构不断变化，对肉食的需求与日俱增，人们的食物消费结构由 8∶1∶1 变成 4∶3∶3［即过去吃 8 斤（1 斤 = 500g）粮 1 斤肉 1 斤菜，今天吃 4 斤粮 3 斤肉 3 斤菜］。人们膳食结构的改变要求更多的畜产品产出，而在肉食组成结构中，由草食家畜提供的肉食量逐渐增多。

2015 年，全国养牛 1.5 亿头、羊 5.6 亿只，加上其他畜类和家禽消耗，饲料粮消耗量高达 3.8 亿吨，动物吃掉 6 亿吨粮食总产量的大半，并且近年来每年都以 10% 左右的幅度增长。按照传统养殖模式，一只羊日食 1.5kg 草、7 个月出栏；一头牛日食 7.5kg 草、一年出栏。据此测算，全国每年仅 6 亿吨农作物秸秆就可以饲养出数亿头（只）的牛羊。因此应大力发展草食畜牧业，这是提高我国资源利用率、解决人畜争粮问题的可行途径。当然，实现秸秆饲料化，从理论到实践，这中间还有一个技术的问题，需要进行深入研究，秸秆资源丰富，但利用率较低，如何加工利用、如何根据畜种进行日粮配合，这都是实现秸秆资源合理利用需要解决的关键技术问题。

在谷实类作物生产中，实现人吃籽实、动物吃根茎叶，把人类不能利用的有效资源转化为高品质的动物性产品，既是丰富人类膳食资源的可行途径，也是实现资源的合理配置、发展循环生态农业的必由之路。按照自然食物链规律，才能实现生态有机、可持续发展。而当前在养殖业的发展中，即使是草食家畜也较少喂秸秆而是喂粮食，从而导致农作物秸秆无处存放，农民为争种植茬口，采用焚烧秸秆的方式。实际上，为农作物秸秆找合理出口，一面采用新科技综合开发利用，一面恢复大自然安排的食物链规律才是万全之策。

当前，我国草地资源超载过牧达到36%，超载过牧又会使草场不断退化。草地农业与耕地农业两大系统的错位发展，带来诸多隐患，一些土地亟待退耕还草，恢复自然生态。2017年，三大主粮作物，加上豆类、甘薯总产量约为6×10^4万吨（如表2.1），秸秆产量则超过9×10^4万吨，粮食中有50%用作饲料，而丰富的秸秆资源在畜牧业中的利用率不到30%。因此，提高秸秆资源的利用率也是今后研究和开发的重点之一。

表2.1　2017年主要粮食作物产量

类别	播种面积 / $\times10^3hm^2$	总产量 / 万吨	秸秆 / 万吨	亩产量 /kg
玉米	35445.2	21589.1	40094.04	406.06
稻谷	30176	20856	23518.47	460.76
小麦	23987.5	12977.4	24100.89	360.67
豆类	10352	1916.9	8732.54	123.45
薯类	8937.3	3418.9	1465.24	255.03
合计	108898	60758.3	97911.18396	

注：数据来源于国家统计局网站。1亩$=\frac{1}{15}hm^2=666.67m^2$。

第一节　牧草在单胃动物养殖中的应用

大力发展以集约化方式圈养的鸡、猪等单胃动物，再加上以玉米、豆粕为主要原料来源的配合饲料模式，这既不符合畜禽的生理营养需求，也不符合我国饲料资源供给情况。我国饲料资源紧张，优质蛋白质饲料资源、优质饲草资源缺乏已成为我国养殖畜牧业发展的最大障碍之一，同时也与当前我国大力发展节粮型草食畜牧业的政策方针相悖。

从营养需求和消化生理的专业角度看，猪禽等单胃动物能够很好地利用部分牧草，在饲料组合中包含一定量的牧草不仅能满足营养物质需求，节约饲料粮，更能改善肠道健康，提高动物机体健康和生产性能，改善产品品质；另外，粮食中的各类营养物质（蛋白质、能量、矿物质等）在动物消化道中的利用率只有 60% ～ 80%，剩余的 20% ～ 40% 的营养物质成为废弃物排出体外，包括氮、磷、重金属污染，废弃物排放成为水和环境的主要污染源。因此，探索如何在猪禽的饲料配合中使用牧草的关键技术，对于实现节约粮食、提高资源利用率以及减少废弃物排放具有重要意义。

在现代养殖业中，集约化饲养的鸡猪，由于采食的精饲料（简称精料）过多，日粮中缺少必要的纤维素、半纤维素等成分，常导致消化道食糜过黏，排空不畅，直接引起各种消化道疾病，影响养殖健康。

一、养猪生产中牧草的应用

1. 中国传统以家庭为主体的种养结合养殖模式

猪是杂食动物，具有较强的采食和利用牧草的能力，尤其是我国地方优良猪种有很强的牧草利用能力。牧草中的营养成分在猪的消化道内能被较为充分地消化吸收，且能保障胃肠道健康，减少消化道疾病。在日粮配合中使用部分牧草既能节约粮食资源，也能改善畜禽消化道内环境，提高饲料养分的利用率，增强畜禽机体免疫力和抗病力，改善畜产品品质。常年饲喂青绿饲料，可以收到“以青补精，节本增效”的作用。

在我国传统的养猪产业（见图 2.1）中，养殖的品种以当地品种为主，养殖模式上，养猪生产以家庭为单位的圈养为主，饲料供给模式上，使用打碎的秸秆、藤蔓类，经过发酵或不发酵，搭配部分精料，在这种模式下的猪饲料组成，常常是包含了厨房泔水、青粗饲料（地瓜秧、花生秧、苜蓿草等）、谷物加工副产品（麸皮、次粉、米糠、稻糠），再与能量饲料（玉米、地瓜、高粱等）一起混合，加水搅拌成流状液体饲料，这种传统上“稀汤灌大肚”的饲养模式，算不上精准的科学饲养，但是这种传统的养殖模式存在明显的优点，即最大限度利用了当地现有资源，且把养殖和本土地域性饲料资源开发利用进行了有效结合，经过简单易操作的加工处理，如秸秆经过适当粉碎或加水进行湿发酵等简单处理，能在一定程度上提高当地的饲料资源利用率，降低饲养成本；养殖产生的废弃物经腐熟后用作农家肥，提高了作物产量，培肥了地力，这是我国传统的农牧结合发展模式，也是现代发展草畜结合一体化生态循环模式的初级形式，这种模式基本上是以种定养，生产者只是根据当地的气候和生产条件安排种植的作物，产生的副产品用于养殖，不是以养殖为主导的以养定种。这种模式也存在一些不足，一是自配料日粮组成中营养搭配不均衡，自配日粮，配方不固定，多是根据自家现有饲料资源，仅凭经验进行搭配，常常是配合饲料中粗饲料过多，导致日粮整体营养浓度低，或是营养不平衡，日粮能量饲料过多，能量过高而蛋白质含量低，能蛋比失衡；二是养殖阶段不能细分。这种养殖模式与现代养猪业相比，猪生长速度慢、耐粗饲、猪肉肌间脂肪沉积多，口感劲道发香，猪的抗病力强，少发疾病，尤其是胃肠道疾病少。

传统的饲养模式一定程度上也造就了我国地方猪种的形成，该种模式充分开发利用了本地资源，饲养当地品种，生产安全优质的畜产品，废弃物还田，即种养结合、草畜一体化发展，为今后我国开展种养一体化可持续发展循环农业提供了参考。这一传统模式，唯一的缺点就是生产力低、周期长。如何把传统养猪业和现代养猪业科技发展的成果进行融合嫁接，是当前需要解决的问题，涉及地域性饲料资源的开发利用、饲料的精准调配、当地品种的科学饲养管理等。

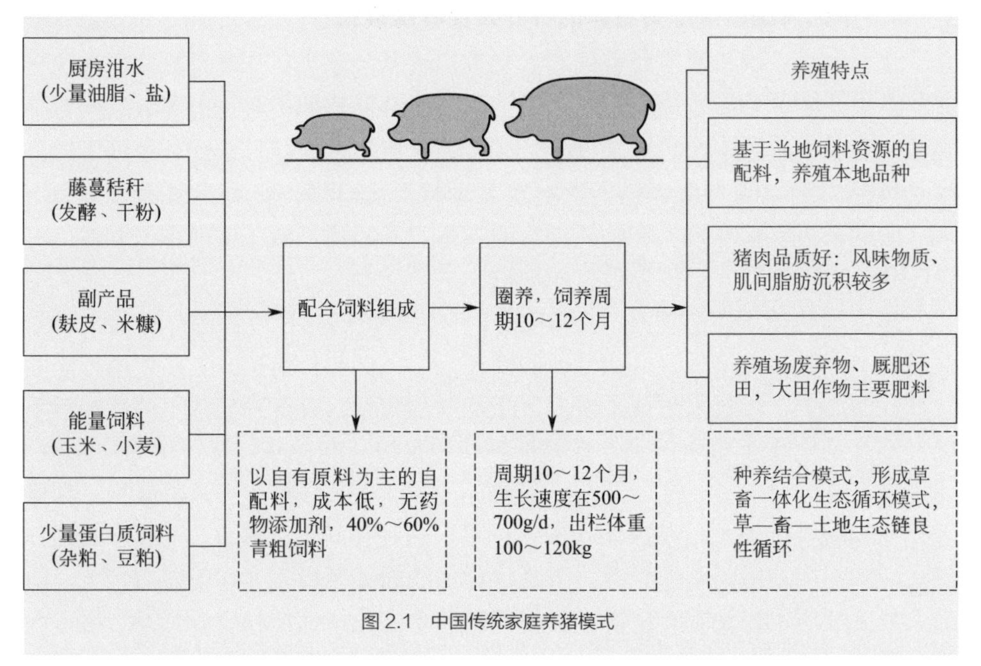

图 2.1　中国传统家庭养猪模式

在我国传统的千家万户散养状态下，有加工秸秆或种草养猪的实践，并积累了丰富的经验，包括如何选料以及加工处理。养殖户自配料中，北方的甘薯藤、花生秧，南方的狼尾草、多花黑麦草等原料均是优质的猪饲料，鲜的可以直接饲喂，干的可以粉碎后与精料混合饲喂，在生长育肥猪饲料中占10%～30%的比例，能改善肠道健康、提高肉质，在种公猪和繁殖母猪饲料中能占日粮的50%以上，可减少孕期便秘，提高繁殖率。

综合而言，在育肥猪的日粮中添加一定比例的草粉，能增加胃肠道的蠕动，改善肠道健康，可以显著降低猪肉中胆固醇含量，提高钙质、肌间脂肪、必需氨基酸的含量，肉质好，耐储存。

优质的牧草资源用于集约化畜牧饲养业，一方面可以把牧草直接进行饲喂，另一方面，也可以把优质的牧草加工后，在配合饲料的生产中作为常规原料使用，因此能减少我国养殖业饲料用粮的总量，缓解“人畜争粮”的矛盾，弥补我国粮食资源不足的短板，既具有经济和社会效益，又对解决我国粮食安全供给问题具有长远的战略意义。

2. 牧草的加工处理

在传统散养状态下，一种方法是把新鲜牧草打碎、切短直接饲喂；另一种方法是将不能新鲜饲喂的牧草，直接晒干后，粉碎，发酵，和精料混合饲喂。在日粮配制中添加部分优质牧草一方面能降低日粮成本，增加经济效益；另一方面，能扩大原料来源，提高饲料养分利用率，减少废弃物排放。此外，还能够改善畜产品感官性状，提高畜产品品质；提高母猪的繁殖性能，保持消化道功能，减少消化道疾病。

针对以上对牧草加工利用的介绍，现举例如下（见图 2.2）。该案例展示了我国传统养殖模式中，牧草在地方品种猪养殖中的应用情况。

原料以当地所有的原料为主。首先进行饲料配合，当地的野生青草，小麦玉米加工副产品麸皮、玉米皮、米糠，粉碎的地瓜秧等糠麸类和粗饲料原料，经发酵处理；豆腐渣作为蛋白质原料。日粮组成为鲜牧草（干地瓜秧经发酵）+豆腐渣 + 谷物加工副产品，将其发酵、搅拌混合，饲喂繁殖母猪和育肥猪。

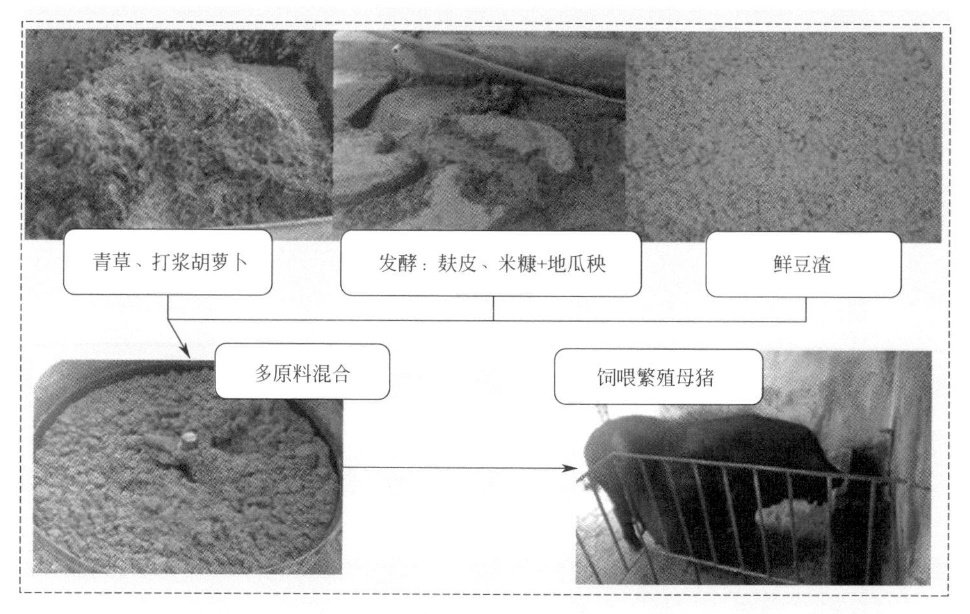

图 2.2　牧草调配的莱芜黑猪（母猪）日粮

对于牧草在配合饲料中的用量，根据猪生长阶段和品种的差异，三元杂交的育肥猪每天可以搭配饲料喂新鲜牧草 5 ～ 8kg（1.25 ～ 2kg 干物质），母猪可饲喂 10 ～ 12kg（2.5 ～ 3kg 干物质）。一般牧草鲜草亩产约在 3000 ～ 6000kg，如苜蓿和黑麦草，一年鲜草产量大约在 4000kg/ 亩，种植 1 亩牧草所收获的鲜草可以满足 20 头育肥猪或 10 头母猪的搭配饲喂量。

从收益上看，种草养猪是十分可行的。在目前的生产和技术条件下，养育肥猪的饲料报酬一般是 3∶1，饲养一头 100kg 的育肥猪，约需消耗 300kg 精料，按现行饲料价计算，成本约为 780 元，饲喂牧草代替部分精料后，可节约精饲料 20 ～ 30kg，降低饲料成本 50 ～ 80 元。如用牧草饲喂母猪，则使用比例更高，也可以省下更多的精饲料，降低生产成本的幅度更大。

精饲料原料供应紧张或精饲料不足的地方，采用种草养猪是一个较好的方法。除利用耕地种草养猪外，养殖户还可以充分利用田间地头、撂荒地等闲置的土地种植优质牧草发展生猪养殖。同时，在我国充分利用当地资源养殖地方优质猪品种，这种种养结合的现代农业模式中，增加配合饲料中牧草的比例对于节约成本、增加经济效益、减少疾病、提高肉品质和保障食品安全等均具有重要意义。

3. 以牧草为基础的猪配合饲料调制技术

猪是杂食动物，具有消化粗饲料的能力，在配合日粮中增加牧草比例，使猪的日粮配合更符合其消化生理需要，既有助于猪的消化道健康，可生产出优质猪肉，又能节约成本，提高饲料养分利用率，减少废弃物排放。日粮调配通常有两种模式：一是新鲜的牧草直接应用，切断、打碎或打浆，依据营养成分和其他精料混合，直接饲喂，这种方式适合于牧草来源方便的猪场，可以随时取用优质牧草，在适合的季节饲喂青绿饲料，在冬季饲喂干的粗饲料；另一种方式是把牧草进行发酵，可以是自然发酵或加有益菌种发酵，发酵后的饲料既能补充营养成分，也能补充有益微生物，对维持猪的肠道健康、提高猪肉品质具有重要的意义，且适当的发酵能够使得牧草保存期延长。

发酵饲料具有标准化的操作规程，通过标准化生产能使牧草成为一种质量稳定的饲料原料。类似于发酵豆粕、杂粕，牧草的发酵同样适宜于集约化饲养场，更适合生产高档猪肉的养殖场。发酵饲料的优点总结如下：

（1）降低饲养成本　经发酵后的牧草、能量饲料均含有一定比例的菌体蛋白，用该发酵物料配制全价料，可适当减少蛋白质饲料的用量，从而大大降低饲养总成本。省本即赚钱。

（2）提高饲料适口性　经饲料发酵剂发酵后的产物呈金黄色泽，手感滑爽，气味清香，口感极佳，很适合生喂，动物喜吃而且吃得多，大大节省了燃料及人工成本。

（3）使饲料除毒脱毒　在发酵牧草时加入的有益菌，可提高发酵效率，同时产生饲料发酵剂中所含“功能型”微生物自身生命活动及其代谢产物，使饲料（特别是菜籽饼和棉籽饼）内所含有毒、有害物质被降解而脱除，从而大大提高了饲料的安全性，使棉籽饼或菜籽饼可替代豆粕使用。

（4）提高动物抗病力　饲料发酵剂中所含的微生物直接参与动物肠道的屏障作用，补充动物肠道内有益微生物的种群与数量，形成“优势有益菌群”，阻止病原微生物的定植和生长繁殖，恢复和维护动物肠道内的微生态平衡，从而提高动物免疫力和抗病能力，使动物少得病，使养殖者省心省钱。

（5）提高饲料利用率　发酵过程中微生物菌群能利用饲料原料中坚韧的植物细胞壁，将纤维素、果胶质等难以降解的“大分子”物质转化为单糖和寡糖等“小分子”物质，并生成多种有机酸、维生素、生物酶、氨基酸及其他多种未知生长因子，大大提高了所发酵物料的营养水平和消化利用率，使动物“食而不化”“食不长肉”的现象得到彻底改观。

日粮调配的两种方式是适合不同的饲草加工利用以及储存的方式，新鲜青绿饲料含有丰富的维生素、叶绿素等物质，而发酵后的饲料则含有菌种发酵产生的有机酸、菌体蛋白等。

4. 种草养猪的适合牧草品种

合适的牧草品种需要根据猪的消化道内环境和对营养物质的消化吸收特点进行选择，要求牧草：一是提供常规营养成分和某些功能性成分；二是牧草中本身含有的汁液，能改善消化道内环境；三是提供较多的纤维物质，促进肠道蠕动和维持肠道健康。

（1）多汁的叶菜类　像苦荬菜、鲁梅克斯、菊苣等，这类牧草含水分较多，植株纤维化程度低，除了提供营养物质外，还含有多种功能性活性成分。如苦荬菜中含有苷类、齐墩果酸、阿魏酸等，具有清热解毒、缓解畜禽氧化应激的作用。鲁梅克斯，又名杂交酸模，其叶片中含有丰富的有机酸，能提高猪消化道酶活力，改善消化道内环境，提高养分利用率。

（2）根茎类　菊芋、马铃薯、甜菜、红薯比较适合，这类牧草含淀粉、菊粉类物质较多。特别指出的是，菊苣块根和菊芋块茎中菊粉含量高，这是一类功能性多糖成分，适量应用能调控肠道微生物菌群，改善动物健康，提高畜产品品质。

猪的食性杂，各类牧草经过适当加工都适合作猪饲料。

5. 种草养猪中牧草的利用方式

种草养猪必须选择适宜的牧草品种（见图 2.3），并且要结合季节和饲养方式来确定牧草养猪的方式。夏秋季节，以鲜草直接饲喂为主要的牧草利用方式；冬春季节，以优质草粉或打浆青贮的牧草作为混合饲料成分喂饲。以家庭为主的散养可以采取以下几种方式（见图 2.4）合理利用牧草：

(a) 饲用甜菜　(b) 菊苣　(c) 菊芋　(d) 鲁梅克斯

图 2.3　适合猪的牧草

（1）牧草鲜饲方式　牧草种植时间选在春夏季节，种植籽粒苋、聚合草、菊苣等多汁牧草，鲜草添加量占日粮的 15% ～ 30%，每 10 头猪配套 1 亩牧草。

（2）制成草粉使用　牧草制成草粉添加到精饲料中饲喂，种植品种为苜蓿、墨西哥玉米、高丹草等，夏秋季节可以利用鲜草，冬春季节以草粉形式添加到日粮中，牧草粉的量占日粮的 8% ～ 15%，每 10 头猪配套种植苜蓿 0.5 亩。

（3）牧草青贮处理　即牧草打浆或切短制作青贮饲料与精饲料搭配饲喂的利用方式（见图 2.4）。只要牧草当季直接利用还有剩余，就可以打浆或制作青贮饲料，在其他缺少青绿饲料的季节与精饲料搭配饲喂。

把新鲜牧草饲料作物进行青贮处理，在青贮过程中可以添加有益微生物，一是提高青贮品质，二是青贮后的产品可成为富含有益菌的饲料，可以作为改善品质、调理肠道微生物菌群的调节剂使用，这对于改善肠道健康、提高生产性能和产品品质具有重要作用，同时可减少养殖废弃物排放。青贮的原理主要是将刈割好的牧草，放置在厌氧条件下，利用植物体上附着的乳酸菌，把饲料中的糖分分解发酵为乳酸，乳酸积累到一定程度能够抑制有害菌的繁殖。经过乳酸发酵，乳酸生成量达到新鲜物的 1.0% ～ 1.5%，当 pH 降至 4.2 以下时，就会抑制不良细菌的繁殖，使青贮发酵进入稳定状态，使饲料在酸性厌氧条件下能长期安全贮藏，用此方式贮藏的牧草营养物质损失较少，且鲜嫩多汁、适口性好。

具体的日粮添加数量可以根据猪的品种、生长阶段和生理状况来确定。

牧草养猪方式适宜于我国地方品种资源，如莱芜黑猪等。

(a) 鲜饲

(b) 草粉+精料

(c) 青贮+精料

图 2.4　牧草利用方式

二、禽类饲养中牧草的应用

生产中大量饲养的肉用和蛋用鸡、鸭、鹅及鸵鸟、火鸡等陆禽、水禽品种都是杂食或草食种类，其日粮组成包含一定数量的牧草有益于健康和提高生产性能，改善产品品质。以优质牧草替代粮食饲喂禽类，可减少成本、提高品质、增加经济效益，还可以减少废弃物排放，保护环境。

家禽与猪相比对粗纤维的利用能力较差，但是日粮中适宜水平的粗纤维可以改善禽蛋和禽肉的品质及其商品性状，有利于满足人们对高品质禽蛋产品的需求。国外对牧草在养鸡生产中的应用研究较多，但其在鸡日粮中的应用不如猪广泛，其主要是作为肉鸡皮肤及胫和鸡蛋蛋黄色素的一个来源。

1. 在蛋鸡生产中的应用

鸡的消化系统适合消化部分牧草。从传统的营养学和消化生理上理解，用牧草饲喂家禽不仅能提供部分蛋白质、能量等营养素，同时还提供了更多的维生素、叶绿素、叶黄素等成分，它也是消化道粗纤维的主要来源，改善了肠道微生物组成。除了传统营养物质，各类牧草中还含有各种功能活性成分，在提高免疫、促进卵泡发育、改善消化道生理方面具有特殊的作用。

在蛋鸡饲料中添加适量的新鲜牧草可以显著改善鸡蛋品质。随着生活水平的提高，人们对畜产品的要求除了营养价值高外，还重视其感官质量，如一些消费者更喜欢较深的蛋黄色泽。在蛋鸡饲料中添加适量的苜蓿草粉可以加深蛋黄颜色。有研究人员在 33 周龄的海兰褐商品蛋鸡日粮中添加 5% 的苜蓿草粉，虽然对蛋鸡的产蛋性能及蛋壳质量无显著影响，但对提高蛋黄颜色却有极显著的作用（见图 2.5）。也有研究人员在 37 周龄产蛋鸡日粮中添加 5%、7.5%、10% 的苜蓿草粉，用以替代日粮中 2%、3%、4% 的豆饼，实验结果表明，产蛋鸡日粮中添加 7.5% 苜蓿干草粉替代 3% 的豆饼，不仅增加了产蛋量，而且蛋皮、蛋黄颜色都有所改善。日粮中添加 5% 的三叶草粉，替代麸皮，减少 1% 豆粕，蛋鸡产蛋性能没有变化，鸡蛋蛋形指数、蛋壳颜色、蛋黄弹性都有了不同程度的改善，且降低了日粮成本 5%。

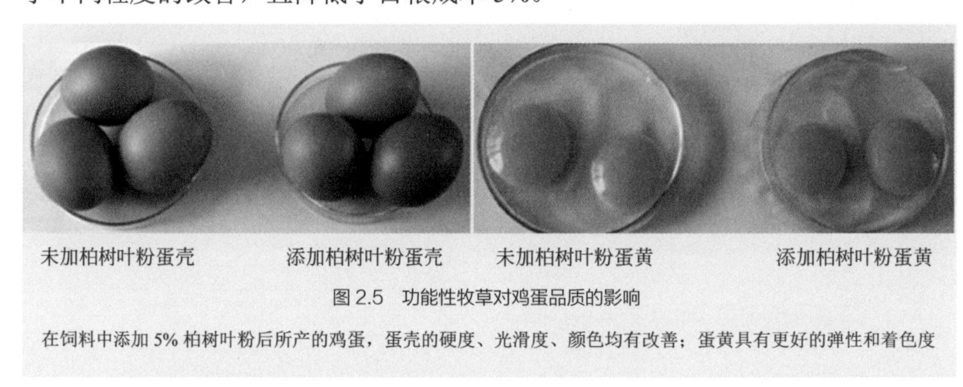

图 2.5　功能性牧草对鸡蛋品质的影响

在饲料中添加 5% 柏树叶粉后所产的鸡蛋，蛋壳的硬度、光滑度、颜色均有改善；蛋黄具有更好的弹性和着色度

2. 在肉鸡健康养殖中的应用

（1）肉鸡消化系统特点　肉鸡的消化系统（见图 2.6）适合消化部分粗纤维，肉鸡有两个胃，分别是肌胃和腺胃。肌胃具有研磨食物的功能，因此在肉鸡的日粮中少量添加牧草，可以增加胃和肠道的蠕动，粗纤维可以在此处被充分研磨，提高精粗料的消化率。肉鸡的小肠和盲肠较短，不适合消化大量粗纤维，因此肉鸡更适合饲喂叶菜类饲料，不适合饲喂粗纤维含量较高的秸秆类饲料。鸡有两个盲肠，较短，但是盲肠内含有大量微生物，可以消化精粗饲料中的部分粗纤维、有机酸、氨基酸以及一些小分子物质等，以改善肠道菌群环境，刺激胃肠道发育，提高对饲料的消化利用效率。总之，肉鸡饲料以叶菜类为主，在日粮中添加小于 10% 的粗纤维，可以充分提高饲料的利用效率，维

持鸡肠道的健康并且提高鸡肉品质。

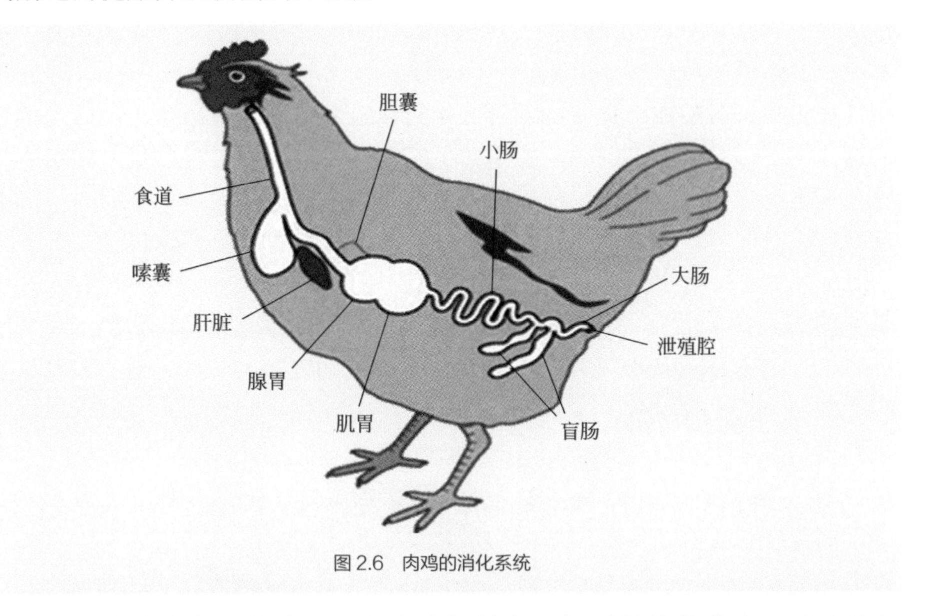

图 2.6　肉鸡的消化系统

（2）在生产中的具体应用　在肉鸡饲料中添加适量的牧草也可以改善肉鸡胴体品质，降低养殖成本。据报道，肉鸡饲料中添加 5% ～ 15% 的苜蓿草粉可以促进肉鸡生长，降低生产成本。研究人员用 16% 籽粒苋草粉替代肉仔鸡配合饲料中 6% 的玉米、6% 的豆饼及其他成分，可提高肉仔鸡全期增重 5.95%，提高饲料报酬 3.97%，提高能量利用率 3.62%。据报道，适量的苜蓿草粉还可改善肉鸡皮肤及胫的色泽，提高胴体品质。研究者用添加 2%、4% 和 6% 水平的苜蓿草粉日粮饲喂肉仔鸡，结果表明，添加苜蓿草粉组肉仔鸡的平均日增重均略低于对照组，平均日采食量和耗料增重比均高于对照组。添加苜蓿草粉组的肉鸡的皮肤颜色和胫颜色均比对照组深，以添加 4% 苜蓿草粉组的皮肤颜色最深，添加 4% 和 6% 苜蓿草粉组的胫颜色与对照组相比差异极显著。研究报道中指出，添加一定比例的西兰花茎叶粉对绿牧快大型草鸡的生长性能没有显著影响，但可显著提高草鸡的胴体品质。添加西兰花茎叶粉使绿牧快大型草鸡胸肌中胆固醇含量显著下降，肌苷酸含量明显提高，改善了肉质。添加西兰花茎叶粉还降低了血清内甘油三酯和胆固醇的含量。其适宜添加比例为 0 ～ 28 日龄添加 3% 左右，29 ～ 56 日龄添加 8% 左右。

3. 在肉鸭健康养殖中的应用

（1）肉鸭消化系统特点　肉鸭的消化系统（见图 2.7）很适合利用牧草中的粗纤维。肉鸭的食道下端为膨大部，呈纺锤形，可储存大量的纤维性饲料，因而具有很强的耐粗饲和觅食能力，食道下端膨大部不仅可储存食物，而且可将其润滑软化。食物在膨大部一般停留 3 ～ 4h 后，再由食道有节律地推送到胃中。肉鸭的胃分为腺胃和肌胃（砂囊）。腺胃呈纺锤形，壁薄，腺胃黏膜表面乳头上分布着发达的腺体，能分泌盐酸、黏蛋白及蛋白酶等，可将食物进行初步消化。肌胃与腺胃相通，肌胃的肌肉壁很厚、收缩力强，肌胃内角质膜坚硬，有抵抗蛋白酶、稀酸及稀碱的作用，肌胃内的沙砾有助于食物的磨碎，提高食物的消化率。经胃消化后的食物借助肌胃的收缩力，经幽门进入小肠。

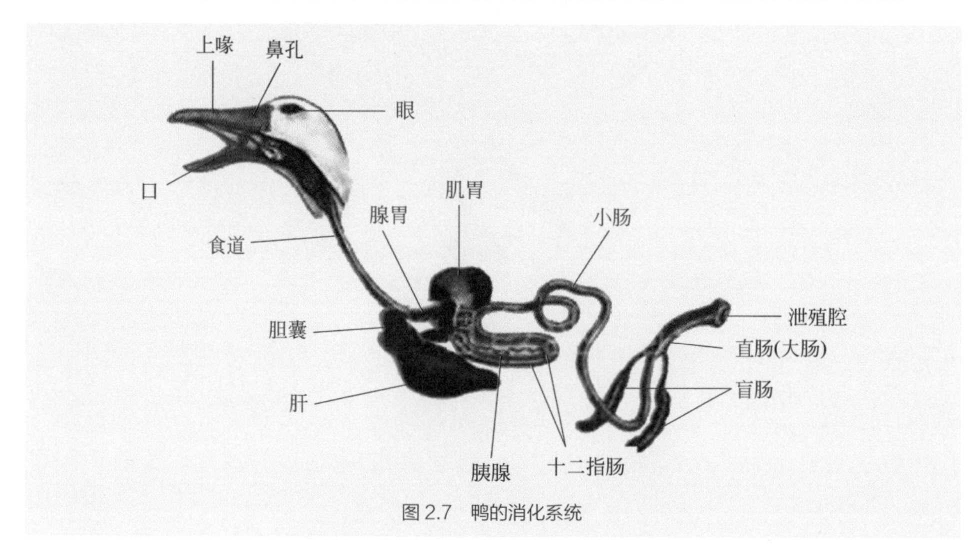

图 2.7 鸭的消化系统

（2）在生产中的具体应用 鸭日粮中添加牧草草粉，在一定程度上可起到促进生长、改善胴体特性和肉质、促进胃肠道发育、改善小肠组织形态结构等作用。饲喂蛋鸭还可以改善蛋黄品质，增加蛋黄色泽。有研究表明，在育成公鸭日粮中添加 3%、6% 和 9% 苜蓿草粉，对鸭子的生长性能具有促进作用，其中 6% 苜蓿草粉组公鸭日增重最高，对育成鸭胴体特性及肉质也有所改善；并且其中 9% 苜蓿草粉组公鸭屠宰率最高，母鸭胸肌率最高，公鸭胸肌系水力最高。饲喂苜蓿草粉显著提高了公鸭的腺胃相对重、肌胃相对重、盲肠相对重和盲肠指数，显著提高了母鸭盲肠相对重和盲肠指数；饲喂苜蓿草粉后鸭十二指肠绒毛高度增高，隐窝深度变浅，肠壁固有层厚度变薄，空肠绒毛高度增高、隐窝深度变浅。这些都说明了添加苜蓿草粉可以显著改善育成鸭的肠道健康。

牧草饲喂蛋鸭不仅可以提高胴体品质，还可以改善蛋黄品质，增加蛋黄色泽。用青绿饲料替代部分配合饲料饲喂肉种鸭，结果表明，试验组鸭群胴体品质显著优于对照组，产蛋性能有所提高，且蛋黄色泽显著优于对照组。这可能是因为肉种鸭经过长期选择，具有采食量大、生长速度快、脂肪沉积多的生理特性，任其自由采食往往摄入的营养多于实际需要的量，用适量的牧草替代配合饲料可以增加饲料的容积，而不至于在育成期限制饲养时胃肠道过于空虚而啄食杂物。对于繁殖期肉种鸭也不至于因为配合饲料摄入减少而影响产蛋量，而且还可以刺激消化道的蠕动，减少消化系统疾病。喂饲牧草的鸭群发育、产蛋和健康状况、羽毛外观、胫蹼颜色都会有所改善。有研究结果表明，用 150g 的牧草替代 10g 的配合饲料或用 100g 的牧草替代 6g 的配合饲料，效果是确切的。而且，后者的效果比前者更好一些，说明牧草的用量以及替代的配合饲料量对鸭群的生产性能有影响。

4. 在鹅生产中的应用

（1）鹅消化系统特点　鹅的消化系统（见图 2.8）与鸭的消化系统类似，也适合消化吸收部分牧草。鹅的口腔内没有唇和齿，上下颌形成喙。喙是采食器官，可以将饲草撕碎。鹅食管较宽，富有弹性，能扩张，便于吞咽较大的食块。胃分为腺胃和肌胃，腺胃能分泌含有蛋白分解酶和盐酸的胃液，用于消化饲料，胃液随饲料进入肌胃消化。肌胃紧接腺胃之后，肌胃的肌层很发达，是由平滑肌的环肌层发育而来，肌胃黏膜层内有肌胃腺，其分泌物形成一层类角质膜，有保护黏膜的作用，肌胃不分泌消化液，腔内有较多的沙石，主要功能是将牧草磨成糊状，有利于牧草中粗纤维的消化。肠可分为小肠和大肠，小肠是主要的营养消化吸收器官，而直肠没有吸收能力，只能吸收少量水。泄殖腔是消化、泌尿、生殖三系统共有的通道，向前与直肠相连，向后以半月形褶与肛道为界，输尿管与输精管或输卵管开口于泄殖道，肛道为最后部分。

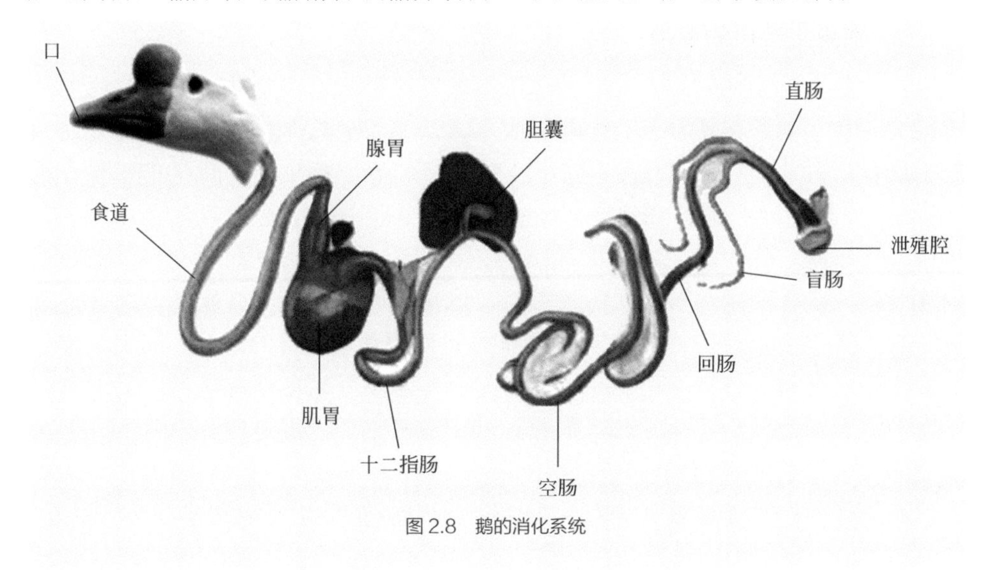

图 2.8　鹅的消化系统

（2）在生产中的具体应用　鹅是草食动物，是以采食粗饲料为主的水禽。鹅与鸡、鸭相比，由于其具有的独特消化系统和消化特点，可以很好地利用牧草。鹅食性广，其日粮组成类型较多，如粮食加工副产物、牧草等均能被其利用。牧草中的纤维能够刺激鹅的胃肠道发育，增加肌胃和盲肠的重量和厚度，提高营养物质的消化吸收率；另外，鹅的盲肠发达，能够通过盲肠的微生物利用大量的粗纤维。因此，鹅能够利用大量的牧草且生长效率较好。在鹅日粮中适当添加牧草，能够提高鹅的生产性能，降低饲料成本，进而提高经济效益。

研究发现，黑麦草和苜蓿草粉全价颗粒饲料能够提高 0 ～ 10 周龄扬州鹅的平均日采食量和血清中总蛋白和高密度脂蛋白的含量，降低血清中低密度脂蛋白的含量，并显著改善鹅的胴体品质；从整个试验结果来看，在 0 ～ 3 周龄、4 ～ 6 周龄和 7 ～ 10 周龄鹅的全价颗粒饲料中黑麦草草粉和苜蓿草粉的适宜添加量分别为 6%、16% 和 20%。研究发现，生长鹅对黑麦草中的能量、粗蛋白、粗脂肪、钙和磷都具有很好的消化能力。研究结果表明，在能量和粗蛋白摄入量一致的情况下，随着日粮黑麦草含量的提高，净蛋白利用率和磷的吸收率也得到了提高，但钙的吸收率下降。用黑麦草饲喂鹅，不仅提高了鹅的平均日增重，还提高了种鹅的产蛋量、受精率和孵化率。据研究报道，在鹅日粮中添加适量的苜蓿草粉，对其生产性能具有改善作用，能够增加蛋黄中氨基酸水平、蛋黄亚麻酸含量、总共轭亚油酸含量和锌的含量，进而提高蛋品质以及机体的抗氧化能力和免疫能力。

三、单胃草食动物饲养中牧草的应用

1. 在兔生产中的应用

（1）兔消化系统特点　兔子的消化系统（见图 2.9）对粗纤维具有极强的消化能力。兔子的消化道复杂、容积较大，大肠和小肠极为发达，总长度为体长的 10 倍左右。体重 3 kg 的兔子肠道长 5 ～ 6m，盲肠约 0.5m，因而能吃进大量的青草，大约相当于体重的 10% ～ 30%。兔子的盲肠和结肠发达，其中有大量的微生物繁殖，是消化粗纤维的基础，兔子对粗纤维的消化率为 60% ～ 80%，仅次于牛、羊，高于马和猪，兔子在粗纤维缺乏时易引起消化紊乱、采食量下降、腹泻等。兔子消化道中的圆小囊和蚓突有助于粗纤维的消化。圆小囊位于小肠末端，开口于盲肠，中空，壁厚，呈圆形，有发达的肌肉组织，囊壁含有丰富的淋巴滤泡，有机械消化、吸收、分泌三种功能。经过回肠的食物进入圆小囊时，由发达的肌肉加以压榨消化，经过消化的最终产物大量被淋巴滤泡吸收。圆小囊还不断分泌碱性液体，以中和由于微生物生命活动而形成的有机酸，保持大肠中有利于微生物繁殖的环境，有利于粗纤维消化。蚓突位于盲肠末端，壁厚，内有丰富的淋巴组织，可分泌碱性液体。蚓突经常向肠道内排放大量淋巴细胞，参与肠道防卫机能，即提高机体的免疫力和抗病能力。

兔子对粗饲料中粗纤维具有较高消化率的同时，也能充分利用粗饲料中的蛋白质及其他营养物质。兔子对苜蓿干草中的粗蛋白质消化率达到了 74%，而对低质量的饲用玉米颗粒饲料中的粗蛋白质，消化率达到 80%。由此可见，兔子不仅能有效地利用饲草中的蛋白质，而且对低质饲草中的蛋白质有很强的消化利用能力。

造成腹泻的主要诱因是低纤维饲料、腹壁冷刺激、饮食不卫生和饲料突变等。兔子容易因低纤维饲料引起腹泻。一般认为是由于饲喂低纤维、高能量、高蛋白的日粮，过量的碳水化合物在小肠内没有完全被吸收而进入盲肠，由于过量的非纤维性碳水化合物使一些产气杆菌大量繁殖和过度发酵，因此破坏了肠中的正常菌群，有害菌产生大量毒素，被肠壁吸收，造成全身中毒。由于肠内过度发酵，产生小分子有机酸 , 使后肠渗透压增加，大量水分子进入肠道，且由于毒素刺激，肠蠕动增强，造成急性腹泻。肠壁受凉常发生于幼兔卧于温度较低的地面、饮用冰凉水、采食冰凉饲料的情况。肠壁受到冰凉刺激时，蠕动加快，小肠内尚未消化吸收的营养便进入盲肠，造成盲肠内异常发酵，导致腹泻。饲料突变及饮食不卫生，肠胃不能适应，改变了消化道的内环境，破坏了正常的微生态平衡，导致消化机能紊乱。

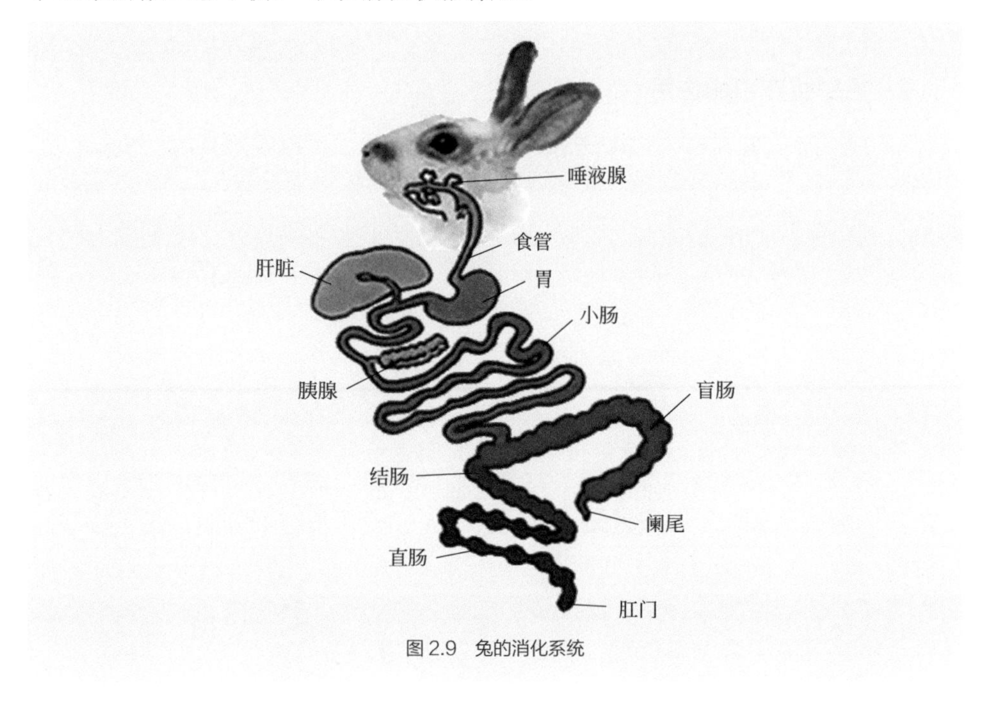

图 2.9　兔的消化系统

（2）在生产中的具体应用　养殖兔子的牧草主要有墨西哥玉米、高丹草、冬牧70黑麦、一年生黑麦草、苦荬菜、菊苣和紫花苜蓿等。这些牧草营养价值高，利用时间长，一年生牧草能多次刈割，多年生牧草一次种植可连续利用多年，鲜草适口性好，抗病虫害能力强，一般不会发生严重的病害、虫害，可以降低生产成本，减少农药残留。

苜蓿草粉在家兔饲料中是一种理想的粗纤维来源，能够满足兔的食草本性。用苜蓿草粉饲喂，家兔不仅增重效果明显，而且饲料消耗随着增重效果的提高而减少，经济效益相对提高。研究人员用苜蓿草粉饲喂40～45日龄断奶的新西兰白兔，试验结果表明，用31.5%的苜蓿草粉饲喂生长肉兔，日增重比对照组提高42.98%；料肉比比对照组下降34.19%；每千克增重饲料成本较对照组下降0.96元。实验表明，苜蓿草粉适口性好，营养丰富，对生长肉兔具有明显的促进生长的作用。在家兔日粮中苜蓿草粉比例过少不能体现其优势，适宜比例应在30%以上。而且在家兔饲料日粮中，草料加精料补充料的饲养模式从饲养成本上考虑要优于全精料模式。

研究不同牧草组合在35日龄断奶的肉兔生产中的应用效果，发现在紫花苜蓿、白三叶、聚合草、多年生黑麦草四种牧草单独饲喂的情况下，黑麦草饲喂效果最好，其次为聚合草；紫花苜蓿在前两周饲喂，效果不及黑麦草，但是在第四周效果非常好。结果表明，在家兔饲料中添加优良牧草能够增加家兔食欲，提高饲料报酬，促进家兔生长。

2. 在驴生产中的应用

（1）驴的生理特点　驴的消化系统（见图2.10）很适合消化牧草等，驴有坚硬发达的牙齿和灵活的上、下唇，适宜于咀嚼粗硬的饲料。驴的唾液腺发达，每1kg草料可由4倍的唾液泡软消化。驴的胃容积小，只相当于同样大小牛的十五分之一。驴胃的贲门括约肌发达，而呕吐神经不发达，故不宜饲喂易酵解产气的饲料，以免造成胃扩张。食糜在胃中停留的时间短，当驴胃中的食糜达三分之二时，随着不断采食，胃内容物就不断排至肠内。驴的盲肠较大，食物在盲肠中滞留18～24h，约占食物在消化道滞留时间的三分之一以上。

在中国，驴的饲养已经成为一项大产业，驴属于肉皮兼用型，驴肉蛋白质含量高、脂肪含量低，属于优质肉品，驴皮则主要用来生产阿胶，属于传统的药食两用食品。在我国养殖的驴主要有五大优良品种（见图2.11），包括关中驴、德州驴、广灵驴、泌阳驴、新疆驴，其体型和生长特性各有不同，但在饲养管理中都要注重其饲料调配，需要重视驴皮的质量。

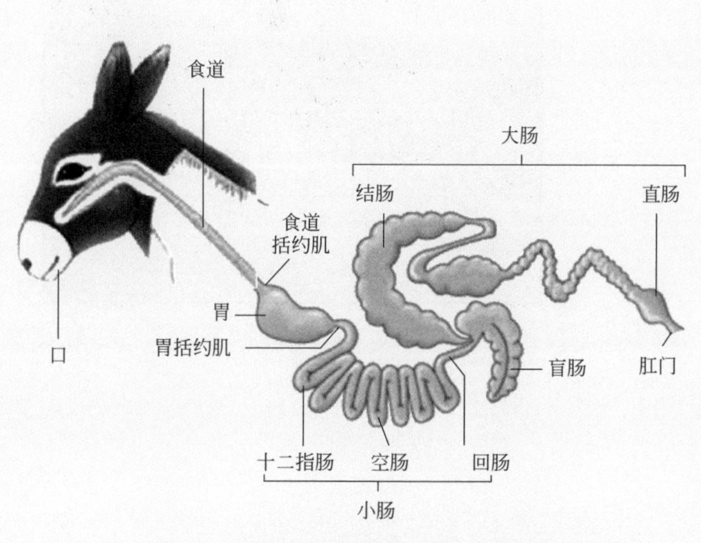

图 2.10　驴的消化系统

德州乌头驴

德州三粉驴

图 2.11

华北灰驴

图 2.11 我国驴的优良品种

（2）驴的饲料需求 营养是指动物体消化、吸收、利用营养物质的过程，也是动物体从外界获取食物满足自身生理需要的过程。动物从饲料中吸收的营养用于自身的维持、生长、泌乳等的需要。驴采食牧草后，经过胃部暂时贮存和初步分解后直接进入肠道发酵、分解以及吸收。由于驴不能像牛、羊一样通过反刍以及瘤胃微生物群对草料进行充分分解，草料过软则容易在肠道形成草团进而引发肠梗阻（俗称“结症”），毛驴采食草料必须符合干、硬、脆的特性才可以。

（3）牧草对驴肉品质的影响 牧草中含有多种功能性多糖，这些功能性多糖具有抗氧化、免疫等生物活性功能，也可以作为替代抗生素的饲料添加剂在畜禽生产中发挥作用。大量的研究表明，在驴的生长发育过程中添加植物提取物可以提高饲料消化率，改善驴肉品质。

在驴的饲料中添加牛至、茴香和柑橘类水果精油以及益生元时，没有发现添加剂对血清指标有显著影响，但添加植物提取物能提高饲料养分消化率。在驴的饲料中添加植物源添加剂提高了纤维的消化率，并且肉的 pH、失水率、滴水损失等均低于对照组，所以牧草中的多糖可以提高肉品质和改善口感。总之，在驴的日粮中多添加牧草也可能达到提高饲料消化率、改善肉品质的效果。

下面以北方农区养殖最多的德州驴为例，阐述其生长特点和饲料调配要素。

德州驴有两个品系，一个是乌头驴，全身乌黑；一个是三粉驴，嘴、眼圈、肚皮呈白色。常见的驴还有灰色驴，如淮北灰驴。这些驴的品种多数产生在农区，最早是作为役用，体型较小，食量较小，适合农村养殖。它们出生时体重平均 22kg；在现代集约化饲养条件下，5 个半月断奶，体重达到 100kg，进入快速生长期，这一时期到 15 月龄出栏，生长速度 ADG（平均日增重）超过 500g/d。断奶以后到 12 月龄，可以达到体重 200kg（见图 2.12 和

图 2.13）。

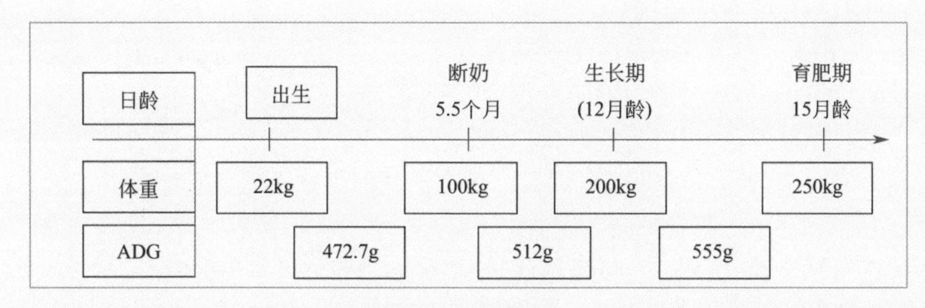

图 2.12　驴的生长期

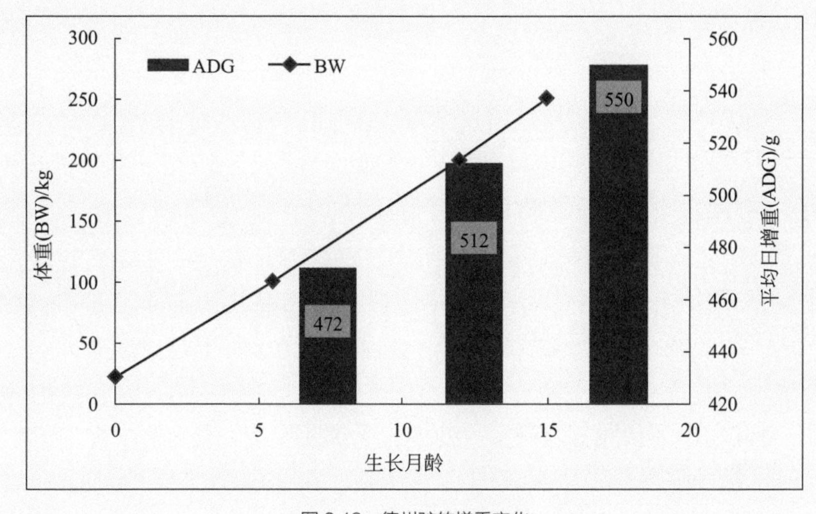

图 2.13　德州驴的增重变化

驴属于大家畜，有发达的盲肠，对饲草中纤维成分的消化率较高。谷草、地瓜秧、稻草、花生秧都是驴喜食的粗饲料。俗语说“寸草铡三刀，没料也上膘”，指的是常用的秸秆类和其他粗饲料，铡短到 1cm 左右。

四、牧草在动物日粮中的应用

现代营养学中结合了分子生物学、细胞生物学、微生物学等领域的研究，初步发现日粮中适量添加牧草（包括作物茎秆）或其发酵产品，能显著提高动物的生产性能、改善动物健康状况及提高畜产品的品质。

其作用的原理主要有如下几个方面：

① 牧草提高了饲料中粗纤维的含量，增加了消化道的蠕动，减少了消化

道食糜的黏性，从而提高了畜禽的繁殖力。

② 牧草中含有的植物功能性成分，如植物多糖、非淀粉多糖、单宁酸、有机酸、花青素、姜黄素等，在缓解畜禽氧化应激，激活畜禽的机体免疫、肠道黏膜免疫，增加肠道有益微生物菌群数量以及提高肠道通透性等方面具有显著的作用。这既增强了动物自身免疫力和机体的健康，又显著提高了动物的生产性能。

③ 经发酵处理的牧草或粗饲料，具有活菌微生物（或微生物发酵后的有机酸、多肽等成分），具有提高机体免疫、增加机体的抗病性等多种生物学功能。

④ 机体免疫力的提高和肠道健康的改善，增加了养分的消化利用率和机体对疾病的抵抗力，减少了抗生素在内的药物使用，提高了畜产品的健康安全性，同时减少了排泄废弃物中的 N、P 等养分的含量。

以上这几个方面，初步诠释了在畜禽的日粮中增加牧草对动物养殖所带来的益处，这也为我国传统养殖模式中提出的“为什么使用牧草？为什么采食牧草后的地方畜禽群体性健康良好、肉质优质、资源品种丰富且繁殖力增强”等疑问给出了理论上的解释。

五、功能性植物在畜禽饲料中的应用

在各地野生或种植的饲料植物中，有许多也属于我国中草药的范畴，如功能性饲料植物（见图 2.14），它们除了提供常规的营养物质外，还含有某些功能性物质，或称营养活性物质，它们能发挥一种或多种生物学功能，对于提高畜禽免疫力以及抗病、防病能力等许多方面具有重要的作用。在传统的养殖业发展中，有许多应用的实践经验，可以在今后的高效生态养殖中推广应用。

广泛栽培的苜蓿草中含有黄酮、类黄酮、苜蓿多糖、皂苷等成分，这些活性成分具有某些生物学功能。如黄酮、类黄酮能促进动物发情，在母猪饲料中应用可以提高发情率；粗纤维能防止母猪便秘等。在蛋鸡饲料中添加苜蓿草粉，可提高蛋鸡的产蛋率，改善蛋壳、蛋黄质量。

杨树花中含有机酸、氨基酸、生物碱、黄酮等物质，具有涩肠止泻、化湿止痢的功效，可以治疗畜禽不明原因的肠道疾病，如黄白痢、传染性胃肠炎、细菌性痢疾、腹泻等肠道病。通常在配合饲料中添加 1% ～ 5% 的杨树花，就可防止畜禽腹泻等肠道疾病。

枣树叶中含有植物多糖，用于养殖中可增强畜禽机体免疫力，对提高母畜繁殖力具有显著效果。

在生产中常用的如桑叶、酸枣叶、三叶草等都不同程度地含有各种生物活性成分，有些在生产中已广泛应用，有些值得在生产中推广。这类饲料原料的应用，可以减少饲料中各类化学性药物的应用，提高畜产品安全性，减少药物排放和在畜产品中的残留。同时，此类原料在各地普遍存在，可就地取材，降低饲料成本。

在生产中还有很多功能性牧草，如菊苣、菊芋、鲁梅克斯、红豆草、车前草、百脉根等，这些牧草不仅营养丰富，还含有许多功能性多糖，对人和畜禽都有着较好的利用价值。其中，菊苣饲喂畜禽消化率高，适口性好，既可鲜饲，也可以磨成草粉与饲料混合饲喂，菊苣中还可以提取菊粉，用于控制血脂、降低血糖以及预防食源性肥胖。菊芋不仅可以作为提取菊粉的优质原料，其块茎和地上茎叶也具有极高的营养价值，可以用于饲喂猪、羊、兔等。菊芋花烘干后还可以做成菊芋花茶，具有美容养颜、抗氧化等功能。鲁梅克斯蛋白质含量极高，甚至远高于大豆、玉米等作物，用鲁梅克斯饲喂畜禽可以极大降低饲养成本。车前草作为一种中药成分，具有清热利尿、凉血解毒的功效，在种养结合、草畜一体化的农业发展模式中，混播种植车前草可以提高放牧牛羊的生长速度，减少温室气体的排放量，从而提高经济效益和社会效益。红豆草和百脉根中都含有丰富的单宁，用这两种牧草混合精粗饲料饲喂畜禽，可以极大地减少臌胀病的发生。

图 2.14　各种功能性植物

第二节 牧草在反刍动物养殖中的应用

牧草是反刍动物主要日粮组成成分，在传统的散养和放牧饲养状态下，牧草几乎占了反刍动物日粮的全部。现代集约化圈养条件下的反刍动物日粮，牧草也要占到 40% ～ 100% 比例，这取决于动物的生长阶段和饲料资源的盈缺程度。

牧草对于反刍动物的意义不仅在于提供必需的营养成分，更重要的还在于维持胃肠道的正常内环境，尤其是维持瘤胃正常的 pH 值和反刍功能，从而保持瘤胃对饲料营养物质的消化利用。

一、牧草与反刍动物

牧草质量对反刍动物生产性能和健康状况有极大的影响，并直接影响精料的供给量与成本，最终影响到生产效益。牧草质量对奶牛场尤其重要，畜牧业发达国家的奶牛场通常会用高价格收购优质干草，就是因为他们意识到了在奶牛饲养中必须用高质量的牧草才能提高生产效益。迄今，动物营养领域对牧草科学利用方面的研究还远远不够。在我国实际生产中，重精料不重视牧草科学利用的问题还比较普遍。据研究，劣质牧草对反刍动物生产性能和健康的影响比采用低质量的精料和能量含量低的饲料影响更大。反刍草食家畜科学的饲养原则，应是以优质青干草、豆科牧草、青贮饲料、秸秆类、糟类等牧草为主，并对这些牧草中的两项或多项进行优化搭配后，再结合草食家畜各个生理阶段，添加适量的精料。所添加的精料还需与优化后的混合牧草进行再次优化，即二次优化后，才能组成真正的全混日粮。随着畜牧业生产经营方式的转变，牛羊舍饲比重的增加，牧草无论是自产自用还是作为商品流通，都将大大增加。在反刍家畜生产中，一定要注意牧草的质量调剂和供给。

1. 牧草对反刍动物的重要意义

牧草是反刍动物的重要营养源。粗饲料中大约含有 55% ～ 95% 的纤维素，经瘤胃微生物发酵，形成挥发性脂肪酸（VFA）、CO_2 和甲烷（CH_4）等产物。挥发性脂肪酸不仅为反刍动物提供能量，而且参与机体的各种代谢，并最终形成产品。日粮纤维在瘤胃内发酵产生的挥发性脂肪酸是反刍动物主要能源物质，能提供反刍动物能量需要的 70% ～ 80%。

此外，牧草还可以为反刍动物提供各种矿物质、维生素等必需营养素。与谷物饲料相比，牧草及其他粗饲料作物生长时间要长、收获率要高，因而可获得相对高的干物质与能量产量，从而可为反刍动物提供廉价营养素。粗饲料由于体积大、吸水性强并有强烈的填充作用，可使动物产生饱感。

牧草刺激反刍动物唾液分泌，降低瘤胃 pH 值，可以防止由于精料采食过多而引起的酸中毒现象发生。瘤胃中与产生乳酸相关的淀粉分解菌耐受 pH 值不得超过 5.5，但纤维分解菌在 pH 值低于 6.0 无法存活，而最适纤维分解菌作用的条件则是 pH 值为 6.4，可见 pH 值的高低严重影响瘤胃内不同微生物种群的数量和比例，进而影响瘤胃发酵功能和饲料的消化率。粗饲料中纤维含量是影响乳脂率的重要因素，纤维不足会导致瘤胃 pH 值降低，而瘤胃 pH 值低于 6.0 时，可明显增加反式脂肪酸的比例，这可能抑制反式 18∶1 脂肪酸完全氢化为硬脂酸的过程，进而引起乳脂率下降。

2. 影响牧草质量的因素

（1）收获阶段　一般来说，牧草收获时的成熟程度是决定牧草品质的主要因素。随着牧草成熟期的增加，牧草由多叶子的青苗期生长至多茎秆的繁殖期（即盛花期或结籽阶段），牧草品质逐步下降，可消化能、净能及粗蛋白含量降低。如冷季牧草在春天开始生长后 2 ～ 3 周，其干物质消化率即可达 80% 以上，然后消化率每天以 1/3 ～ 1/2 个百分点开始下降直到降至 50% 以下。

牧草的收获阶段同样影响动物对牧草的采食及消化。随着植物生长，其茎秆会不断增高而提高其在粗饲料中的比重，茎秆成为主要组分，而茎秆纤维化程度较叶片高，使牧草纤维含量增加，从而使动物对牧草的采食量显著下降。对于乳牛而言，干物质消化率从营养期的 63.1% 下降到晚花期的 51.5%。随着牧草成熟，其中性洗涤纤维（NDF）含量逐渐增加，动物的潜在采食量逐步下降。因为牧草 NDF 较非纤维成分更难消化，而且随着牧草成熟，纤维降解率亦逐渐下降，牧草的消化率相应降低。

（2）茎叶比例　茎叶比例也是影响牧草品质的一个重要因素。牧草的叶子比茎秆含有较高的蛋白质和消化能，而且纤维含量也较低，所以说牧草叶片的营养价值要高于茎秆。研究表明，成熟苜蓿茎秆粗蛋白含量不足 10%，而其叶片粗蛋白含量高达 24%。苜蓿和猫尾草的茎秆纤维含量远高于叶片，NDF 含量分别高 33.9% 和 23.4%，酸性洗涤纤维（ADF）含量分别高 28.25% 和 17.10%。随着成熟期的延长，牧草叶茎比例下降，品质降低。

在制作干草的过程中，如果加工不当，也会导致叶片的大量脱落，从而导致牧草的品质下降。通常再生牧草叶茎比例低，品质也低。大多数冷季牧草则不然，由于需在凉爽期才能开花，所以它们仅在春天再生。因此，这些再生牧草品质高，且随时间变化小。造成这种现象的主要原因，是由于这些再生牧草比其初生时的叶茎比高。豆科牧草及一些禾本科牧草每季可开几次花，所以它们的品质与季节变化关系也不大。

（3）刈割和贮存　牧草刈割和贮存过程中，叶片的脱落、植物的呼吸作用以及雨淋等因素都可降低牧草的营养价值，特别是对豆科牧草所造成的营养损失尤为明显。

中度雨淋尽管只轻微降低牧草的粗蛋白水平，但由于会导致NDF、ADF水平的显著增加，从而大大降低牧草干物质的消化率。在调制苜蓿干草时，若遭雨淋，大量叶片脱落，所造成的干物质、粗蛋白、灰分等的损失占苜蓿总损失的60%以上。田间晒制干草时，雨淋对豆科牧草品质的影响比禾本牧草要大。牧草越干燥，叶片也越脆弱，雨淋对其损害也越大，尤其在堆垛前的干草，若遭雨淋其损失更严重。在制作干草过程中，应尽量避免雨淋，可减少叶片损失，这样生产出的干草，其品质比较高。

牧草在贮存过程中，由于风化、植物呼吸作用和微生物活动，其品质会下降。制作干草过程中，干草的水分含量应控制在适合的范围，如果干草水分含量太高，会因热效应及酸败而造成干物质及能量损失。用于青贮的牧草，同样要控制水分含量，如果水分过高，青贮时会发生渗漏且发酵时间延长，从而导致可溶性营养素流失；如果水分过低，青贮时牧草会长霉菌，引起酸败和发热现象。

牧草的户外萎蔫、干燥也会导致许多营养素丢失，尤其是降雨量多的地区更为明显，这些营养素包括多种能量载体物质、维生素和矿物质。户外堆放的圆捆牧草可因外层的风化作用，导致营养素的巨大损失。有报道显示，打捆黑麦草在户外存放一年，其干物质损失率为40%，而采取保护措施的，其干物质损失率平均为10%。用室内贮存的干草饲喂成年乳牛，拒食率仅为1%，而在户外草捆暴露贮存的，其拒食率高达22%。

（4）加工方式　国内外研究人员应用物理（加热、粉碎、蒸煮和爆破等）、化学（碱、氨等）和生物学方法（酶、微生物等）对粗饲料进行处理，取得了很好的效果。

我国粗饲料加工利用最简单和最常见的方法是使用机械加工，尤其是对秸秆饲料，由于秸秆比较粗硬，加工后便于动物咀嚼、减少了能耗、提高了采食量，还可减少饲喂过程的饲料浪费。

近年来，蒸汽爆破技术以其简便高效、适合大规模应用等优点逐步受到人们的关注。蒸汽爆破技术是指将消化率较低的秸秆类饲料置于高温高压环境中维持一段时间，然后突然减压，使秸秆中的纤维结构遭到破坏以提高秸秆的消化率。经过蒸汽爆破处理，玉米秸秆中的 NDF 含量可从 79.26% 下降到 60.94%、木质素含量从 12.58% 下降到 7.97%。

利用化学物质对劣质粗饲料进行处理，也可降解纤维素和木质素中部分营养物质，从而提高其利用价值。近年来，秸秆厌氧碱贮技术因其简便高效而逐步受到人们的关注。添加 5% CaO 进行碱贮可使玉米秸干物质有效降解率从 26.66% 提高到 42.62%、NDF 有效降解率从 28.27% 提高到 45.21%。据肉牛育肥试验结果表明，玉米秸碱贮后可使肉牛日增重提高、料重比下降，从而大幅降低饲料成本。

生物处理能从根本上解决粗饲料品质低劣的问题。据研究表明，整株青贮玉米饲喂肉牛的育肥效果最好，其次是氨化秸秆和微贮秸秆，干玉米秸秆最差；处理后的玉米秸秆不仅可以改善育肥效果，而且可以明显提高饲料报酬，降低饲养成本，提高经济效益。以肉羊为研究对象，也得到了相同的结果。刘翠娥等的研究结果也表明，以酒糟生物料饲喂肉牛日增重、干物质、饲料报酬和经济效益都显著优于鲜酒糟。

3. 牧草质量对反刍动物生产性能的影响

反刍动物的生产性能发挥除了动物品种因素外，更重要的就是身体健康情况以及营养物质充足和平衡供给。

随着近年来肉羊生产的快速发展，肉羊的快速低成本肥育成了进一步目标。为了探讨苜蓿干草对肥育山羊增重和肥育成本的影响，选取健康山羊进行饲养试验。结果表明，采用苜蓿干草＋混合精料组与苜蓿平衡日粮即苜蓿干草＋野生干草＋玉米粉组的日增重分别比对照组提高 141.67%（差异极显著）和 138.60%（差异显著）。

二、牧草可以减少反刍动物疾病发生

反刍动物众多的疾病都是与胃肠道，尤其是瘤胃功能的异常相关联，而消化功能的异常多由采食饲料的组成不合理而引起，这一类与营养和代谢相关的疾病被称为营养代谢病，如采食过多精饲料引起的瘤胃酸中毒、脂肪代谢紊乱会引起酮病等。而由营养代谢病引起的动物免疫力下降，会引起机体抵抗力下降，继发性引起各种细菌和病毒性疾病。

反刍动物在反刍、咀嚼等过程中会刺激唾液分泌。牛、羊唾液中含有碱性物质，这些碱性物质是调节瘤胃 pH 值在 6.2 ～ 7.0 之间的必要物质。不喂粗饲料的牛 24h 分泌唾液 28L，喂青贮为 110L、青干草为 149L, 秸秆最多为 178L。由此可见，不饲喂牧草时牛的唾液分泌量极少，瘤胃发酵产生的有机酸未能及时中和，使 pH 值低于 6.2，瘤胃微生物逐渐被抑制，只有乳酸菌能活动，大量乳酸产生又造成 pH 值进一步下降。所以牛、羊不喂粗饲料会引起消化不良，发生瘤胃酸中毒甚至死亡。

饲料纤维在瘤胃中被发酵转化为有机酸，被牛、羊作为能量来源被吸收，同时这些纤维对牛、羊的干物质采食量影响极大。试验证明，粗饲料中含有的中性洗涤纤维（NDF）与干物质采食量（DMI）呈负相关。因为纤维素消化慢，在瘤胃中停留时间长，导致瘤胃有效容积减少。但日粮中饲料纤维过低也会造成负面影响，当 NDF 低于 20% 时，每下降 1 个百分点 , 奶产量将减少 2.5 个百分点，同时乳脂率随之下降，并且严重缺乏纤维时会引发酸中毒、蹄叶炎、瘤胃炎、肝脓肿等疾病。

三、牧草在奶牛日粮配合中的使用技术

1. 牧草对奶牛乳脂率的影响

乳脂是牛奶的重要成分，是一种高质量的天然脂肪。近年来大多奶牛场为了提高奶牛的产奶量，给奶牛饲喂的日粮中精饲料占比较高，精饲料又称浓缩饲料，具有体积小、粗纤维含量低等特点，是消化能、代谢能或净能含量较高的饲料，能够增加奶牛的产奶量。但奶牛在饲喂精饲料增多的同时，所饲喂的牧草降低，从而使牛奶的乳脂率降低。

优质牧草在奶牛体系中占有重要地位，牧草有着重要的生理功能，除了为奶牛提供养分之外，还有刺激咀嚼、刺激肠胃蠕动、充实胃肠道和维持瘤胃正常功能以及调节胃肠区系平衡等作用。

当奶牛日粮中精饲料的比例高于 50% 时，就会制约瘤胃中乙酸的发酵效果，导致蛋白质及矿物质代谢紊乱，降低粗饲料消化率，会使饲喂的成本变高，还有一定的概率使奶牛出现消化道疾病，导致牛奶的乳脂率降低。如果日粮中精饲料的比例在 60% ～ 70% 之间，会使奶牛患消化道疾病的概率大大增加。所以在奶牛的饲喂过程中，牧草也不可缺少，当奶牛进入泌乳高峰期，其所需要的养分也会大大增加，因此，在保证奶牛正常的日粮基础上，适当增加牧草的比例，确保奶牛蛋白质成分的摄入，会有效增加牛奶乳

脂率。

2. 牧草对奶牛产奶量的影响

影响奶牛的产奶量在很大程度上取决于干物质进食量与粗饲料品种和质量，粗饲料的采食量不足，会影响奶牛的稳产、高产，使乳脂率下降，还会引发诸多疾病，像胎衣不下、产后子宫恢复迟缓、患子宫内膜炎等，粗饲料中粗纤维占日粮干物质的比例以17%为宜，不能低于13%。如果青贮喂量不足，粗饲料干物质采食量达不到要求，而干草不足，粗纤维采食量达不到要求，这样都会影响产奶量。苜蓿干草、禾本科干草或优质带穗玉米青贮这些优质饲料都可以适当加入奶牛的日粮中。

3. 牧草对奶牛使用年限的影响

在奶牛的基础日粮中适当增加牧草的比例，可以有效地维持产奶期奶牛的健康。而在养殖生产中为了提高奶牛的生产性能，提高牛奶产量，饲喂大量精饲料，缺乏优质牧草的供给，使奶牛的瘤胃面临着酸中毒的风险，很多奶牛都处于亚健康状态，进而影响奶牛的使用年限，这是当前我国奶牛养殖面临的最大问题之一。面对这个问题，可采用如下两个解决办法：

（1）增加日粮中优质牧草的比例　可以使奶牛高产的精饲料中往往缺乏一些功能性成分，如鲁梅克斯中含有大量的大黄酸，可以用来治疗奶牛便秘；菊苣和菊芋中含有的果糖，在提供能量的同时还具有抗衰老、抗氧化的功能；红豆草、百脉根中含有大量的浓缩单宁，饲喂这些植物可以极大减少奶牛臌胀病的发生。这些功能性植物的使用都能提高奶牛的使用年限。

（2）适当使用瘤胃调控剂，来调控瘤胃健康　在当前集约化养殖中，如果没有足够的优质牧草，可以适当使用功能性的添加剂，如瘤胃调控剂、微生态制剂、益生菌和益生素等。瘤胃微生物可以增加饲料中的功能性成分，在瘤胃中适当地使用膳食纤维或者是小苏打，可以用来调控瘤胃的酸中毒状态，改善瘤胃亚健康状态，进而改善奶牛的体质，增加奶牛的使用年限。

四、牧草在肉牛日粮配合中的使用技术

1. 牧草对肉牛肉品质的影响

在我国当前养牛业中，全株玉米青贮和秸秆青贮是最常用的两种粗饲料。其中，肉牛生产主要是以秸秆青贮作为主要粗饲料。肉牛的消化系统（见图2.15）除了具备与猪、禽相似的物理、化学和后消化道的微生物消化方式以外，瘤胃、网胃和瓣胃中，特别是瘤胃强大的微生物消化功能决定了肉牛必须以优质牧草为主。瘤胃微生物区系由已知的六十多种细菌和纤毛虫组成，在1mL

瘤胃内容物中，大约有细菌100亿个、纤毛原虫100万个。正是这些强大的瘤胃微生物完成了肉牛20%以上饲料的消化。瘤胃中存在有大量的纤维、半纤维分解细菌，使牛能充分消化牧草中的纤维性物质，并通过微生物利用非蛋白氮合成牛需要的各种蛋白质。

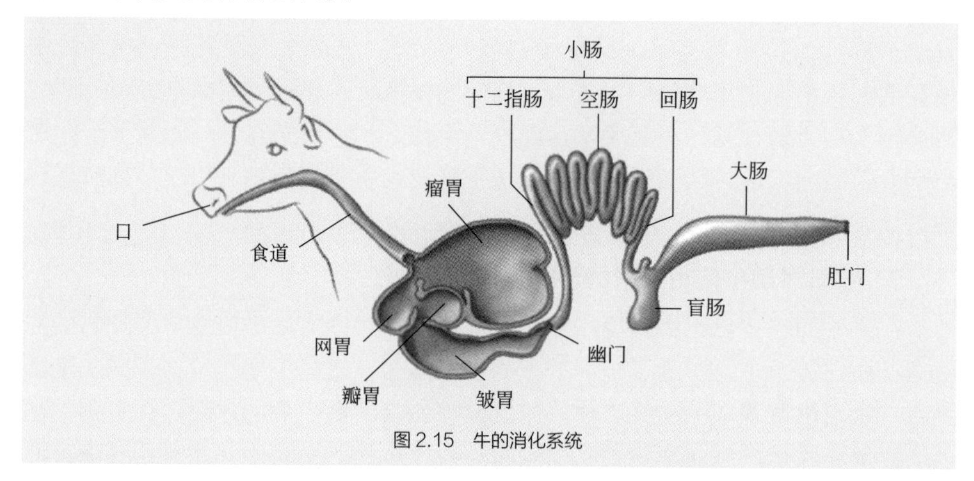

图2.15　牛的消化系统

牧草作为肉牛日粮的重要组成部分，可占日粮总量的10%～100%，全株玉米青贮的质量将直接影响肉牛的生产性能（包括增重、饲料效率、肉质等）以及生产者的经济效益。瘤胃微生物发酵必须有足够的纤维性物质作为基础，因此，在牛的日粮结构中，要有足够粗饲料才能保证瘤胃微生物的正常功能，牛必须以饲喂牧草为主。

饲粮是动物机体维持生命活动的基础，营养物质的摄入水平直接决定了动物生产性能的发挥。牛肉质量的高低取决于肉牛所摄入的饲粮能量和营养物质水平，相较于粗纤维含量较高的粗饲料，富含非结构性碳水化合物的精饲料具有更高的能量水平和消化率。因此，在通常情况下，通过提高饲粮中精料水平可有效地提高肌内脂肪含量，进而改善牛肉嫩度。有研究发现，通过合理补饲可显著改善牦牛肉嫩度，提高其背最长肌中氨基酸含量。然而，也有学者通过在犊牛饲粮中添加不同比例的精料发现，精料的添加比例和牛肉的嫩度、脂肪含量呈负相关，这可能是由于成年牛和犊牛瘤胃功能的不同引起肉牛对饲料的利用效率有所差异。摄入适宜水平的能量可降低牛肉中饱和脂肪酸（SFA）含量并增加功能性氨基酸的比例，饲粮中蛋白质水平的提高利于肉牛蛋白质沉积，但对脂肪沉积可能有一定的负面作用。

在肉牛的饲料中适当添加功能性植物提取物，可以有效地改善牛肉品质（见图2.16）。如植物多糖等可以有效地减少内毒素等有害物质在肌肉脂肪中的沉积，从而使牛肉脂肪颜色亮丽，减少黄膘肉的产生，进而生产出更多的雪花肉等优质牛肉。

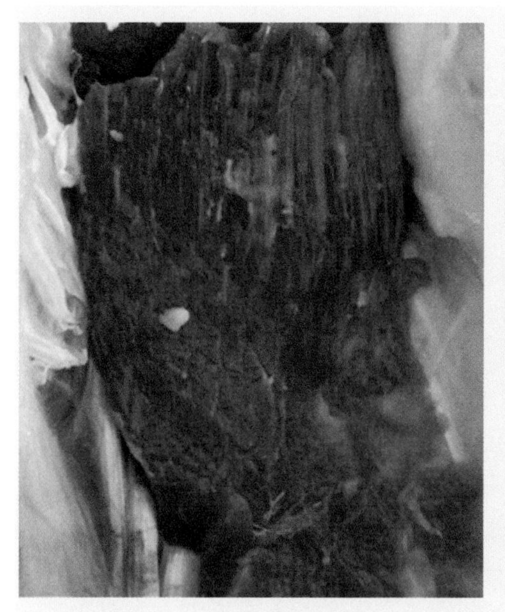
(a) 优质肉

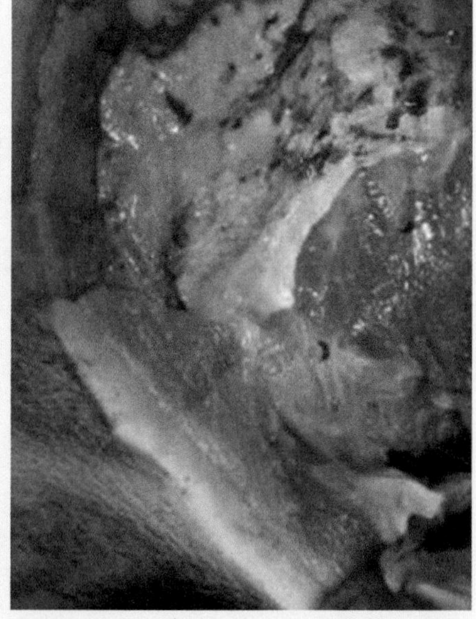
(b) 黄膘肉

图 2.16 植物提取物对肉质的影响

2. 牧草对肉牛生长速度的影响

由于牛消化道结构的特殊性，其对日粮养分的消化吸收及利用方式与单胃动物不同。食物在牛瘤胃、网胃、瓣胃进行发酵，饲料中营养物质通过微生物发酵分解或合成菌体物质后，再到真胃和肠道进行消化吸收。牧草中含有丰富的粗纤维，当牧草进入瘤胃后，会刺激瘤胃内的纤维素分解菌分泌纤维素分解酶，将纤维素和半纤维素分解为以乙酸和丁酸为主的挥发性脂肪酸，淀粉分解菌将食物中的淀粉和一些糖类转化为丙酸，增加了瘤胃的酸度，蛋白质分解菌不仅可将蛋白质分解为氨基酸、氨和二氧化碳，还可将一定数量的尿素、尿酸等非蛋白氮转化为氨和二氧化碳，为瘤胃微生物自身菌体蛋白的合成提供原料。瘤胃微生物进入后腔消化道，成为反刍动物的优质蛋白原料。

瘤胃壁可以吸收挥发性脂肪酸及少量的游离氨基酸直接进入血液，提供维持、运动和生产的能量。改进精粗料配比、改善精料配方、改进饲喂方式、提高饲料适口性等方式可提高肉牛干物质日采食量，获得较高的日增重。肉牛日增重与粗蛋白日摄入量呈正相关，粗蛋白日摄入量的多少直接影响肉牛增重的快慢，因此在进行肉牛饲料配制和饲养过程中要给予肉牛生长所需的充足蛋白质。总之，牧草中含有丰富的粗纤维，在瘤胃中可以刺激胃液分泌，促进肠道蠕动，从而加快营养物质的消化吸收，提高饲料的消化率，进而加快肉牛的生长速度。

五、牧草在肉羊日粮配合中的使用技术

1. 牧草对肉羊肉品质的影响

日粮对肉羊的脂肪酸组成具有重要影响。对于放牧而言，不同牧场，甚至是同一牧场的不同季节的牧草所含营养成分都具有较大差异。一些豆科类植物，如三叶草所含的粗蛋白随季节的变化而存在差异，禾本科类植物，如黑麦草的粗蛋白含量随季节的不同在 5% ～ 19% 之间变化。研究发现，在放牧过程中，肉羊采食大量富含粗蛋白的豆科牧草会使羊肉风味变差。而就舍饲而言，提高粗纤维含量可提高羊肉中 n-3 系列脂肪酸，高精料比往往增加了 n-6 系列脂肪酸。饲养者为在短期内完成肉羊育肥，往往遵循前期高蛋白、后期高油脂的饲喂方式。当基础日粮以谷物为主时，会增加羊肉中奇数和支链脂肪酸。研究发现，舍饲苜蓿干草搭配精料会使羊背最长肌硬脂酸含量显著高于放牧羊肉，多不饱和脂肪酸高于放牧组。日粮中添加油脂不仅为反刍动物增加了能量供给，同时还直接提供了多不饱和脂肪酸。在日粮中添加鱼油、亚麻籽油、葵花籽油等会提高日粮 n-3 脂肪酸水平，但由于瘤胃微生物的作用及机体代谢作用，使真正转入肌肉的多不饱和脂肪酸较少。一般而言，如果肉羊采食的能量主要用于合成以饱和、短链脂肪酸为主的脂肪，这不仅会引起更强的膻味，还会导致羊肉品质下降。

2. 牧草对肉羊生长速度的影响

肉羊的消化系统（见图 2.17）结构特点很适合消化牧草。羊通过瘤胃中产生的纤维素水解酶，将食入的牧草中 50% ～ 80% 的粗纤维转化成碳水化合物和低级脂肪酸。瘤胃微生物把生物学价值低的植物蛋白质运送到皱胃和小肠后，充当羊的蛋白质饲料而被消化利用，它可满足羊体蛋白质需要量的 20% ～ 30%。瘤胃微生物能合成 B 族维生素和维生素 K，将牧草和饲料中的不饱和脂肪酸变成饱和脂肪酸，将淀粉和糖发酵转化成低级挥发性脂肪酸，能将无机硫和尿素氮合成含硫氨基酸，提高牧草中各种营养成分的利用效率，进而加快肉羊的生长速度。

瘤胃微生物的类别和数量不是固定不变的，随饲料的不同而异，不同饲

料所含成分不同，需要不同种类的微生物才能分解消化。改变日粮时，微生物区系也发生变化。所以变换饲料要逐渐进行，使微生物能够适应新的饲料组合，保证消化正常，突然变换饲料往往会发生消化道疾病，影响肉羊的正常生长。

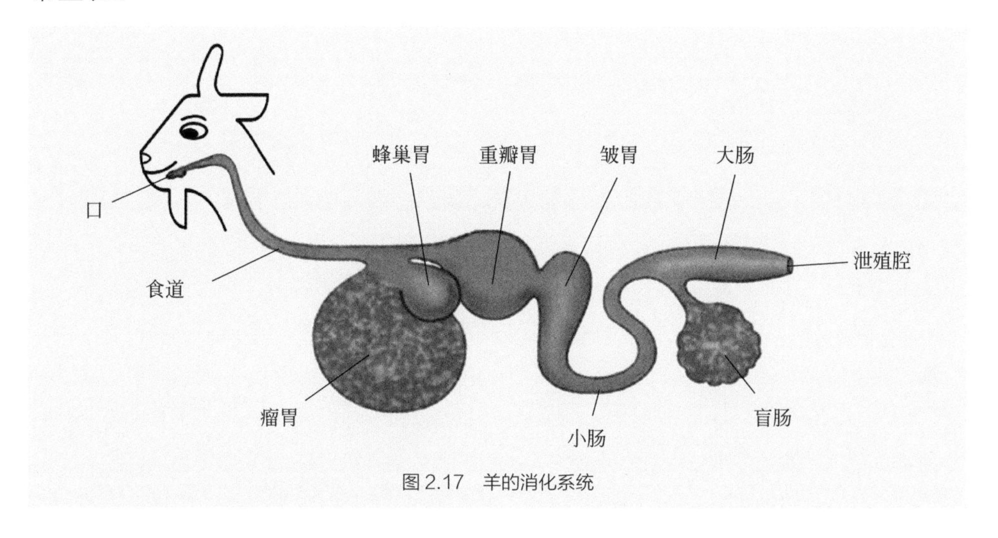

图 2.17　羊的消化系统

3. 牧草对肉羊皮毛质量的影响

牧草，如苜蓿、籽粒苋中的含硫氨基酸含量较高。有学者研究分析了硫营养对羊毛产量和质量的影响，指出含硫氨基酸和无机硫之所以能够促进羊毛生长，是因为它们能够刺激合成代谢，增加可用于角蛋白合成的底物供给，并为瘤胃微生物生长提供适宜的环境。国内外很多学者的研究表明，含硫氨基酸要比无机硫效果好，蛋氨酸、胱氨酸、半胱氨酸或硫酸铵对羊毛的促生长作用都很好，以蛋氨酸效果最好。研究发现，在缺乏蛋氨酸的毛囊培养基质中加入聚胺 - 精胺可以解决大部分毛纤维产量下降的问题。除含硫氨基酸外，牧草中的其他氨基酸对羊毛生长也有影响，如赖氨酸、亮氨酸或异亮氨酸不足则羊毛生长速度明显下降，表明羊毛生长也需要其他氨基酸，但绵羊的羊毛生长主要受含硫氨基酸供应的制约。

当羊毛的生长同时受到蛋白质和能量的双重影响时，蛋白质和能量间的相互作用明显，若主要受蛋白质的影响，则其相互作用很小。饲料中的维生素缺乏既可以通过影响毛囊的代谢而直接影响羊毛生长，也可以通过对采食量和整体代谢的影响而间接影响羊毛生长，因此，牧草中存在着多种丰富的微生物和矿物质，对羊毛的健康生长有一定的促进作用。

由于瘤胃微生物可以合成大部分维生素，绵羊不易缺乏维生素，特别是 B

族维生素和维生素K。在日粮中缺乏或在饲料中存在抗维生素因子等情况下，反刍动物会出现维生素缺乏。维生素D_3的靶组织很广泛，多数都与钙的代谢有关，但也有一些具有维生素D_3受体的组织对激素做出反应，减少细胞增殖而加强细胞分化，而细胞分化加强有利于毛囊生长。有研究者也发现，中药“增长散”（由紫菀、桑白皮、蛇床子、补骨脂、黄芪、熟地、何首乌组成）能有效地促进羊毛的主要成分角蛋白质的合成，增强机体代谢，从而促进羊毛的生长，提高羊毛品质。

第三章

常用牧草、饲料作物栽培技术

牧草是发展畜牧业的基础，随着国家对牧草产业的重视，牧草栽培的相关管理技术也相继成熟。本章主要介绍牧草的分类，几种常用牧草、饲料作物的植物学特征、生物学特性、生长栽培特点，以及栽培管理技术，并简单介绍了牧草的储存方式，为牧草在畜牧业中的推广提供较清晰的理论依据。

第一节 牧草的分类方法

牧草的饲用价值通常是通过营养物质含量、营养物质的消化率和代谢率以及能量等来反映的。不论是天然草地还是栽培或半栽培草地，不同的植物种群或植物类群，都具有不同的饲用价值，因而可以满足家畜的不同需要。牧草的饲用价值受许多因素影响，表现出动态性和波动性。不同的生长发育阶段、不同的气候条件以及不同的管理利用方式等，都会使牧草的饲用价值发生变化。我国牧草种类繁多，主要按照地域气候特点、生物学特点以及科属进行分类。

一、按照地域气候条件分类

按照地域气候条件，我国北方地区多属于温带大陆性气候，局部为高原气候，冬季寒冷、夏季温热，气温年较差和日较差均比较大；降水量少，且季节分布不均，多集中在夏季；并且黄土高原和青藏高原还呈现明显的高原气候，气温低，日较差大，年较差小，低压缺氧，寒冷干燥，日照时间长，太阳辐射强，风力大。其中牧草代表品种主要包括羊草、苜蓿、沙打旺、胡枝子、无芒雀麦、冰草、碱茅、燕麦、红豆草等。南方地区为季风性气候，夏季炎热多雨，冬季温和少雨，雨热同期，降水丰沛，年温差较小。其中牧草代表品种主要包括黑麦草、红三叶、白三叶、菊苣、象草、杂交狗尾草、扁穗牛鞭草、山毛豆等。

二、依据再生性进行分类

依据牧草地上枝条生长特点和再生枝发生部位不同，可分为以下三类。

1. 放牧型牧草

这类牧草地上茎叶发生于茎基部节上，或者从地下根茎及匍匐茎上发生，且株丛低矮密生，一般不超过20cm，仅能放牧利用，不适宜刈割，如碱茅、紫羊茅等。这类牧草的另一个作用就是用作护坡草，能防止水土流失。

2. 刈割型牧草

这类牧草地上部生长较高，适合手工或机械化刈割。它们的再生能力强，常常一年多次刈割，包括多年生牧草黑麦草、苜蓿、红豆草、沙打旺、鲁梅克斯等，一年生或越年生牧草，也能多次刈割，如冬牧70黑麦草、苏丹草等。该类牧草的生长增高是靠每一个枝条结节的伸长实现的，或者是从地上枝条叶腋处的芽新生出再生枝，故而放牧或低刈后因顶端生长点和再生芽被去掉而再生不良，一般不适于放牧或频繁刈割。

3. 牧刈型牧草

这类牧草地上部的生长增高是靠每一个枝条节间的伸长实现的，或者是从地下的根结节、分蘖节、根茎处新生出再生枝，放牧或刈割后可再生长，具有极强的耐牧性和耐刈性，如无芒雀麦、羊草、苜蓿和白三叶等。

三、按科属划分

栽培牧草主要是依据瑞典植物学家林奈确立的双名法植物分类系统而进行的一种划分，栽培牧草可划分为以下几类。

1. 豆科牧草

豆科牧草是栽培牧草中最重要的一类牧草，由于其特有的固氮性能和改土效果，使其早在远古时期就用于农业生产中。尽管豆科牧草种类较少，但因其富含氮素和钙质而在农牧业生产中占据重要地位。目前生产中应用最多的豆科牧草有苜蓿草、沙打旺、红豆草、三叶草及紫云英等。

2. 禾本科牧草

禾本科牧草种类较多，是建立放牧刈草兼用人工草地和改良天然草地的主要牧草，主要包括黑麦草、无芒雀麦、羊草、象草、燕麦等。

3. 其他科牧草

除了常见的豆科和禾本科的牧草，其他科常见牧草包括俄罗斯饲料菜、籽粒苋等，并且某些在农牧业生产上很重要，如甜菜、胡萝卜等。

第二节 常见栽培牧草

全世界的牧草品种多样，但不同地区，因降雨量、气温、土壤等的差异，适宜种植的牧草品种不同。本节针对我国种植面积大、生物产量高、营养品质好的常见栽培牧草进行介绍，并针对地域气候、土壤特性、家畜种类等因素，提出了不同条件和用途下适宜牧草品种的选择利用方法。

一、豆科牧草

1. 紫花苜蓿

紫花苜蓿（*Medicago sativa* L.），又名“紫苜蓿”“苜蓿”，原产于小亚细亚、伊朗、外高加索和土库曼一带，现为世界性的栽培牧草。我国早在二千年前已在陕西一带栽培苜蓿。

紫花苜蓿（见图 3.1）是一种适应性强、产量高、品质优良的多年生豆科牧草，含有丰富的蛋白质、维生素和矿物质，以及动物生长发育所需的氨基酸、微量元素和未知促生长因子等，其被称为“牧草之王”。

（1）植物学特征　紫花苜蓿根系发达，主根入土深达数米；根颈直径 1 ～ 3mm；根上密生根瘤菌，根瘤直径 1 ～ 4mm；基生枝条众多，可达数十个；茎直立，初花期株高 70 ～ 120cm；茎秆基部近圆柱形，上部呈棱柱状，中空，具髓；茎粗 2 ～ 5mm；三出羽状复叶；短总状花序腋生，具蝶形花 20 ～ 30 朵，紫色；荚果螺旋形，含种子 4 ～ 8 粒；种子肾形，黄褐色，千粒重 1.4 ～ 2.3g。

（2）生物学特性　紫花苜蓿喜温暖半干旱气候，高温高湿对其生长不利。苜蓿抗旱性和抗寒性均较强，对土壤要求不严格，沙土、黏土均可生长，喜中性或微碱性土壤。苜蓿种子萌发的最适环境温度为 20℃，5 ～ 10℃亦可萌发，但速度明显减慢，高于 35℃萌发受到抑制；从出苗（返青）经分枝、开花至结荚，地上生物量逐渐升高，结荚期达到高峰，而后下降；但蛋白质含量、干物质消化率和饲用价值逐渐降低。

图 3.1　苜蓿草及草种

（3）栽培技术

① 品种的选择　在不同的自然环境条件下人为培育或自然选择形成了许多不同的苜蓿品种，不同品种对土壤酸碱性、气候温度、土质、干湿度等条件要求差异很大，因此，在不同的地区种植苜蓿要根据当地的土壤条件、气候温度、降雨量、灌溉条件等诸多因素来选择适合的品种。

选择品种时苜蓿的秋眠性是一个重要的考虑因素。苜蓿的秋眠性是指随秋季气温的降低、光照的减少，而导致紫花苜蓿形态和生产能力发生变化的现象。随气温的降低和光照的减少，秋眠性强的品种地上部逐渐停止生长，养分向根部集结，以备越冬，因此其抗寒性比较强，适合在我国北方种植。而秋眠性弱的品种，则一直生长，根部储备养分较少，耐寒性差，在北方气温低的地方很难越冬，适于在我国南方种植。

根据当地的土壤盐碱度、年降水量及施肥和灌溉条件，在条件适宜的情况下，尽量选择高产的苜蓿品种。

② 土地的整理与播种　紫花苜蓿属于多年生牧草，一般种植后 2 ～ 4 年为高产期，5 年左右就要翻耕，栽培年限过长不仅产量低，而且根系庞大、翻

耕困难。但是紫花苜蓿不宜重茬种植，由于紫花苜蓿具有良好的固氮作用，所以种植一茬后，土壤中会存留大量的根瘤，对后作物具有明显的增产作用，因此紫花苜蓿是其他禾本科作物的良好前作，像高产作物玉米、麦类、棉花等。在农区，紫花苜蓿多与其他作物进行轮作，栽培一年生谷类作物、中耕作物或根菜类作物后均适于栽种苜蓿。

紫花苜蓿种子细小，出土力弱，要求播种前精细整地，做到土地平整、土块细碎，翻耕 20cm 深度，耕后耙耱，利于种子出苗。由于苜蓿种子含有 10% ～ 30% 或更高的硬实，播前将种子与沙揉搓或将种子用磨米机碾磨一次，可使种子发芽率显著提高。播前晒种 2 ～ 3 天或短期高温处理（50 ～ 60℃、15 ～ 60min），亦可提高发芽率。播种前苜蓿应进行根瘤菌接种，特别是未种过苜蓿的田地如接种根瘤菌，能提高其产草量，简单的办法是可以先在已种植苜蓿的田里深挖一些碎土，和种子混合拌匀后再播种，既容易播种均匀，也能接种根瘤菌。

紫花苜蓿春、夏、秋均可播种，秋播不要太迟，保证播后有 80 ～ 90 天的生育期，以确保安全越冬。在山东地区一般以 9 ～ 10 月中旬播种为宜，播种量在 7.5 ～ 22.5kg/hm^2，密植有利于提高产草量和牧草品质，所以收草用时播种量宜大，为 15 ～ 22.5kg/hm^2，留种用的以 7.5 ～ 15kg/hm^2 为宜。播种方式以撒播、条播居多，也可点播。条播易于田间管理和除草，条播行距，收草用 20 ～ 30cm，留种用 40 ～ 60cm。覆土厚度 1.5 ～ 2.5cm。

苜蓿可与其他的禾本科牧草或作物混播，特别是苜蓿种植的第一年生长较弱，与玉米等禾本科作物间行混播，既可提高土地的利用率，也可对苜蓿形成保护播种。如果专门收草用则可混播青贮玉米，混播后互相促进生长，明显提高产量。

③ 田间管理　苜蓿种子细小，苗期幼弱，不耐杂草，杂草较多严重影响其生长。因此苗期的除草保苗工作非常重要，做到苗全苗壮，对以后的产草量影响很大。

苜蓿生长需肥较多，保证充足的养分供给是获得高产的保障。由于苜蓿根部有大量的根瘤，可以从空气中固氮，所以除第一年种植根瘤菌作用还不够强时需施氮肥外，以后就可以少施或不施氮肥。苜蓿对磷肥比较敏感，施磷可以增加叶片率，增多茎枝数目，促进根系发育，更有利于提高土壤肥力。但磷肥属于迟效肥料，如果在冬季施用，则在春季苜蓿返青生长时可以发挥作用。施用其他的钾、硼等肥料也有助于提高产量。苜蓿在翻地种植时可施入厩肥或农家肥作为基肥，以提供各种营养素。

苜蓿具有庞大的根系，可以吸收土层深处的水分，比较耐旱，但在水分供应充足时可以提高产量，尤其在分枝到现蕾期，要保证水分供应，据报道，苜蓿干草产量在 750kg/hm^2 时，田间需水量为 365 ～ 417m^3/hm^2。因此，适时灌溉也是获得苜蓿高产的重要措施。

④ 病虫害防治　苜蓿常见的病害有苜蓿菌核病、霜霉病、锈病、褐斑病、白粉病等，可施用石灰或喷施多菌灵进行防治。常见的虫害有蚜虫、叶蝉、盲蝽、潜叶蝇等。蚜虫集中于苜蓿幼嫩部分吸取其营养，使植株嫩茎、幼叶卷缩。受叶蝉、盲蝽危害的植株叶片卷缩，花和蕾凋萎干枯，结实率降低。潜叶蝇在叶表皮下潜行蛀食，使叶枯黄，影响光合作用造成减产。上述虫害均可用乐果、敌百虫等防治。

（4）利用特点　在适宜的栽培管理条件下，初花期刈割，北方地区可刈割 2 ～ 5 茬，干草亩产量可达 0.7 ～ 1.5t。无论青贮、青饲或晒制干草，都是优质牧草。在集约化生产条件下，通常利用 3 ～ 5 年，然后轮作其他作物。紫花苜蓿茎叶中含蛋白质 20% 以上、氨基酸平衡，尤其需要提出的是苜蓿纤维成分中包含有丰富的果胶多糖，其中的单糖组成主要为半乳糖醛酸、阿拉伯糖、半乳糖等，这对于促进动物肠道微生物有益菌的增殖、减少病原菌、重塑肠道微生物组具有重要的意义。苜蓿干草中常规营养成分及其含量见表 3-1。

表 3-1　苜蓿干草中常规营养成分及其含量（50g 苜蓿干草）

项目	含量	项目	含量
热量 /kcal	60.00	脂肪 /g	1.00
蛋白质 /g	3.90	碳水化合物 /g	8.80
膳食纤维 /g	2.10	硫胺素 /mg	0.10
钙 /mg	713.00	核黄素 /mg	0.73
镁 /mg	61.00	烟酸 /mg	2.20
铁 /mg	9.70	维生素 C/mg	118.00
锰 /mg	0.79	维生素 E/mg	0.00
锌 /mg	2.01	维生素 A/μg	440.00
胆固醇 /mg	0.00	铜 /mg	0.00
胡萝卜素 /μg	2.40	钾 /mg	497.00
磷 /mg	78.00	视黄醇当量 /μg	81.80
钠 /mg	5.80	硒 /μg	8.53

注：1cal=4.184J。

（5）适宜区域　我国东北、西北、华北地区，以及淮河流域为适宜种植区域，青藏高原、长江中下游平原及其以南，局部地域可以种植。

2. 白三叶

白三叶（*Trifolium repens* L.）属多年生草本植物，既可供放牧使用，又可刈割利用。其茎叶光滑柔嫩，叶量丰富（见图 3.2），适口性好，畜禽喜食。白三叶经常种植在果园、林地，既可改善土壤肥力，又能防止水土流失。

图 3.2 白三叶

（1）植物学特征　白三叶主根短，侧根发达，根系浅，主要集中在 10cm 以内土层，有根瘤。茎匍匐，多节，茎节着地生根。叶互生，三出复叶，叶面有 V 形白斑。总状花序呈头状，顶生或由叶腋抽出，一般有小花 20 ～ 40 朵，花梗多长于叶柄。花冠蝶形，白色，有时带粉红色。荚果倒卵状长圆形，种子心脏形或卵形，黄色或浅棕色，千粒重 0.5 ～ 0.7g。

（2）生物学特性　白三叶性喜温暖湿润的气候，不耐旱，最适于生长在年降雨量为 800 ～ 1200mm 的地区。白三叶种子在 1 ～ 5℃时开始萌发，最适气温为 19 ～ 24℃。白三叶喜于在阳光充足的旷地生长，具有明显的向光性。在荫蔽条件下，其叶小而少，开花不多，鲜草产量和种子产量均较低。白三叶茎匍匐，可生长不定根，形成新的株丛，为耐践踏的放牧型牧草。白三叶适应性较强，能在不同的生境条件下生长。

（3）栽培技术　种子细小，播前务必精细整地，每亩施农家肥 2000kg，可春播或秋播。条播行距 30cm，插深 1 ～ 1.5cm，每亩播种量 0.3 ～ 0.5kg。苗期生长缓慢，应注意中耕除草，一旦长成则竞争力很强，不需再行中耕。种子可落地自生，因而可使草地经久不衰。除单播外，最适与多年生黑麦草、牛尾草等混播。初花期可刈割利用。春播当年亩产青草 1000kg，以后每年可刈割 3 ～ 4 次，亩产青草 2500 ～ 4000kg，高者 5000kg 以上。每亩可收种子

15～45kg。

（4）利用特点　白三叶茎匍匐，耐践踏，再生能力强，适宜放牧利用。放牧利用应保持白三叶与禾本科牧草1∶2的比例，可获得较高的干物质和蛋白质产量，还可防止家畜得臌胀病。青饲时，可在孕蕾期或草层高度达到25～30cm时刈割。

（5）适宜区域　白三叶适应性广，我国从南到北均能栽培。其适宜在气候温凉湿润的地区生长，包括亚热带山地、高原和广大的暖温带地区。

3. 红三叶

红三叶（*Trifolium pratense* L.）为豆科多年生草本植物，原产小亚细亚和欧洲大陆，现广泛栽培于世界温带、亚热带地区，是重要的豆科牧草。其草质柔嫩（见图3.3），适口性好，家畜喜食。

图3.3　红三叶

（1）植物学特征　直根系，根系主要分布在0～30cm土层中。茎直立或倾斜，圆形，中空，高50～140cm。茎叶有茸毛。叶互生，三出复叶，叶面具灰白色V形斑纹。头形总状花序，腋生，有小花50～100朵。花冠蝶形，红色或淡紫色。荚果倒卵形。种子呈椭圆形或肾形，棕黄色或紫色，千粒重1.5g左右。

（2）生物学特性　红三叶喜温暖湿润气候，夏天不太热、冬天又不太冷的地区生长良好。最适气温在15～25℃，超过35℃或低于–15℃都会使红三叶死亡。冬季–8℃左右可以越冬，而超过35℃则难越夏。其适宜在年降雨量为800～1000mm的地区生长。不耐干旱，以排水良好、土质肥沃、富含钙质的黏壤土为好，壤土次之，在贫瘠的沙土上生长不良。

（3）栽培技术　红三叶种子细小，播种前要精细整地。在瘠薄土壤或未种过三叶草的土地上，应施足底肥。南方多秋播，9 月份为宜，北方春播在 4 月份。条播行距为 30 ～ 40cm，播种量 10 ～ 12g/m^2，播深或播后覆盖土壤不超过 1cm。播种后保持土壤湿度，3 ～ 5 天即可发芽。但苗期生长缓慢，要注意防除杂草。

（4）利用特点　红三叶作饲料用，其草质柔嫩多汁，适口性好，多种家畜都喜食。其可以青饲、青贮、放牧、调制青干草、加工草粉和各种草产品。调制青干草时叶片不易脱落，可制成优质干草。青饲或放牧反刍家畜时，极少发生臌胀病。打浆后喂猪，可节省精料。与多年生禾本科牧草混播，可以使草地生产力稳定高产，饲草营养价值和适口性都可显著改善。其根系发达，入土深，固土能力强，枝繁叶茂，地面覆盖度大，保土作用大，可作为水土保持植物在山坡地栽培。

（5）适宜区域　适宜我国亚热带中、高山气候冷凉湿润及相似生态环境地区种植。

4. 柱花草

柱花草（*Stylosanthes guianensis* SW.），又名巴西苜蓿、热带苜蓿，是豆科多年生草本植物（见图 3.4）。其适应性广，抗逆性强，耐旱、耐酸、耐贫瘠，营养丰富，产草量高，是热带地区优秀的豆科牧草之一。

图 3.4　柱花草

（1）植物学特征　根系发达，主根深达 2m。茎半直立，多分枝，高 1 ～ 1.5m。三出羽状复叶，小叶长椭圆形。复穗状花序，成小簇，着生于茎顶部或叶腋中。蝶形花，黄色至深黄色。荚果，具喙，棕黄至暗褐色，每荚有种子 1 粒。种子椭圆形，淡黄色、棕色或黑色，千粒重约 2.5g。

（2）生物学特性　喜温湿，喜光照，怕霜冻，耐瘠薄酸性土壤，耐践踏，最适于年降雨量650～1800mm、排水良好的壤土或沙壤土生长。气温在25℃以上生长良好，低于10℃叶片枯黄萎蔫。喜质地疏松的壤土，可在沙土、重黏土及酸性瘠薄土壤和山坡地上生长。不耐水渍，不能在低洼积水地生长。

（3）栽培技术　柱花草可用种子直接繁殖，也可育苗移植和插条繁殖。种子直播时应清除杂草，精细整地，每公顷施有机肥7500kg、钙镁磷肥300～450kg。可条播、点播，条播行距70～80cm，每公顷播种量4.5kg，点播株行距50～80cm，每公顷用种子1.5kg。2～3月份选择湿润天气播种，播后稍加覆土即可，深度不超过2cm。

柱花草种子硬实率高，发芽率仅15%左右，播前用80℃热水浸种2min，可提高发芽率。种子可单播，也可与禾本科牧草混播建立人工草地。插条繁殖时，选粗壮、色绿、分枝及叶片多的枝条作种苗，按30cm长剪一段，直插或斜插，入土深20cm，压实即成，一般于7～9月份趁阴雨天气进行。

（4）利用特点　柱花草在盛花期时干物质中含粗蛋白16%～20%，粗脂肪1.6%～2%，粗纤维26%～29%，无氮浸出物38%～44%，粗灰分8%～10%。单播的人工草地多为刈割，用于青饲或调制干草、干草粉，也可与禾本科牧草混合调制青贮，按日粮比例饲喂家畜；混播草地用于放牧。水肥条件好，其产量和品质均可提高。

（5）适宜区域　可在我国北回归线以南、海拔200～1000m、年降雨量800mm以上地区生长。在海南、广东、广西、云南、四川、福建的无霜冻地区均可种植。

5. 毛苕子

毛苕子（*Vicia villosa* Roth.）又名冬苕子（见图3.5），为豆科野豌豆属，原产于欧洲北部，广布于东西两半球的温带，主要是北半球温带地区，是世界上栽培最早、在温带国家种植最广的牧草和绿肥作物之一。

（1）植物学特征　主根入土不深，侧根发达。茎细软，斜升或攀缘，有条棱，多分枝，长60～200cm。偶数羽状复叶。小叶8～16枚，顶端有卷须；小叶长圆形或倒卵形，长0.8～2cm，宽0.3～0.7cm，顶部下凹并有尖头，两面疏生短柔毛；托叶半箭形，一边全缘，一边有1～3个锯齿。花腋生，花梗极短，有花1～3朵，花冠蝶形，花瓣淡紫或稍带红色。荚果条形，长4～6cm，成熟时褐色，每荚有种子7～12粒。种子圆形稍扁，因品种不同呈黄白、粉红、黑褐、灰色，千粒重50～70g。

图 3.5　毛苕子

（2）生物学特性　喜凉爽，抗寒性较强，不耐炎热，生长最适温度 14 ～ 18℃。种子成熟要求 16 ～ 22℃。对水分十分敏感，喜潮湿，但耐旱力很强，比普通豌豆抗旱得多。在年降水量 150mm 地区，有灌水条件仍可生长，是耗水较少的饲料作物。对土壤要求不严格，耐瘠薄，在生荒地上也可正常生长，是良好的先锋植物。一般除盐碱地外，均能种植。适宜 pH5.0 ～ 6.8 之间。

该草为长日照植物。短日照，植株短小，不开花结实。苗期生长慢，其生长速度，开花前与温度成正相关，花期后与品种特性有关。生长期间遇干旱，暂停生长，遇水可继续生长。再生性很强，花后刈割，再生草仍可收种子。作为果园草种植，5 月份开花，6 月份结果，种子落地当年再萌发，秋季和马唐等浅根系草共生，春季萌发早，覆盖地面保墒。

（3）栽培技术

① 种子处理　用机械划破种皮或用温水浸泡 24h 后再播种，以提高出苗率，保证全苗、壮苗。

② 播种时间　毛苕子在长江和淮河流域及冬麦区，9 月上中旬种植为宜，北方 3 月中旬至 5 月中旬播种。单播时每亩播种 3kg 左右，常与燕麦、大麦混播。毛苕子与麦类混播时用种量为 1∶1 或 2∶1，也有地区将毛苕子与玉米、

小麦、胡萝卜间作套种。

③ 田间管理　毛苕子种子发芽出苗的适宜气温为 19 ～ 21℃，在此温度下播种后经 7 天左右即可出苗。毛苕子耐寒能力很强，植株生长期间可忍耐 28 ～ 30℃的短期高温，但不耐夏季酷热，一般气温在 18 ～ 20℃时生长发育最快，超过 30℃时则生长发育逐渐减慢、植株生长细弱。

毛苕子耐干旱、瘠薄，但不耐水淹、潮湿。毛苕子出苗后 15 天就可形成根瘤，开始固定土壤中的氮素，其收获后可给土壤遗留大量的有机质和氮素肥料，起到了改土肥田的作用。

陕西、甘肃一带春播毛苕子，越夏前生长缓慢，茎长仅仅 10cm，至 9 月长达 120cm 以上，第二年 5 月开花，7 月结实而死亡。冬前及第二年早春可刈割两次。秋播的毛苕子越冬时茎长 20cm，第二年 2 月下旬开始生长，4 月现蕾，5 月开花，6 月种籽成熟。

长江下游地区 8 月中旬至 9 月中旬播种，10 月下旬至 12 月上旬刈割 1 次，第二年 4 月中旬又可刈割 1 次。刈割留茬高度为 15cm。

（4）利用特点　猪、马、牛、羊都可用鲜毛苕子饲喂，在毛苕子与燕麦混播草地上放牧，能显著提高产乳量，也可将毛苕子制成干草粉，混入日粮中喂猪，平均纯苕子干草粉 2.5kg 可长猪肉 0.5kg。毛苕子还可以对土地提供很好的覆盖，而且能够提升土壤的肥力，适合在果树林下进行间作或者是作绿肥使用。毛苕子植株的粗蛋白含量高可以用于青饲或者是放牧。在农业应用中毛苕子和紫云英、苜蓿的作用很相似，都是作为一种轮作或者是休耕期间种植的植物，在为土壤提升肥力的同时还能为家畜提供一定的饲料来源。

（5）分布区域　原产欧洲南部、亚洲西部。在我国江苏、江西、台湾、陕西、云南、青海、甘肃等地均有野生分布。近几年西北、华北种植较多，东北地区也有种植。20 世纪 50 年代我国从苏联、罗马尼亚等国引进 10 多个品种，后又从澳大利亚引进一些品种。

6. 沙打旺

沙打旺（*Astragalus adsurgens* Pall.），又名直立黄芪、斜茎黄芪、麻豆秧（见图 3.6）等。其在半荒漠沙区及黄土高原一带是一种重要的飞机播种改良草地和建植人工草地的牧草，具有防风固沙和水土保持的作用。

（1）植物学特征　沙打旺为多年生草本植物，高 50 ～ 70cm。根系发达，主根粗壮，入土深 1.0 ～ 1.3m，侧根发达，着生大量根瘤。花为蓝色、紫色或蓝紫色；荚果矩形，含褐色种子 10 余粒，种子千粒重 1.5 ～ 2.4g。

图3.6 沙打旺

（2）生物学特性　沙打旺耐寒、耐旱、耐贫瘠、耐盐碱，喜温暖气候。在20～25℃时生长最快，适宜在年平均气温8～15℃，年降水量300mm的地区生长。在冬季–30℃的低温下能安全越冬。对土壤的适应性强，在一般草种不能生长的瘠薄地和沙地上能生长，抗风蚀和沙埋。不耐潮湿和水淹，低洼地、排水不良黏重土壤不宜生长，在粒土和盐水中积水3天则引起烂根死亡。

（3）栽培技术　沙打旺种子较小，播种前要精细整地，瘠薄地每亩应施1000～2000kg厩肥作基肥，种子硬实率高达60%，播前要擦破种皮。春季风大墒情不好的地区，可以在夏季雨后播种。播种时用磷肥作种肥可显著增加产量。一般采用深开沟条播，行距30～45cm，覆土1～1.5cm，播量为每亩0.4～0.75kg。

沙打旺苗期生长缓慢，易受杂草抑制，苗齐后应进行中耕除草，返青及每次刈割后都要及时除草，以利再生。有条件地区早春或刈割后应灌溉施肥，能提高产量。如发现菟丝子危害时应及时拔除。

（4）利用特点　沙打旺可用于青饲、青贮、放牧、调制干草和草粉，也可打浆喂猪。可在开花前刈割与青刈玉米或禾本科牧草混合青贮或作半干青贮。调制干草应在株高60～80cm或现蕾期刈割。沙打旺以每年刈割2～3次为宜，第三年产量最高，之后下降。沙打旺为低毒黄芪植物，以茎叶草粉喂鸡，草粉比例应在4%以下，以鲜草喂牛、羊等家畜，均未发生过中毒反应，以4%的干草粉喂兔，亦生长正常。

（5）分布区域　主要分布在北纬38°～43°之间，在我国河南、河北、山东、江苏等地栽培时间较久，其余北方各省区均有广泛种植。

7. 甘草

甘草（*Glycyrrhiza uralensis* Fisch.），又名甜草（见图3.7），为豆科多年

生草本植物，根与根状茎粗壮，是一种补益中草药，应用广泛。甘草喜日照长、气温低的干燥气候，多生长在干旱、半干旱的荒漠草原、沙漠边缘和黄土丘陵地带。

图3.7　甘草

（1）植物学特征　茎直立，多分枝，高30～120cm，密被鳞片状腺点、刺毛状腺体及白色或褐色的绒毛，叶长5～20cm；托叶三角状披针形，长约5mm，宽约2mm，两面密被白色短柔毛；叶柄密被褐色腺点和短柔毛；小叶5～17枚，卵形、长卵形或近圆形，长1.5～5cm，宽0.8～3cm，上面暗绿色，下面绿色，两面均密被黄褐色腺点及短柔毛，顶端钝，具短尖，基部圆，边缘全缘或微呈波状，多少反卷。

（2）生物学特性　花的大小和种子特性：甘草由于生境不同，自然形成三种生态型，即沙地草、梁地草和滩地草。不同生态型甘草花的大小相近，但种子大小差异明显，其大小顺序为滩地草＞梁地草＞沙地草；硬实率则为梁地草＞沙地草＞滩地草。用种子栽培的甘草一般在3年后开花结实。

根及根茎分布特征：沙地草水平、垂直根茎发达，生长均匀，水平根茎延伸范围大，呈不规则放射形，支株多，形成在母株周围大范围的由数量不等的侧根组成的地下网络，商品草以根茎为主；梁地草根茎不发达而数量少，支株少，延伸范围小，主根发达但不均匀，一般呈上粗下细形状，根头距地面20～30cm，商品草以主根为主；滩地草水平根茎多而粗壮，延伸的范围大，支株多，主根极不发达，多呈叉状，商品草以根茎为主。

（3）栽培技术

① 选地与整地　甘草多生在干燥的钙质土中，喜干燥而耐寒，故宜选在地下水位低、排水良好的疏松沙质土壤地种植。这种地主根易往下伸长，根条直、粉质多。地选好后，施入腐熟的厩肥或堆肥作底肥，然后深翻

60～100cm，耙细整平，打成1～2m宽的畦。

② 繁殖　繁殖主要分为种子繁殖和根茎繁殖两种。

种子繁殖，春播在谷雨前后，秋播在立秋至白露间，但秋播比春播好。甘草种子外皮有层胶质，不易吸水，播种前须先用40～50℃温水浸泡3天左右，并经常换水，使种子充分吸胀。然后按行距20～30cm开沟，将种子均匀撒在沟内，覆土厚3cm，稍加压实、浇水，上面盖以草帘保持湿润，发芽后立即去掉。每亩用种子2.5kg左右。播种前后必须注意：一是做好深耕整地，蓄水保墒，扩大根系活动的空间；二是适时早播、抢墒播种或早播等雨，及时利用土壤水分，促进生根发芽，增加生长时间；三是施足基肥，利于日后加速幼苗生长；四是具体操作上严格把握播种深度，这是出苗、保苗的关键。

根茎繁殖是选择生长多年、根部不定芽多的植株，于春季或秋季挖出，粗根入药，细根茎剪成15cm，每节有1～2个芽，边挖边剪边栽，按行距60～100cm开15cm深的沟，将剪好的根茎按株距15cm顺沟平放，覆土压实。

③ 田间管理　待苗出齐后，过密可间苗。整个生长期，应注意松土除草。每年结合中耕除草，追肥1～2次。

④ 病虫害防治

a. 病害　主要有白粉病和锈病，多在5～8月发生，可用0.3 Bé石硫合剂喷洒。

b. 虫害　主要是红蜘蛛，可用1∶2000的乐果乳剂喷洒，地老虎可采用毒饵诱杀。

（4）利用特点　现蕾前骆驼、绵羊、山羊喜食，干枯后羊、马、骆驼、牛均喜食。其粗蛋白和无氮浸出物含量丰富。

（5）分布区域　甘草主要分布于东北、华北、西北地区。

二、禾本科牧草

1. 饲用青饲玉米

玉米（*Zea mays* L.）原产美洲的墨西哥和秘鲁，是世界上分布最广的一种作物，其栽培面积仅次于小麦。玉米（见图3.8）是重要的粮食和饲料作物，玉米籽实是当前应用最多的能量饲料。传统的玉米栽培是以收获玉米籽实为主要目的，现代畜牧业的发展，使得玉米更多地向粮饲兼用或专门的饲用玉米发展。

图 3.8　青饲玉米

（1）植物学特征　饲用玉米品种包括青饲、青贮玉米品种，一般具有植株高大、茎叶繁茂、抗倒伏、抗病虫和不早衰等特点。青饲玉米亩产量要达到 4500 ～ 8000kg，夏播要达到 3000 ～ 4000kg/ 亩。饲用类玉米要求茎秆汁液含糖量在 6% 左右，全株粗蛋白含量达 7% 以上，粗纤维含量在 30% 以下。果穗一般含较高的营养物质，选用多果穗玉米可以有效提高玉米青贮的质量和产量。

（2）生物学特性　饲用玉米是喜温作物，在温度高于 10℃时才能生长，其生长最适温度为 25 ～ 28℃，低于 3℃、高于 40℃会抑制幼苗生长，而开花期最高温度超过 35℃会导致花粉和花丝活力降低，并且花粉的存活时间明显缩短。水分对玉米的生长有很大影响，因为玉米植株高大，叶面积大，其生育周期恰逢每年的炎热季节，所以玉米的蒸腾系数也高，玉米生产 1g 干物质所耗水分一般是 250 ～ 320g，水分缺乏会造成减产。

（3）栽培技术

① 选地与整地　选择土质疏松肥沃，有机质含量丰富的地块有利于获得高产。

② 播种量　合理密植有利于高产，若采用精量点播机播种，播种量为 2 ～ 2.5kg/ 亩，若采用人工播种，播种量为 2.5 ～ 3.5kg/ 亩。一般饲用玉米的亩保苗数为 4500 ～ 5000 株。

③ 播种方法　采用大垄条播，实行垄作，行距 60cm，株距 15 ～ 20cm，单条播或双条播都可，但双条播可获得较高产量。

④ 混播　青饲玉米与秣食豆混播是一项重要的增产措施，同时还可大大提高青饲玉米的品质。以玉米为主作物，在株间混种秣食豆。秣食豆是豆科作物，根系有固氮功能，并且耐阴，可与玉米互相补充、合理利用地上、地下资源，从而提高产量，改善营养品质。混播量为：青饲玉米 1.5 ～ 2.0kg/ 亩，秣食豆 2.0 ～ 2.5kg/ 亩。

⑤ 田间管理　与大田作物管理方法相同，需要进行除草、间苗、施肥及中耕等。施肥量为 10 ～ 15kg/ 亩。

（4）利用特点　青饲玉米籽实是优良的精饲料，其不但营养总量高且在养分上具有糖分多、适口性好、淀粉多、易消化、脂肪多、热能高等特点。收籽后的秸秆及时青贮，玉米芯粉碎后，又是良好的粗饲料。玉米加工副产物也是畜禽日粮的基本组成部分。青刈玉米柔嫩多汁，含糖量高，适口性特好，各种家畜均喜食，尤适于作奶牛的青饲料。

（5）适宜区域　青饲玉米的适宜种植区域十分广泛，大于 10℃年积温＜ 1900℃或年降水量少又无灌溉条件的地区，生产水平会降低。

2. 青贮玉米

玉米的籽粒和茎叶均可饲用。青贮玉米产量高、营养丰富，素有“饲料大王”的美誉，是世界上用于生产奶、肉等畜产品最重要的饲料来源之一。用作青贮的专用玉米（见图 3.9），植株高大，一般在 2.5 ～ 3.5m；在籽粒乳熟末期至蜡熟前期收获；亩产鲜草可达 4.5 ～ 8t。因青贮玉米全株收获制作青贮具有高产、优质、省工、节能等优势，是养殖业，特别是肉牛、奶牛养殖不可或缺的优质粗饲料，近年来青贮玉米种植面积不断扩大。

图 3.9　青贮玉米

（1）植物学特征　玉米着生于地下茎节的须状根构成发达的须根系，集中分布于 0 ～ 30cm 土层。地上近地表茎节轮生数层气生根，兼具支撑和吸收功能。茎具多节，不同品种之间节数差异大，地下 3 ～ 9 节，地上 6 ～ 32 节。茎粗 2 ～ 4cm。叶互生于茎节，由叶鞘、叶舌和叶片构成。叶鞘紧密包茎，叶片开展，长 80 ～ 120cm，宽 6 ～ 15cm。雌雄同株异花，雄花排列成圆锥状花序，着生于茎顶；雌花排列成肉穗花序，着生于茎之中上部。颖果，马齿形或近圆形。

（2）生物学特性　青贮玉米种子萌发的最适温度为25～30℃；拔节至抽穗，适宜温度在25℃左右，抽穗至开花、吐丝，适宜温度在25～27℃。玉米对土壤条件要求并不严格，可以在多种土壤上种植。但以土层深厚、结构良好，肥力水平高、营养丰富，疏松通气、能蓄易排，近于中性，水、肥、气、热协调的土壤种植最为适宜。

（3）栽培技术

① 种子处理　在播种前选择晴天，将种子摊在干燥向阳的晒台上，连续曝晒2～3天，并注意翻动，使种子晒均匀，可提高出苗率13%～28%。在播种前用冷水浸种12h或温水（水温55～57℃）浸种4～6h，可缩短玉米吸胀时间，提早出苗；温水浸种还可杀死种子表面的病菌。

② 选地与整地　选择地势较平坦，土层深厚、质地较疏松，通透性好，肥力中等以上，保水、保肥力较好的旱地（田）或缓坡地，播种前要精细耕地，使土质松软。

③ 播种方法　采用大垄条播，实行垄作，行距60cm，株距15～20cm，单条播或双条播都可，但双条播可获得较高产量。

（4）收获及青贮制作

① 收获时期　青贮玉米的最适收割期为玉米籽实的乳熟末期至蜡熟前期，此时收获可获得产量和营养价值的最佳值。在黑龙江省的第一、第二积温带可在8月中旬收获，而在第三、第四积温带则在8月下旬至9月上旬收获。收获时应选择晴好天气，避开雨季收获，以免因雨水过多而影响青贮饲料品质。青贮玉米一旦收割，应在尽量短的时间内青贮完成，不可拖延时间过长，避免因降雨或本身发酵而造成损失。

② 收获方法　大面积青贮玉米地都采用机械收获。有单垄收割机械，也有同时收割6条垄的机械。随收割随切短随装入拖车，拖车装满后运回青贮窖装填入窖。小面积青贮饲料地可用人工收割，把整棵的玉米秸秆运回青贮窖附近后，切短装填入窖。

在收获时一定要保持青贮玉米秸秆有一定的含水量，正常情况下要求青贮玉米的含水量在65%～75%, 如果青贮玉米秸秆在收获时含水量过高 , 应在切短之前进行适当晾晒，晾晒1～2天后再切短，装填入窖；而水分过低不利于把青贮料在窖内压紧压实，容易造成青贮料霉变，因此选择适宜的收割时期非常重要。

③ 装填、镇压、封闭　切短的青贮饲料在青贮窖内要逐层装填，随装填随镇压紧实，直到装满窖为止。装满后要用塑料膜密封，密封后再盖30cm的

细土。为了防冻，还可在土上再盖上一层干玉米秸秆、稻秸或麦秸，防止结冻，对冬季取料有利。如此制作完成的青贮玉米料经过 20 天左右发酵，后再经过 20 天的熟化过程即可开窖饲喂。此时的青贮料气味芳香、适口性好、消化率高，是牛、羊、鹿等的极好饲料。 青贮过程一旦完成，只要能保证封闭条件不被破坏即可长期保存，最长有保存 50 年的记录。

青贮玉米饲料是养殖奶牛提高产奶量的重要粗饲料，目前在山东省广大奶牛养殖地区已经得到迅速推广。一头高产奶牛一年需要优质青贮饲料 10t 左右，如果地力较好，有 2 亩地即可满足，如果地力一般，则需要种植 3 亩青贮玉米才能满足需求。

（5）适宜区域

同青饲玉米。

3. 黑麦

黑麦（*Secale cereale* L.）（见图 3.10），原产南欧、北非和亚洲西南部，属一年生或越年生草本植物。其耐寒性强，生育期短，为北方春季能够较早提供青绿饲草的栽培草种之一，可与多种作物轮作或混播。多年生黑麦草又称为英格兰黑麦草、宿根黑麦草，是世界温带地区最重要的禾本科牧草之一。

图 3.10 黑麦

（1）植物学特征　黑麦须根发达，入土深达 1.2 ～ 1.8m。茎秆细长有韧性，株高 1.3 ～ 1.8m。分蘖 15 ～ 30 个。叶呈典型的蓝绿色。穗状花序，具小穗 30 ～ 40 个，小穗通常两朵小花结实，结实率 70% 左右。颖果成熟时与内外稃脱离，顶端有毛，淡褐色或青灰色，千粒重 18 ～ 30g。

（2）生物学特性　黑麦喜冷凉气候，有冬性和春性两种，在高寒地区只能种春黑麦，温暖地区两种都可以种植。黑麦的抗寒性强，它能忍受 –25℃的低温，不耐高温和湿涝；对土壤要求不严格，在肥力好的疏松壤土中生长最好。

黑麦密集的根系可使地表紧实的土壤变疏松，根系能分泌可抑制杂草萌发的化学物质，所以种植黑麦对后作生长有利。

（3）栽培技术　春秋均可播种，以早秋播种为好。播种后在秋季和初冬有一段时间的生长期，翌年春天返青后旺盛生长。黑麦草种子较小，播种前要精细整地。单播以 15kg/hm^2 播种量为宜，条播或撒播，条播行距 15 ～ 20cm，覆土厚 2cm。黑麦草属典型的禾本科牧草，增施氮肥可提高产草量和蛋白质含量。

多年生黑麦草可与其他草种混播，如与红三叶、苜蓿、猫尾草混播。混播时因黑麦草侵占性较强，种子用量不宜太多，植株数量以不超过总数的 25% 为宜。与紫花苜蓿混播时播种量以 15kg/hm^2 的苜蓿和 11kg/hm^2 的黑麦草为宜。

作种用田播种量可适当减少，种子落粒性强，应在种子含水量 40% 前后及时收获，种子产量每公顷 750 ～ 1000kg。

（4）利用特点　黑麦可青饲、生产干草或青贮。在华北地区，黑麦 9 月中下旬播种，翌年 3 月中旬返青，4 月下旬拔节，5 月上旬孕穗初期即可刈割利用。鲜草产量 35 ～ 65t/hm^2，折合干草 8.7 ～ 16.2t/hm^2。

（5）适宜区域　除华南外，全国其他地区均可种植。

4. 小黑麦

小黑麦，一年生草本植物，是硬粒小麦与黑麦的杂交种，也是人工培育的谷类作物。小黑麦（见图 3.11）适应性广，用途多样，饲草品质好，可与其他作物进行轮作。

图 3.11　小黑麦

（1）植物学特征　小黑麦秆丛生，直立生长，株高 1.5 ～ 1.8m。叶片较小麦长而厚，被茸毛。麦穗比小麦大，小穗有3～7朵小花，一般基部2～3朵小花结实。颖果较小麦大，红色或白色，角质或半角质，果皮和种皮较厚，千粒重40g以上。

（2）生物学特性　小黑麦种子粒大，出苗快。小黑麦分为春性、冬性和半冬性三种类型。其生育期因品种、栽培区和播种期而异。小黑麦喜冷凉湿润的气候条件，最低发芽温度为2～4℃，最适生长温度15～25℃。耐寒性强，在黄淮海地区能安全越冬。对土质要求不严，抗旱耐盐碱，耐瘠薄。

（3）栽培技术

① 播种前的准备　筛选种子，测发芽率在85%以内，并用0.2%辛硫磷拌种处理，防止地下害虫。

② 整地　施足基肥，每亩施农家肥2～4m^{3}或施复合肥，耕翻并保持土壤相对含水量达75%。

③ 翻种　秋分左右，气温在13～19℃可播种，采用机播或人工条播。作青贮和青饲时，亩用种量7.5～10kg，每亩30万基本苗；收籽留种亩用量5～6kg，每亩20万基本苗。如过寒露，延迟播种，每迟1天增加0.25kg播种量。

④ 田间管理　在越冬、分蘖、拔节、孕穗扬花、灌浆生育期，抓好水肥管理，如在分蘖孕穗时多次收割鲜草、应在每茬收割后施肥浇水，以促进茎叶生长。

（4）利用特点　小黑麦的利用方式多样，可收获籽实，也可生产干草；可以放牧，也可以青饲、生产干草或青贮。调制干草和青贮的最佳时期是在蜡熟早期。延迟收割会降低牧草品质。

（5）适宜区域　适宜种植区域广，全国除华南地区以外几乎都可以种植。

5. 饲用高粱、苏丹草、高丹草

饲用高粱［*Sorghum bicolor*（L.）Moench］、苏丹草［*Sorghum sudanense*（Piper）Stapf.］和高丹草（*Sorghum bicolor*×*Sorghum sudanense*）均为禾本科高粱属一年生饲草（见图3.12），具耐旱、耐热、耐盐碱和耐瘠薄等特性。饲用高粱植株高、产量高、抗性强，苏丹草再生性好、耐刈割、饲用品质好，高丹草为高粱和苏丹草的杂交种，生物产量高。三种饲草均可饲喂各种草食家畜。

（1）植物学特征　饲用高粱，根系发达，由初生根、次生根和支持根组成。茎直立，株高1.5～4.5m，直径1～5cm。分蘖4～6个。叶宽线形，长70～110cm，宽8～12cm。圆锥花序紧缩或略开展，颖果不紧密着生于颖内。千粒重20～30g。

图3.12 高粱、苏丹草、高丹草

苏丹草，根系发达，茎高2～3m，直径0.6～1.1cm，分蘖20～30个，多者近百个。圆锥花序直立，颖果紧密着生于颖内。种子千粒重12～20g。

高丹草，其形态特征介于饲用高粱和苏丹草之间，有些品种的高度接近饲用高粱。

（2）生物学特性　短日照植物，喜温暖湿润气候。有些品种在北方不能结实。种子在10℃即可发芽，土壤温度稳定在15℃时发芽整齐。春播不宜过早，日温27～32℃时生长速度最快。生育期内要求≥10℃积温2600～4600℃。不耐阴，生长需要充足的光照。在降水量600～900mm的温暖地带能获得较高的产量。对土壤要求不严格，适应黏土、沙土等各种土壤。耐涝性、耐瘠薄、耐盐性较强。

（3）栽培技术

① 土地准备　结合施基肥进行深松或深耕。播种前旋耕除杂。将表土尽量整细，之后镇压形成上实下松的种床。高粱、苏丹草和高粱苏丹草杂交种都为需肥量高的作物，基肥用量要充足。以腐熟的有机肥最好，适宜用量30～45t/hm^2，也可用磷钾含量高的复合肥作为基肥。杂草多的地块播种前还

可用草甘膦等分解快的除草剂防除杂草。高粱对土壤肥力的消耗大，最好与豆科作物轮作，应避免连作。

② 播种技术　饲用高粱、苏丹草和高粱苏丹草杂交种适合春播或夏播。春季地表 5 ～ 10cm 土温达到 10℃时再播种。夏播宜早，以免影响产量。单播时行距 15 ～ 30cm。播种深度 1.5 ～ 3.0cm，沙质土壤稍深一些，黏土稍浅一些。水肥充足时播种量 25 ～ 35kg/hm^2，在此范围内随播种量增大茎秆直径减小，有利于提高饲草的叶茎比。普通地块播种量为 20 ～ 30kg/hm^2。北方旱地播种量应减少。撒播或土地耕作不精细时播量应增加 15%～ 25%。免耕播种容易成功，但需注意防除杂草。高粱、高粱苏丹草杂交种也可和秣食豆、扁豆混播，禾豆田间植株比应为 2∶1 ～ 3∶1。为防地下害虫，可用杀虫剂拌种。

③ 水肥管理　饲用高粱、苏丹草和高粱苏丹草杂交种虽然抗旱耐瘠，但只有在水肥充足的情况下才能获得高产。土壤水分状况越好，施肥量应该越大。氮肥主要用作追肥，分蘖期和每次刈割后施氮（N）40 ～ 80kg/hm^2。磷肥可作为基肥一次性施入，通常用量为磷（P_2O_5）30 ～ 60kg/hm^2，特别缺磷的地块可提高到 120kg/hm^2。钾肥（K_2O）的用量一般为 60 ～ 120kg/hm^2，1/3 ～ 1/2 的钾肥可作为基肥施入，余者可与氮肥一起作为追肥。酸性土壤施石灰可提高肥料的利用率。出苗后适当蹲苗有助于提高植株的耐旱性。

④ 病虫杂草防控　苗期杂草可通过中耕除去，或用除草剂及时防除。分蘖后一般不易受杂草危害。播种后至出苗前、苗期可选阿特拉津，苗期阔叶杂草也可用 2,4-D 防除。增加播量、窄行播种、播前精细整地等措施也有助于控制杂草。

播种后积水的地块易发生幼苗枯萎病，低温潮湿的气候下易发生叶枯病、锈病等，注意排水和选择抗病性强的品种是关键。蛴螬、蚜虫等都可危害高粱，但一般不需用杀虫剂，叶面害虫可通过提前刈割控制。如果使用杀虫剂，不能立即刈割饲喂家畜，以防中毒。

（4）利用特点　饲用高粱再生性差，适合一次性刈割后青贮利用。苏丹草、高丹草再生性好，主要用于青饲、生产干草或青贮。它们主要用于养鱼、鹅和牛、羊等草食性家畜。

（5）适宜区域　除高寒山区和东北高纬度地区外，我国大部分地区均可种植。

6. 墨西哥玉米

墨西哥玉米又名大刍草（见图 3.13），为禾本科一年生草本植物。原产墨西哥，20 世纪 80 年代初引入我国。其适口性好，是一种高产优质的饲料作物，可鲜饲，也可青贮或调制干草。

图 3.13 墨西哥玉米

（1）植物学特征　墨西哥玉米分蘖多，株高 2 ～ 3m。根系发达。叶长条形，长 90 ～ 120cm，叶鞘包茎。雌雄同株，雄花圆锥花序，生于植株顶端；雌花穗状花序，生于叶腋处。颖果呈串珠状，颖壳坚硬、光滑。成熟种子褐色或灰褐色，千粒重 50 ～ 80g。

（2）生物学特性　墨西哥玉米喜温暖湿润气候，宜在水肥条件较好的土地种植。种子在 15℃开始发芽，最适生长温度为 25 ～ 35℃。耐热性强，不耐霜冻。在年降水量 800mm 以上、无霜期在 180 天以上的地区均可种植。耐旱性、耐涝性差，对土壤要求不高。分蘖能力强，在整个营养生长期内都有分蘖形成。

（3）栽培技术　选择土地肥力中等以上、水源方便的田块，深耕，每亩施有机肥 1500kg、磷肥 25kg。适宜播种期 3 ～ 4 月份，既可直播，也可育苗移栽，或制钵育苗移栽，每亩用种子 0.5kg。播种前将种子晒 2h，然后用 25℃温水浸泡 8h，苗床灌足水，播种后盖上薄膜，拱架离苗床面 50cm。苗龄 25 天左右，植株 3 ～ 4 片叶时，追施少量尿素或薄粪水，揭去薄膜再长 5 天左右；植株有 5 叶，且气温不低于 15℃时移栽，下午为宜，株行距为（40 ～ 45）cm×（50 ～ 60）cm，一穴栽 1 ～ 2 株，留种地、地力强的适当稀植。栽后要浇足水，成活 5 ～ 10 天后，追施催苗肥。幼苗有近一个月的“蹲苗期”，在此期间，未施磷肥的地块，叶梢甚至全叶会逐渐发红，影响根系发育，应补施磷肥。

（4）利用特点　可多次刈割利用，用于鹅、猪、鱼等饲喂时，株高在 80cm 以下刈割为好；用于牛、羊、兔饲喂时，株高可提高至 100 ～ 120cm 时刈割。也可用于青贮，在扬花期至灌浆期刈割，切成 2 ～ 3cm 小段，进行青贮。

（5）适宜区域　墨西哥玉米适应性广，在我国大部分地区均适宜种植。

7. 燕麦

燕麦（*Avena sativa* L.），一年生禾本科草本植物（见图3.14）。其茎秆柔软，叶片肥厚，各类畜禽喜食，是优良的饲用麦类作物。其在我国有悠久的栽培历史，形成了许多地方优良品种。

图3.14　燕麦

（1）植物学特征　燕麦为一年生疏丛型草本。须根系，茎直立，株高80～180cm。具4～9节，各节都有一个潜伏芽。叶鞘长于节间、松弛包茎，叶扁平，宽6～12mm、长15～40cm，无叶耳，叶舌大。圆锥花序。外颖具短芒或无芒，内外稃紧紧包被籽粒。颖果纺锤形，宽大，千粒重25～45g。

（2）生物学特性　燕麦生长期因品种、栽培地区和播种期不同差异很大，最适于生长在气候凉爽、雨量充沛的地区。生育期间需要≥5℃活动积温1300～2100℃，抗寒力强，不耐热，高温影响产量。在干旱地区种植需要灌溉，对土壤要求不高，以土层深厚、富含有机质的壤土为好。燕麦耐碱不耐酸。

（3）栽培技术

① 轮作和整地　燕麦对于氮肥有良好的反应，前作以豆科植物最为理想，尤以豌豆茬对它的增产效果特别显著。马铃薯、玉米都是燕麦的良好前作。燕麦忌连作，我国西北高寒牧区和内蒙古种植青燕麦，由于常年连作产量下降，应注意适当地倒茬轮作。燕麦播种前整地的主要措施是深耕和施肥。春燕麦要求秋翻，冬燕麦则在前年作物收获后随即耕翻，耕翻深度以18～22cm为宜。

② 播种　燕麦种子大小不整齐，应选纯净的大粒种子播种。黑穗病流行地区播前要实行温汤浸种。播种期因地区和栽培目的的不同而异。我国春播燕

麦一般在4月上旬至5月上旬，也有迟至6月间进行夏播，过早、过迟常易受冻害。具体播种时间可视自然条件和生产目的而定，如青刈燕麦长到抽穗刈割利用，自然种至抽穗约需65～75天，气温高其生长期短，反之则延长。

③ 田间管理　燕麦在出苗前后若表现出土壤板结可以轻耙一次，苗期如果杂草太多可以用人工除草，也可以用2,4-D丁酯进行化学除草，每公顷用药量不超过1.5kg。在分蘖或拔节期进行第二次除草时结合灌溉、降雨施入追肥，第一次追肥在分蘖时进行，可促进有效分蘖的发育；第二次在拔节期间进行追氮、钾肥料；第三次追肥可根据具体情况在孕穗或抽穗时进行，以磷、钾肥为主配合使用粪肥。在抽穗期间以2%的过磷酸钙进行根外追肥，可促进籽粒饱满。

燕麦在一生中浇水次数可根据各地具体情况而定。在干旱地区生育期一般需浇水2～4次，时间分别在分蘖、抽穗和灌浆期进行。同时为了充分发挥肥料的作用，灌水应与追肥同时进行。燕麦从分蘖到拔节这一时期是幼穗分化的重要时期，在这个时期如果水分供应不充分，就会增加不孕穗数，因而也降低种子产量。

（4）利用特点　燕麦籽粒成熟不一致，在穗下部籽粒进入蜡熟期即可收获。籽粒蛋白质含量高，是优质精料。青饲燕麦，在拔节期至开花期刈割，饲草品质较好。青草柔嫩多汁，消化率高，适口性好。青贮燕麦，从抽穗期到蜡熟期均可收获。

（5）适宜区域　燕麦适宜于年降水量300～450mm、气候较为冷凉的地区种植。我国内蒙古、河北、甘肃、山西等省（区）种植面积大，青海、云南、贵州及四川高山地区也有种植。

8. 多花黑麦草

多花黑麦草（*Lolium multiflorum*）又名一年生黑麦草（见图3.15），是一年生或越年生草本植物。其生长迅速，质量优良，营养丰富，是世界上栽培牧草优良草种之一。

（1）植物学特征　多花黑麦草须根密集，主要分布在0～15cm土层。茎秆直立，疏丛型，高100～180cm。叶长而宽，长20～40cm，叶面光滑有光泽，深绿色。穗状花序，长10～20cm，小穗扁平无柄，互生于主轴两侧。颖质地硬，与花等长。颖果扁平，外稃有芒，土黄色，种子千粒重1.5～3.5g。

（2）生物学特性　多花黑麦草喜温热和湿润气候，在昼夜温度为27℃/12℃时，生长最快，秋季和春季比其他禾本科草生长快，夏季炎热则生长不良，甚至枯死。耐潮湿，但忌积水，喜壤土，也适宜黏壤土。最适宜土壤 pH 值为 6 ～ 7。多花黑麦草不耐严寒，在长江流域以南，秋播可安全越冬，并可在早春提供优质青饲料。一般 9 月份播种，第二年 3 月即可收割第一茬，盛夏前可刈割 2 ～ 3 次，4 月下旬至 5 月初抽穗开花，6 月上旬种子成熟，地上部结实后植株死亡。落粒的种子自繁能力强。多花黑麦草分蘖多，再生迅速，春季刈割后 6 周即可再次刈割。耐牧，即使重牧之后仍能迅速恢复生长。

图 3.15　多花黑麦草

（3）栽培技术

① 整地　多花黑麦草的种子比较轻且小，所以整地需精细。为保证播种质量和根部发育良好，要深翻地，耕深不少于 20cm。翻地前，每亩施优质粪肥 1500 ～ 2000kg 作基肥。

② 播种　根据种子质量决定播种量。在发芽率和纯度都达到标准的情况下，刈草用的，每亩播种量为 1.5 ～ 2.0kg；收种用的，每亩播种 1kg。一般以条播为宜。收草用的，行距 20 ～ 30cm；收种用的，行距 45cm。播种后覆土 2 ～ 3cm。在江苏南部，可以采取育苗移栽的方法集约栽培。

③ 施肥　目前种植牧草多数采用肥力较差的地块，而禾本科牧草需肥较多，因此施基肥很重要。基肥以有机肥为主，加适量化肥（标准氮肥 10kg/亩）。缺磷地块，每亩用过磷酸钙 15 ～ 25kg 与有机肥拌匀作基肥。追肥在冬季和早春施用，一般每次每亩施 7.5 ～ 10kg 尿素。每次刈割之后追肥一次，每次每亩施尿素 6 ～ 8kg。

④ 刈割　利用其饲喂牛羊，初穗期刈割；饲喂兔、鹅、鱼，在植株 30 ～ 60cm 时刈割。

⑤ 田间管理　多花黑麦草苗期生长缓慢，不耐杂草，苗期要及时中耕除草。单播的多花黑麦草地，阔叶杂草占优势时，可用 2,4-D 钠盐除草剂，苗期喷洒 1 ～ 2 次。

开春后多花黑麦草迅速生长，能抑制杂草生长。天旱时要灌溉。多花黑麦草易遭黏虫、螟虫等危害，要及时喷洒敌杀死、速灭杀丁等防治。

（4）利用特点　多花黑麦草适口性好，各种家畜均喜采食。早期收获叶量丰富，抽穗以后茎秆比重增加。多花黑麦草适于刈割青饲、调制优质干草，亦可放牧利用。它也是养鱼的好饵料，我国南方各省区多利用鱼塘旁边种植，用以饲喂草鱼。多花黑麦草品质优良，含有丰富的蛋白质，生长期由于茎秆少而叶量多，质量更佳。多花黑麦草是重要的一年生或短期多年生禾本科牧草，适于作为大田轮作中的冬春作物，亦可与多年生黑麦草、红三叶、白三叶等混播，以提高人工草地当年的产草量。

（5）适宜区域　适宜在我国长江流域及其以南地区种植。

9. 鸭茅

鸭茅（*Dactylis glomerata* L.），又名果园草、鸡脚草，为多年生禾本科牧草（见图 3.16）。其叶量大，草质好，营养价值高，是畜禽的优良饲料；耐阴性较强，适合用于退耕还草、果园种草；适应性广，再生能力强，可利用多年。

图 3.16　鸭茅

（1）植物学特征　鸭茅为疏丛型上繁草。须根发达，密布于 0 ～ 30cm 的土层内。茎秆直立，基部扁平，节间中空，高 70 ～ 150cm。单叶互生，幼叶呈折叠状，长成后展开，叶色蓝绿至浓绿色。圆锥花序，小穗着生在穗轴的一侧，密集成球状，簇生于穗轴顶端，形似鸡脚。颖果长卵形，千粒重 1g 左右。

（2）生物学特性　鸭茅喜欢温暖、湿润的气候，最适生长温度为 10 ～ 28℃，30℃以上生长缓慢。对土壤的适应性较广，但在潮湿、排水良好的肥沃土壤或有灌溉的条件下生长最好。比较耐酸，不耐盐渍化，最适土壤

pH 值为 6.0 ～ 7.0。宜与高光效饲草间、混、套作。耐阴性较强，在遮阴条件下能正常生长，尤其适合在果园下种植。

（3）栽培技术　鸭茅是温带牧草，适宜在温带地区种植。鸭茅可以春播、夏播、秋播。播前精细整地是鸭茅保苗和提高产量的重要措施之一，特别是在干旱地区，秋季深耕可以蓄存水分，减少杂草，并且有利于根系发育，播种的前一年秋季深耕结合施底肥，施肥量 1500 ～ 2000kg/ 亩，然后耙耱保墒，来年春播前再耙耱 1 ～ 2 次，使地表平整，土壤墒情不足时，应在播前灌水，如要夏播，播前浅翻，耙耱几次后再播种。秋播应不迟于 9 月下旬，以防霜害，有利越冬。

播种多采用条播，行距 15 ～ 30cm，播种量 0.75 ～ 1.0kg/ 亩，播种深度宜浅，覆土 1 ～ 2cm，也可直接用堆肥覆盖。鸭茅苗期生长缓慢，要注意防除杂草。此外，鸭茅为高产型牧草，生育期间需要充足的肥水供应，每次刈割或放牧后要灌水、施肥，以促进再生。其再生能力强，每年可刈割 4 ～ 5 次，每次刈割时的留茬高度为 10cm 左右，管理条件良好时，亩产鲜草 3000 ～ 4000kg，要选择在抽穗前恰当的时间进行第一次刈割，接下来的各茬就不会再发生殖枝，从而提高叶茎比例，确保夏季饲草的高品质。如果头茬刈割太早，以后各茬中还会有生殖枝产生。

鸭茅可与苜蓿、各类三叶草混播，混播能提高产量和品质。混播时与豆科牧草比例为 2∶1 计算播种量。

鸭茅是需肥较多的牧草之一，喜氮肥，氮肥施用量对其产量有决定性作用。研究表明按 562.5kg/hm^2 施氮量产量最高，可达 18t/hm^2。

（4）利用特点　鸭茅茎生叶和基生叶数量众多，适合放牧。鸭茅与白三叶等豆科牧草混播草地是优良的放牧草地。可用于青饲，一年可刈割 2 ～ 3 次。可调制干草。

（5）适宜区域　适宜四川盆地周边地区、川西北高原部分地区、长江流域及以南气候温凉的地区栽培。

10. 扁穗牛鞭草

扁穗牛鞭草［*Hemarthria compressa*（L.f.）］，为禾本科牛鞭草属多年生疏丛型禾草（见图 3.17）。其生长期长，生长速度快，再生能力强，适口性好，是牛、羊、兔的优质饲草。

扁穗牛鞭草是热带、亚热带地区草地改良、人工草地建设和退耕还草常用草种之一，也是良好的水土保持植物。

图 3.17 扁穗牛鞭草

（1）植物学特征　扁穗牛鞭草茎秆长 60 ～ 150cm，下部匍匐，上部斜生。茎中空，光滑，节部易着地生根。叶片条状披针形或条形。叶鞘压扁，鞘口有疏毛。总状花序压扁，直立，深绿色。穗轴坚韧，小穗无柄。颖果，蜡黄色。

（2）生物学特性　扁穗牛鞭草喜温暖湿润气候，在亚热带冬季生长缓慢，遇霜植株叶梢枯萎。再生性好，年可刈割 5 ～ 7 次，一般利用年限可达 6 年以上。喜各种湿润土壤，尤以湿润的酸性黄壤生长更好，土壤 pH 6.0 时最佳，产量更高。能耐短期水淹。

扁穗牛鞭草一年四季均可繁殖，春秋季节繁殖成活率最高。结实率低，种子小，不易收获，生产上广泛采用无性繁殖。

（3）利用特点　一般多采用青饲或青贮利用方式。青饲在株高达 50 ～ 60cm 时刈割，一年可刈割 5 ～ 7 次，留茬高度 3 ～ 5cm。青贮宜在抽穗期至结实期刈割，将刈割好的草及时切成小段，立即装入青贮袋或青贮窖中，边装边压紧，排尽空气，装填完毕后，立即密封。

（4）适宜区域　适宜于秦岭和长江流域以南的温暖湿润地区种植。

11. 象草

象草（*Pennisetum purpureum* Schum.）为多年生禾本科狼尾草属植物，是热带、亚热带地区普遍栽培的高产牧草（见图 3.18）之一。其结实率低，种子活力低，实生苗生长极为缓慢，一般采用无性繁殖；产草量高，年鲜草产量 75 ～ 150t/hm^2。

（1）植物学特征　象草须根系发达，多分布在 40cm 的土层中，有气生根。植株高大，株高 2 ～ 4m，茎丛生，直立。叶鞘具毛；叶片线形，长 20 ～ 50cm，宽 1 ～ 4cm，正面着生细毛，分蘖能力强。圆锥花序，结实率低。

图 3.18　象草

（2）生物学特性　象草喜温暖湿润气候，一般在日平均气温 15℃时开始生长，当气温在 20℃以上时，生长加快。10℃以下生长受阻，5℃以下停止生长，能耐短期轻霜。对土壤要求不严，以土层肥厚、疏松、有机质含量高的土壤为佳。再生能力强，生长迅速，每年可以多次刈割，生长期无明显的病虫害发生。结实率低，种子成熟不一致，容易散落。

（3）栽培技术

① 选地　象草好高温，喜水肥，不耐涝。因此，宜选择土层深厚、疏松肥沃、向阳、排水性能良好的土壤。种植前深耕，清除杂草、石块等物。

② 种子处理　选取健康、无病虫害的茎秆为种节，先撕去包裹腋芽的叶片，用刀切成小段，刀口的断面应为斜面，每段保留一个节，每个节上应有一个腋芽，芽眼上部留短、下部留长，当天切成的种节当天下种，以防水分丧失。

③ 田间管理　象草初种时如缺苗要及时补栽；封行前要进行中耕除草并结合灌水追施氮肥一次，每亩追施尿素 8 ～ 10kg；每次刈割后最好能松根除杂草并追肥，追肥以氮肥为主，每亩每次用尿素 10 ～ 15kg。在丰雨季节种植地要及时排水防涝；如天气干旱应及时浇水，经常保持土壤湿润。

④ 病虫害防治　台湾甜象草病虫害极少。但个别地区在夏季可能会出现钻心虫、青虫或蚜虫等危害，可在幼虫期用乐果或吡虫灵喷洒，喷药后要经过 7 天以上方可刈割利用，以防药物残留。

（4）利用特点　象草柔软多汁，适口性好，利用率高，牛、马、羊、兔、鸭、鹅等喜食，幼嫩期也是养猪、养鱼的好饲料。除四季给畜禽提供青饲料外，也可调制成干草或青贮。象草具有较高的营养价值，蛋白质含量和消化率均较高。每公顷年产鲜草 75 ～ 150t，高者可达 450t。每年可收割 6 ～ 8 次，生长旺季每隔 25 ～ 30 天即可收割 1 次，不仅产量高而且利用年限长，一般为

4～6年，如栽培管理和利用得当，可延长到7年，甚至10年。

（5）适宜区域　适宜长江中下游及以南的热带、亚热带地区种植。

12. 杂交狼尾草

杂交狼尾草（*Pennisetum americanum*×*P. purpureum*），属多年生狼尾草属植物，是四倍体象草和二倍体美洲狼尾草杂交产生的三倍体杂种（见图3.19），具有明显的杂种优势，分蘖和再生能力强，优质高产。

图3.19　杂交狼尾草

（1）植物学特征　杂交狼尾草是多年生高大草本植物。须根发达，根系扩展范围广，主要分布在0～20cm土层内，下部的茎节有气生根。茎丛生，粗硬直立，株高3.5m左右，单株分蘖数20个左右。叶片条形，长60～80cm，宽2.5cm，叶片具毛，叶缘密生刚毛。圆锥花序密集呈穗状，黄褐色，一般不结实。

（2）生物学特性　狼尾草适合温暖湿润的气候条件，当气温达到20℃以上时，生长速度加快。在我国北纬28°以南的地区可自然越冬，翌年气温达15℃左右时可再生长，耐高温，在35℃以上的条件仍能正常生长。对土壤要求不严，各种土壤均可种植。对氮肥敏感，增施氮肥后其产量和品质明显提高。耐旱、抗倒伏、无病害发生，适宜于多次刈割，饲喂食草动物和鱼类。

（3）栽培技术　杂交狼尾草根系发达，要求耕深30cm，种子繁殖可先行育苗。苗床要精细整地，在长江中下游地区于3月底前后播种。每亩苗床播种1.5～2kg，采用稀条播，行距15～18cm。种子用呋喃丹拌种，以防地下害虫，播种后设置小棚薄膜覆盖。苗床温度最好控制在20～25℃，播种后要保持土壤湿度，以保证全苗。当幼苗生长出3～4张叶片时，可施用化肥一次，每亩约2～3kg尿素。幼苗生长到6～8张叶片时，即可向大田移栽，栽植密度30cm×60cm株行距，每亩栽3000株左右。1亩种苗可栽种30～40亩大田。

（4）利用特点　作青饲料时，一般在拔节后刈割，刈割高度依饲养对象而定，饲喂鱼、兔、鹅（或猪）时，植株在70～80cm，几乎全是叶片；饲喂牛、羊时，株高一般为1～1.3m，刈割留茬高度10～15cm，切忌齐地割，否则会影响再长。如留茬过高，从节芽发生的分枝生长不壮也会影响产量。不要在阴雨天刈割，否则会造成严重缺株而减产。调制青贮料在抽穗后刈割，调制方法与玉米相同。

（5）适宜区域　适宜长江中下游及以南的热带、亚热带地区种植。

13. 苇状羊茅

苇状羊茅（*Festuca arundinacea* Schreb.），又名苇状狐茅、高羊茅，为禾本科羊茅属多年生草本植物（见图3.20），茎直立，疏丛型，适应性广，可在多种气候条件下和生态环境中生长，抗寒、耐热、耐干旱、耐潮湿、耐瘠，春秋雨季播种，建议播量1.5～2kg/亩。苇状羊茅除用作牧草外，还广泛用于公路、铁路旁绿化和水土保持。

图3.20　苇状羊茅

（1）植物学特征　苇状羊茅茎秆、叶鞘及叶都较粗糙。须根发达，入土很深。茎直立，丛生型，高70～180cm。叶量多，多数为基生叶，色深绿，长30～50cm，宽0.6～1.0cm。圆锥花序，稍开展，直立或上端下垂，长20～30cm。小穗绿色并带淡栗色，含花4～5朵。外稃、内稃披针形，外稃具短芒，芒长约2mm。颖果为内外稃贴生，不分离，长3.4～4.2mm，宽1.2～1.5mm，深灰或棕褐色。种子千粒重2.51g。

（2）生物学特性　苇状羊茅适于在年降雨量450mm以上和海拔1500m以下温暖湿润的地区生长。耐寒、耐热，春季和秋季冷凉气候生长旺盛，在夏季高温季节，其他多数牧草生长受抑制，苇状羊茅仍能生长。在江西南昌可安全越夏。苇状羊茅的抗病性强，对土壤适应性很广，耐旱亦耐湿，耐盐碱亦耐酸性土壤，pH 4.7～9.5都生长繁茂，适宜的pH值在5.7～6.0。最宜种植在肥沃、潮湿、黏重的土壤上。

（3）栽培技术　播前需精细整地，施足底肥。为获得高产，必须根据土壤营养成分适时施肥。土壤中的养分应保持在下列水平：磷（P_2O_5）应多于30mg/kg；钾（K_2O）应多于100mg/kg；氮（N）每亩宜含6～7.5kg。

播种期可在春季或秋季，秋播不宜过迟，过迟幼苗难于越冬。播种量每亩0.75～1.25kg，条播，行距30cm，播种深度2～3cm。苇状羊茅可以与苜蓿、白三叶、红三叶等牧草混播。苇状羊茅苗期生长缓慢，应注意中耕除草，生长期间应施速效氮肥；一年可刈割3～4次，亩产鲜草2000～3000kg，环境适宜可发挥高产潜力；草质较差，但加强水肥管理，不但可以明显提高产量，而且可以提高草的品质。

（4）利用特点　苇状羊茅叶量丰富，草质较好，如能适期利用，可保持较好的适口性和利用价值，是牛、羊的好牧草。苇状羊茅属上繁草，植株高，适宜刈割青饲或晾制干草，为了确保其适口性和营养价值，刈割应在抽穗期进行。另外，春季、晚秋以及收种后的再生草还可以放牧利用，如以头茬草刈割晒制干草，再生草可以放牧。这里强调的是，重牧或频牧会抑制苇状羊茅的生长发育，应注意合理轮牧。

（5）适宜区域　苇状羊茅在我国北方如黑龙江、山东、北京，在南方如贵州、江苏、江西都能适应，特别是在温暖湿润地区，生长极盛。

14. 披碱草

披碱草（*Elymus dahuricus* Turcz.），又称直穗大麦草、青穗大麦草，为禾本科披碱草属多年生草本植物（见图3.21）。其须根系强大，茎直立，疏丛型，适应性广，对水热条件要求不严，能够适应较广泛的土壤类型，最适pH值5.0～9.0，有一定的耐盐碱能力，属抗盐碱牧草品种，NaCl含量达1%时也能发芽，是改良盐碱地的优良牧草。

图3.21　披碱草

（1）植物学特征　披碱草为禾本科披碱草属多年生疏丛型禾草，须根系，颇发达，根深可达 110cm，多集中在 20cm 以上土层中。茎直立，株高 70 ～ 100cm 或更高。叶片狭长披针形，扁平或内卷，上面粗糙，呈灰绿色，下面光滑，叶缘具疏纤毛；叶鞘无毛，包茎，大部越过节间，下部闭合，上部开裂；叶舌截平。穗状花序，直立，长 14 ～ 20cm，除先端和基部各节仅有 1 小穗外，其余各穗节部均为 2 小穗，上部小穗排列紧密、下部较疏松；含 3 ～ 5 朵小花，全部发育；颖披针形，具短芒；外稃背部被短毛，芒粗糙，成熟时向外展开；内外稃几乎等长。颖果长椭圆形，褐色，千粒重 3 ～ 4g。

（2）生物学特性　披碱草属短期多年生禾草，寿命 5 ～ 8 年，利用年限和老芒麦基本相同。其年际间产量动态是，以生活第二年产量为 100%，生活第三年为 84.6%，生活第四年为 76.4%，生活第五年为 26.5%。由此可见，披碱草一般只能利用 4 ～ 5 年，以后产量急剧下降，但管理得当，利用合理，其寿命和高产持续期都会相应延长。

披碱草播种后，在适宜的土壤水分和温度下，8 ～ 9 天就可以出苗。当长出第二枚真叶时开始分蘖；长出第三枚真叶时已普遍分蘖。两枚真叶期约持续 7 ～ 25 天。至于分蘖的数量，一般可达 30 ～ 50 个，但其数目的多少又与水分条件和土壤的疏松程度有关。如果水分充足、土壤疏松，分蘖数可以超过 100 个。

披碱草种子萌发时形成 1 条初生根（也有个别 3 条者）。第一枚真叶期初生根入土深 3.8 ～ 6.5cm，也有稀疏的侧根，所以幼苗除靠胚乳供给营养外，还靠初生根吸收水分和养料。当长出第二枚真叶时，少部分植株仍处于胚根阶段，而大部分植株则由分蘖节开始分出次生根，即进入次生根阶段。当长出第三枚真叶时，普遍生出次生根，随着分蘖的增多，次生根的分生和生长也加快。第一年植株的根系伸入土层可达 73cm，第二年可达 110cm，其中大部分根系集中在距土表 2 ～ 40cm 的土层中。

披碱草的适应性强，抗寒、耐旱、耐盐碱、抗风沙。由于分蘖节距地表较深，同时又有枯枝残叶覆盖，所以能忍耐 –40℃以下低温。据中国农业科学院草原研究所在内蒙古巴彦锡勒牧场试验，在 1 月份平均温度为 –25.4℃、最低气温为 –41.2℃的条件下，越冬率达 99%。

披碱草根系发达，叶片具旱生结构，在干旱时卷成筒状，可减少水分蒸发，所以干旱下仍可获得较高的产量。中国农业科学院草原研究所在内蒙古镶黄旗测定，当 2 ～ 25cm 土层含水量仅有 5.1% 时，披碱草仍能生存。披碱草耐盐碱，可在 pH 7.6 ～ 8.7 的土壤中良好生长。

（3）栽培技术　披碱草需要秋翻地，深耕 18 ～ 22cm，整平耙细后播种。

播种前施足基肥或播种时施种肥。披碱草种子具长芒，不经处理则种子易成团，不易分开，播种不均匀，所以播种前要去芒。可用断芒器或环形镇压器磙轧断芒，除芒后方可播种。

春、夏、秋三季均可播种。有灌溉条件或春墒好的地方可春播，以使播种当年就得到较高的产量。在旱作区春墒又不好的地方，以夏秋雨季播种为好。试验证明，由于披碱草种子萌发要求水分不多，抗寒性强，稍迟播种也能安全越冬，所以在下过透雨后再播种更好。这样既可将萌发的杂草消灭在播种前，又可施肥，不影响出苗和幼苗越冬。在整好地的情况下，秋播亦可。据中国农业科学院草原研究所在内蒙古镶黄旗试验，在土壤快要封冻的10月28日播种，翌年4月20日借春墒出苗，6月底封垄，9月30日株高达92cm。临冬播种披碱草不仅可得到较高的收成，并能调节农忙时劳力的紧张程度。

单播行距15～30cm，覆土2～4cm，播种后要重镇压，以利保墒出壮苗。播种量30～45kg/hm^2。种子田可适当少播，以防过密影响种子产量。

披碱草可与无芒雀麦、苇状羊茅等禾本科牧草混播，也可与沙打旺、草木樨等豆科牧草混种。披碱草与燕麦和莜麦实行间播，当年可获收益。据中国农业科学院草原研究所在内蒙古镶黄旗等地试验，每公顷播披碱草15kg、莜麦150kg，先按50cm行距播种披碱草，20天后再在两行间播种一行莜麦，这样披碱草的幼苗不易受抑制，当年可获得较高的牧草产量。

披碱草苗期生长缓慢，可于分蘖期间进行中耕除草，以消灭杂草和疏松土壤，促进良好生长发育。翌年可在雨季追施氮肥10～20kg/hm^2。

披碱草种子成熟后易脱落，延迟收获时易落粒减产，甚至颗粒不收，要在穗轴变黄、有50%的种子成熟时收获为好。大面积采收种子时，可用联合收割机收割。每公顷可产种子375～1500kg。

脱下种子要清选，晾干入库保存。披碱草主要作刈割调制干草之用，以抽穗期刈割为宜。在旱作条件下，一年只能刈割1次。产干草2250～6000kg/hm^2。为了不影响越冬，应在霜前一个月结束刈割，留茬以8～10cm为好，以利再生和越冬。

（4）利用特点　披碱草的草质不如老芒麦，叶量少且茎秆粗硬。据测定，叶占草丛总重量的16%～39%，而茎达50%～67%。但适时刈割仍可是各类家畜的良好饲草。调制好的披碱草干草，颜色鲜绿，气味芳香，适口性好，马、牛、羊均喜食。绿色的披碱草干草制成的草粉亦可喂猪。青刈披碱草可直接饲喂家畜或调制成青贮饲料饲喂。

（5）适宜区域　披碱草主要分布于中国东北、华北和西南地区；朝鲜、日本、蒙古、俄罗斯也有。多生于湿润的草甸、田野、山坡及路旁。

15. 皇竹草

皇竹草（*Pennisetum sinese* Roxb），又名甘蔗草，为多年生禾本科植物（见图 3.22），主要由象草和狼尾草杂交选育而成，因其茎秆形似竹子故称为“皇竹草”。皇竹草原产于美洲哥伦比亚地区，20 世纪 80 年代中期我国从美国引进，在南方开始试种。经多年的试种培育、改良，使它逐渐适应我国的气候条件，近几年开始由南方热带向北方温带地区推广试种。

图 3.22 皇竹草

（1）植物学特征 皇竹草植株高大，直立丛生，株高 4 ～ 5m，最高可达 7 ～ 8m。根系发达，须根可深入土壤 3m 以上。茎粗 2 ～ 4cm，节间长 9 ～ 15cm，茎节被叶鞘包围，有 20 ～ 25 个节。每节生一个腋芽和一个叶片，叶片长 60 ～ 120cm、宽 3.5 ～ 6.0cm。密集圆锥花序，长 20 ～ 30cm，但在温带地区栽培多不抽穗，因此，只能利用腋芽进行无性繁殖。

（2）生物学特性 皇竹草喜暖，生长最适宜温度为 25 ～ 35℃，50℃时停止生长。在 10℃时开始生长，20℃时生长加快。低于 10℃时生长受到抑制，低于 0℃需采取保护措施，-2℃时可冻死，因此在我国北方冬季要采取保温措施才能安全越冬，我国南方冬季 0℃以上地区可安全越冬。北方地区可以根蔸加盖干草或塑料薄膜越冬。

皇竹草在热带为多年生植物，在北方温带地区如果冬季不采取保温措施，则为一年生植物。皇竹草不结果，是靠营养节繁殖的。在北方地区 4 月中旬开始种植，10 月中旬最后一次收割，冬季贮存种节或根蔸越冬。种植当年便可分蘖出 10 ～ 20 株，以后便可更多分蘖，最多可达 80 ～ 100 株。

皇竹草的光合作用生化途径为 C_4 途径，属典型的四碳植物，具有较高的光合速率。

皇竹草光合与蒸腾之比较低，因此，其生长除需高温外，还需湿润的气候。皇竹草能耐受短期的干旱，但不耐涝。皇竹草为高产优质牧草，不同生育阶段，皇竹草的粗蛋白含量差别大，生长1个月高50cm时粗蛋白含量10.8%，而生长3个月高150cm时含粗蛋白仅为5.9%，只有幼嫩时含粗蛋白54.6%。

（3）栽培技术　皇竹草对土壤要求不高，能种玉米的土地就能种植。它的适应性强，耐高温、干旱和酸性。在海拔200～2000m，年降雨量800mm，温度在–2～45℃，无霜期300天以上，水源有保障的荒坡、荒滩、山地、大田、堤坝、房前屋后、田边地角都可种植。皇竹草对土壤要求不严，各种土壤都可种植，即使是在pH 4.5～5.5的强酸性土壤中，也能良好生长，尤以土层厚、含沙和有机质多的土壤最为适宜。在我国北方一般采取茎节繁殖，在春季温度达到8℃以上时就可种植。一般在4月上中旬种植较为适宜。

皇竹草既可扦插，也可移栽。栽种时，只需施足底肥、浇足定根水即可，每次割草后最好施肥灌水一次，可获得高产。

扦插的繁殖方式：

① 土壤选择　宜选择土层深厚、排水良好的土壤。

② 整地　整地包括深耕、耙平、除去杂草，为了便于灌溉还要整畦，地面平整、坡度较小的土地可以做大畦，坡度大的地方沿等高线开畦筑畦墙，这样利于挡水灌溉。

③ 栽培季节　在我国北方一般种植在4月上中旬，具体可根据气温回升的情况来定。

④ 扦插方法

a. 短秆扦插　用修剪刀剪带有两个节的茎，使茎上至少带一个腋芽。每畦种两行，株行距30cm×45cm，茎节腋芽朝上，斜插畦上，一节在畦中，一节在地表，插秆周围用土压实。栽植后浇水至土壤湿透，每亩宜种2000～2500株。

b. 全株条栽法　即把整株皇竹草埋入土中，覆土3～4cm。

移栽繁殖法：

① 幼苗培植　选择排灌良好、土层厚、疏松肥沃的土地犁耙整地，深耕20cm，每90cm分为一畦。畦间用水湿灌，也可以先插种茎后浇水。选用无病害、完整无损、成熟粗壮带有芽苞的种茎，切成一段，斜插土层内，120～150株/m^2，并保持土壤湿润，幼苗经培育20～40天可移栽。

② 移栽种植　移栽须在无霜期以后，采用单坑栽植行距1m、株距0.6～0.7m。土地施足化肥，耕松，移栽后立即浇水，保持土壤湿润。苗期除杂草一次，有条件追肥一次，促进苗壮多分蘖。

（4）利用特点　植株100cm高时可开始刈割，留茬10cm，每年可割6～8

次，亩产鲜草 15 ～ 25t，制成干草 3 ～ 5t。皇竹草茎秆脆嫩，柔软多汁、口感好、略带甜味，牛、羊、马、鹿、鸵鸟尤为爱吃，既可作青饲料，也可制成青贮饲料，还可磨成干粉制作配合饲料。茎叶切碎后可鲜喂，青贮或干燥制成草粉用于饲喂畜禽和鱼类，是养殖畜牧业首选牧草之一。

据分析，皇竹草富含 17 种氨基酸，含有赖氨酸 9.04mg/100L、糖 8.39g/100L、维生素 B_2 0.38 mg/L、维生素 C 134mg/L、碘 0.014mg/L、锌 0.71mg/L、镁 348.4mg/L、磷 19.2mg/L、镉 0.05mg/L。鲜草含粗蛋白 4.6%，精蛋白 3.0%。干草含粗蛋白 18.5%，精蛋白 16.7%，粗脂肪 1.74%，粗纤维 17.7%。其营养物质可与紫花苜蓿媲美。

皇竹草营养物质极为丰富，而且畜禽的适口性好，可以喂牛、羊、马、鹿等食草性动物，也可喂猪、鱼、鸡等。喂用皇竹草可节省部分精料。

另外，皇竹草还可用于制造饮料，生产食用菌、纸制品和新型建筑材料，可利用性优异。皇竹草可用于栽培食用菌、药用菌。从试验的结果来看，与象草较相似，可栽培香菇、毛木耳、黑木耳、金针菇、平菇、灵芝、珍珠菇、灰树花、鸡腿菇、巴西蘑菇、猴头菇等多种食用菌和药用菌，有着广阔的应用前景。

（5）适宜区域　皇竹草在全国大部分地区都可栽种，特别是长江中上游地区的荒山和江河流域更佳。

（6）对生态保持的作用　由于皇竹草根系发达，须根多，根长可到 3m 多，且生长迅速，对绿化荒山、保持水土、防风、固沙、改善土壤、增加肥力具有很好的作用。它是我国西部开发、保持生态环境建设中推广的一种牧草，也是长江流域、黄河流域治理河滩和退耕还草、防治水土流失、增加植被、恢复生态的理想牧草，可迅速形成植被体系和水土流失防治体系。

发展皇竹草，可把牛、羊放养变为圈养，减少牛羊对生态的破坏，降低饲养成本，为规模化养牛、羊、猪、马、兔、鹿、鹅、鸵鸟及食草性鱼类，提供充足的饲料，又可绿化、美化荒山，防止水土流失，同时还可为造纸或提取氨基酸提供原料。

16. 无芒雀麦

无芒雀麦（*Bromus inermis* Leyss.）又称禾萱草、无芒草、光雀麦，是一种适口性好、饲用价值高的牧草（见图 3.23）。其根系发达，固土力强，覆盖良好，是优良的水土保持植物。其返青早，枯死晚，绿色期长达 210 多天，因耐践踏，再生性好，也是优良的草坪地被植物。

图 3.23 无芒雀麦

（1）植物学特征　无芒雀麦为禾本科雀麦属多年生草本。须根系，具根茎。茎直立，分 4 ～ 6 节，高 80 ～ 120cm。叶片柔软，长 15 ～ 20cm，宽 1.2 ～ 1.6cm。圆锥花序，开展，长 15 ～ 20cm，小穗含花 6 ～ 10 朵。种子扁平，暗褐色，千粒重 4g。

（2）生物学特性　无芒雀麦最适宜在冷凉干燥的气候条件下生长，不适应高温、高湿环境。耐干旱，在降水量 400mm 左右的地区生长良好。耐寒，能在 -30℃的低温条件下越冬，若有雪覆盖，越冬率仍可达到 85% 以上。因此，无芒雀麦是抗寒、适合寒冷干燥地区种植的牧草之一。

（3）栽培技术　播前耕翻平整土地，春、夏、秋均可播种。东北、内蒙古等冬季严寒地区，可在 4 ～ 5 月份播种 , 也可在夏季雨季播种。华北大部分地区宜秋播，在八月下旬到九月前均可播种。可撒播或条播。条播行距 30 ～ 40cm，播种量 1.5 ～ 2kg/ 亩，播深 3 ～ 4cm，撒播每亩播种量 5 ～ 10kg，覆土 3 ～ 4cm。播后均应镇压。

无芒雀麦还可与苜蓿、沙打旺等豆科牧草混播，在南方高海拔地区还可与红三叶混播，建立混播草地利用年限长。

（4）利用特点　无芒雀麦叶多茎少，营养价值高，适口性好，是优质高产牧草。无芒雀麦属中旱生植物，寿命长，适于寒冷干燥地区生长，对土壤要求不严格，是很好的护坡和水土保持植物。

（5）适宜区域　野生的无芒雀麦在亚洲、欧洲和北美洲温带地区的分布较广，经人工培育后的品种还可种植在寒带地区。

17. 柳枝稷

柳枝稷（*Panicum virgatum* L.）属于禾本科黍属，是起源于北美落基山脉以东、北纬 55° 以南大草原的高秆多年生草本 C_4 植物（见图 3.24），通常被用于放牧、水土保持以及生态建设等。柳枝稷由于适应性强，在贫瘠边际土地上可保持高产，能有效抵御病虫害发生，且乙醇转化率高，对环境友好，因此引起了国内外广泛关注。我国于20世纪90年代初经日本学者将柳枝稷引入黄土高原地区，希望成为较好的水土保持型牧草，目前主要分布于我国华北低山丘陵区和黄土高原的中南部。作为纤维素类能源饲草兼用植物，柳枝稷具有广阔的应用前景。

图3.24 柳枝稷及草种

（1）植物学特征 柳枝稷是多年生草本 C_4 植物，植株高大、根系发达，株高可超过300cm，根深可达350cm，干草生物产量可达20t/hm^2 以上；柳枝稷叶型紧凑，叶子正反两面都有气孔；具有根茎，可以产生分蘖，在条件适宜的情况下大多数分蘖均可成穗；圆锥状花序，15～55cm长，分枝末端有小穗；种子坚硬、光滑且具有光泽，新收获的种子具有较强的休眠性，品种间千粒重变化较大，为0.7～2.0g。柳枝稷寿命较长，一般在10年以上，如果管理较好可达15年以上。

（2）生物学特性 柳枝稷是异花授粉作物，具有较强的自交不亲和性；其基本染色体数为9，大部分品种为四倍体、六倍体和八倍体。柳枝稷可以分为低地和高地两种生态型，低地生态型品种基本都是四倍体，主要分布于潮湿地带，诸如漫滩、涝原，植株高大，茎秆粗壮，成束生长；高地生态型品种多为六倍体或八倍体，但真正的六倍体在自然界中非常少见，高地型适应干旱环境，茎秆较细，分枝多，在半干旱环境中生长良好。

（3）生态学特性　柳枝稷生态适应性强，既耐旱、耐盐碱又耐湿，各类土壤均能生长，适宜的pH值为4.9～7.6，在中性条件下生长最好；最低萌发温度10.3℃；当温度为29.5℃时，大部分幼苗均可长出；在快速降温至–4℃时有50%的植株死亡，而在慢速降温的情况下，1个月内可增加到耐受–18℃低温。柳枝稷能够适应苛刻的土壤条件，并且有较高的水肥利用效率，其原因是柳枝稷根系与真菌互惠共生形成菌根，菌根可以改善柳枝稷对干旱、养分贫瘠、病原菌侵染、重金属污染等不良条件的反应。

（4）栽培技术

① 品种选择　在选择柳枝稷品种时，应综合考虑其生态适应性与用途，以能源为目标的柳枝稷生产应选择那些能够适应种植地区生态条件，并能获得较高的生物质产量与品质的品种。决定品种适应性与产量的主要因素是品种的起源，所以应选择起源地与种植地域相近的品种，这样更容易发挥品种的适应性和产量潜力。此外，还要考虑品种的光周期特性。可以选择起源于南方的品种种植在北方，这样可以延长其营养生长期，获得较高的产量，但是南方品种不能北移太远，以免影响正常越冬。

② 建植　柳枝稷的种子细小，幼苗时期不易管理，因此播种是比较关键的步骤。柳枝稷种子具有较强的休眠性，一般在播种前需要进行前处理，以打破休眠，促进萌发，可以将种子在潮湿和低温（4～10℃）条件下贮存一段时间，有助于打破休眠，提高发芽率。

由于柳枝稷幼苗竞争力较弱，一般选择春季土壤充分回暖到较高的温度后播种。种子埋土过深和杂草竞争会影响柳枝稷建植当年甚至以后的产量，甚至导致建植失败。因此播种不能过深，适宜的播种深度为1～2cm，播种量为8kg/hm^2，而且播种前要加固种床防止播种机播种过深。加大行距有助于达到高产，喷施除草剂可以提高建植率。

③ 田间管理　柳枝稷竞争性较强，建植成功的柳枝稷草地一般只需定期除杂，管理良好的地块基本不需要除草管理。建植初期，幼苗竞争力较弱，需要防除杂草，一般在植株长到4～5片叶的时候，喷洒2,4-D效果最好，可有效消灭双子叶杂草。柳枝稷对肥料的要求不高，但合理的施肥有利于提高生物质产量和改善品质等。

④ 收获　一般认为，双次收割对湿润和寒冷地区较为理想，第一次收割于夏中或夏末进行，第二次于秋季进行。一年一次收获对柳枝稷用作能源生产最合适，收获时间一般在首次霜降后一个月左右进行。收获时，留茬越低产量越高，但是为了翌年的持续生产，一般至少留茬 10cm。

通过实践，总结出适合黄河三角洲盐碱地柳枝稷的栽培技术如下：

① 育苗

a. 配制培养基土　按 50kg 草炭土 +50kg 普通土 +7.5kg 氮磷钾复合肥（N、P_2O_5 和 K_2O 含量均为 150g/L）+200g 杀菌剂（嘧菌酯百菌清杀菌剂）+200g 杀虫剂（阿维・辛硫磷杀虫剂）的配比制得培养基土。

b. 育苗穴盘育苗　向穴直径 4 ～ 6cm、深 5 ～ 10cm 的育苗穴盘中添加步骤 a. 制得的培养基土，填实，喷水，3 ～ 5h 后，再填实喷水；将种子温水浸种 24h 以上，芽胚萌动时播种，打直径 1 ～ 2cm、深度 2 ～ 3cm 的小穴，放入 2 ～ 3 粒种子，用步骤 a. 制得的培养基土填平，喷水浇透，制得待育种子；播种后至出苗，苗床一直保持湿润，以利出苗。2 ～ 3 个叶期后，苗床可以适当干燥，以利生根。

c. 苗期管护　将步骤 b. 制得的待育种子转入温室大棚，在温度为 12 ～ 20℃、土壤含水率为 250 ～ 350g/L 条件下育种，待苗开始分蘖且白天室外温度高于 25℃时，通风 3 ～ 6h，培育至苗长至 30cm 左右时，待移植。

② 移栽

a. 选地整地　移栽前大水漫灌盐碱地 1 次，每亩灌溉量 60 ～ 100m^3，晾晒后使地表干至能进入时，每亩地施用土杂肥 1000 ～ 1500kg 或复合肥 50 ～ 55kg，然后旋耕 1 ～ 2 遍，使土肥混合，耙压保墒，平整地面。

b. 移栽　按株行距（40 ～ 60）cm×（40 ～ 60）cm 挖移植穴，穴深 10 ～ 15cm，上口直径 10 ～ 20cm；然后，把步骤①中 c. 培育获得的苗顶部叶片剪除（提高成活率），移入移植穴，填土浇水压实。移栽时要保证幼苗根系所带基质完整。

③ 田间管理

a. 苗期管理　移栽初期田间管理最重要的是保持土壤的墒情良好。在春末易遇到干旱高温，盐碱地返盐严重，会严重影响幼苗的成活率，因此要多次灌溉，以保持地表 0 ～ 10cm 土层的相对湿度，同时缓解盐碱地对幼苗发育和根系生长的胁迫。杂草竞争是柳枝稷建植的主要障碍之一，尤其是进入 6 月份，雨季来临，更应注意加强人工除草或喷施除草剂，以达到较好的杂草控制效果。除草剂可选用阿特拉津和 2,4-D 等。苗期阶段对肥料的需求量不是很大，要控制好氮肥的施用，以防杂草生长。

b. 后期管理　柳枝稷植株建成后，庞大的根系系统将使其抗旱能力显著提高，一般不需要灌溉。柳枝稷移栽后第 2 年即可基本覆盖地面，对杂草的竞争能力较强，不需再除草。氮肥的施用可显著增加柳枝稷的生物量，对一次性刈割利用的地块，宜在第 2 年晚春追施氮肥，用量在 75kg/hm^2。柳枝稷在黄河三角洲地区自然越冬，无需任何保护措施。

④ 收获　柳枝稷收获的目标是在最低能量投入的前提下获取最高的生物量。最佳的收获措施为在生育季节末期即 9 月末 10 月初一次性收获，过多的收获频次容易导致柳枝稷立地的衰退。刈割时留茬高度 15 ～ 20cm，有利于第 2 年春季生长。

（5）饲料利用　柳枝稷生长迅速，生物量大，叶量丰富，具较高的饲用价值，是草食动物长期的饲料来源。柳枝稷在 6 ～ 8 月份生长旺盛，其利用方式主要包括放牧、干草和青贮等。

① 放牧利用　根据不同品种的生长习性，可以划分不同时期的放牧利用。如高地型品种在春季发芽较早，9 月份即将停止生长，因此，在 5 月末即可开始放牧。而低地型品种在春季发芽较晚，其生长周期可持续到晚秋，管理适当可延长放牧至秋季。通常在柳枝稷株高达到 50cm 即可放牧，同时要保证残茬高 30cm。利用轮牧的放牧制度，每隔 5 周放牧一次，使柳枝稷再生至 70cm 以上。另外，也可以利用钻栏放牧使小牛犊先采食高质量的牧草。

② 干草利用　在干草生产计划中，应综合考虑产量、质量和持久性等因素，发挥其最大利用价值。柳枝稷在 5 月份收获，牧草质量最好，但产量较低，而 6 月中旬到 8 月份收获，牧草产量较高，但牧草质量有所下降。大多数情况下，一次性收获的柳枝稷生物量产出最高，只有在夏季水分比较充足的情况下，年收割两次才能获得较高的干物质产量。柳枝稷用作干草第一次收获期应在其生长发育的孕穗后期，刈割时以 20 ～ 25cm 株高为最佳；第二次收获期应在 8 月中旬左右，为了翌年的持续生产，一般至少留茬 10cm。

③ 青贮利用　柳枝稷的营养成分可以通过青贮方式得到很好的保存，且柳枝稷青贮料的体外消化率和采食量均比干草料高。由于可溶性糖含量低，柳枝稷的青贮过程中 pH 降低慢，可添加足量的乳酸菌或纤维素水解酶，加速 pH 降低，从而有效地抑制梭菌的活动，保证青贮饲料的安全和质量。

（6）适宜区域　作为不与农业争耕地的能饲兼用植物，柳枝稷在我国大部分地区均适合生长。我国的大量荒漠化和盐碱化土地若能因地制宜利用起来种植柳枝稷，将实现恢复生态和创造经济价值的双重效益。

18. 猫尾草

猫尾草（*Phleum pratense* L.），又名梯牧草，是禾本科梯牧草属多年生牧草。猫尾草原产于欧亚大陆的温带地区，现主要分布在俄罗斯、加拿大、美国、日本、瑞典、挪威等国，遍及温带、寒温带和近北极的气候区，是适应冷凉潮湿环境的著名栽培牧草。目前，它已经成为俄罗斯、日本、美国等国家广泛栽培的重要牧草之一。在我国新疆、黑龙江有野生种分布，目前栽培的均是引进品种。

猫尾草（见图 3.25）从 20 世纪 30 年代起，引入我国东北，但未形成气候。20 世纪 40 年代，猫尾草与莫尔根种马一道由美国引入中国，在甘肃岷山种畜场种植，并得以发展。经过几十年的驯化和栽培选育，于 20 世纪 90 年代初，通过全国牧草品种审定委员会审定，登记了国内首个猫尾草新品种——“岷山”猫尾草（*Phleum pratense* cv. Minshan）。与此同时，中国从 20 世纪 70 年代开始，陆续从国外引进了多个猫尾草品种，如克力玛猫尾草（*Phleum pratense* cv. Climax）。

猫尾草是一种优良的长纤维牧草，草质细嫩、适口性好，产草量高而稳定。猫尾草营养价值高，可青饲、青贮或调制干草，是家畜的优质饲草，尤为马、驴和骡喜食。近年来也是各类食草宠物的首选饲草，它是具有巨大开发潜力的高档优质牧草。

图 3.25 猫尾草

（1）植物学特征　猫尾草是多年生从生型上繁性牧草，须根系，入土深可达 1m 多。茎高 50 ～ 100cm，基生叶多，叶子柔软，呈浅绿色，长 5 ～ 15cm。穗状花序，芒较长，异花授粉，种子较小，千粒重约为 0.4g。

（2）生物学特性　猫尾草喜冷凉湿润气候，抗寒性强，在山东省能够安全越冬（见图 3.26）。但其抗旱性弱，耐热性差，在山东省 35℃以上的持续高温干燥条件下容易死亡。猫尾草适应能力强，只要水分条件适宜，在壤土、黏土和沙土上均能生存。其幼苗生长旺盛，群丛建植快，产量高。猫尾草是长寿性牧草，一般可利用 5 ～ 7 年，具有很高的推广价值和应用潜力。

图 3.26 山东乐陵大田生长情况

（3）栽培技术

① 选种 猫尾草种子中常混有秕粒和杂质，播前需清选，要求纯度达 90% 以上时才能播种。选好种子，拌入种肥。种肥的用量为拌种颗粒状复合肥 5 ～ 6kg/ 亩，这样不仅给幼苗生长提供养分，还使下种均匀、出苗好。

② 土地的整理与播种 猫尾草种子细小，出苗和保苗均较难，故播种前要求整地精细，最好是秋翻地，翻后及时耙地和镇压，达到播种状态；来不及秋翻的地，要早春翻，耕翻深度不小于 20cm。

猫尾草可春播或秋播，为避免杂草竞争，山东省以秋播为主。以宠物饲草生产为主要目的，在山东省立秋后 8 月底 9 月初即可整地备播，播种量 15kg/hm^2，条播行距 15 ～ 30cm，播种深度 1 ～ 2cm，宜浅不宜深，播后镇压。秋旱地区仍以春播为佳，春播宜早不宜迟，要抢墒播种，以保证出苗。猫尾草对氮肥比较敏感，多施氮肥（140kg/hm^2），适当搭配磷、钾肥。

猫尾草可与苜蓿、小麦、大麦等混播。小麦、大麦是猫尾草适宜的保护作物，间混作的小麦、大麦当年产量不受影响，同样对建植后的猫尾草产量无明显影响。与豆科苜蓿混播，有利于抑制其他杂草，也有利于养分供应和改良土壤，提高猫尾草产量。此外，搭配发展果园间作、林下种植等模式，也能取得较好的效果。

③ 田间管理　猫尾草出苗缓慢，幼苗细弱，不耐杂草，因此，山东省秋播可避免杂草竞争，春季返青及时中耕去除杂草。每次刈割后追施氮肥（120kg/hm^2），并中耕除草一次。植株生长减慢、叶色变淡时，要及时追肥和灌水。

由于猫尾草喜凉不耐热，山东省种植安全越夏的方法可采取5月中下旬后不进行刈割，夏季高温自然形成枯草层，对土壤形成天然覆盖，能够较好地保持土壤湿度和温度，利于猫尾草地下部在夏季存活下来，秋季及时清理干枯草，猫尾草再次长出，并能够安全越冬，此方法在当地取得了较好的效益。

④ 病虫害的防治　危害猫尾草的病虫害不多，主要有秆锈病等，通过及时刈割、选育抗锈病品种可控制此病。

（4）利用特点　在适宜的栽培管理条件下，初花期刈割，北方地区可刈割3～5茬。无论青贮、青饲或晒制干草，都是优质牧草。猫尾草作为多年生牧草，一次种植可利用5～8年，高产期每年鲜草产量达到2000kg/亩。猫尾草饲用价值高，山东省农科院在乐陵试验证明，前三茬平均粗蛋白含量12.81%，ADF 37.56%，NDF 62.61%。猫尾草适合草食小宠物食用，可以维持小宠物的肠胃蠕动，帮助排除体内毛发，避免小宠物过度肥胖及维持泌尿系统的健康，减少软便及体内胀气。此外，猫尾草含有的天然油脂有助于改善宠物外部表皮，使小宠物皮毛光滑油亮。

（5）适宜区域　猫尾草适应的气候和土壤条件范围广，在我国东北、西北和华北均有种植。江苏北部、山东省大部区域均可种植。

三、其他科牧草

1. 俄罗斯饲料菜

俄罗斯饲料菜（*Syrnprtytum peregrinum* Ledeb）是我国科研部门从俄罗斯引进的一种高产牧草（见图3.27），经多年栽培试验比较，饲料菜确属优良牧草，被农民称为“致富菜”。其特点如下：抗逆性强，40℃能正常生长，–40℃可露地安全越冬。春季返青早，5℃正常生长，一般霜冻对其无影响。

（1）植物学特征　饲料菜属多年生宿根性植物，可成墩成簇生长，株高1.3m左右，叶片宽大肥厚，再生能力极强，春、夏、秋三季均能随割随长，可解决严冬、早春、初夏及晚秋的青饲料缺口，大量节省粮食。

（2）生物学特性　俄罗斯饲料菜是紫草科聚合草属多年生草本植物（与聚合草是同一家族中的两个品种），全株长有白色短毛，株高130cm，200多个叶片，叶片长80cm、宽20cm，根系为肉质，分有许多侧根，根深1cm以上。

它喜温暖湿润气候，但也抗寒，在 –40℃可越冬。7℃开始发芽，25℃生长最快，低于 0℃停止生长。需水肥较多，但也要注意防涝。

图 3.27　俄罗斯饲料菜

（3）栽培技术

① 整地与施肥　深耕土地，每亩施农家肥 3000kg 以上。

② 繁殖方法

a. 分株繁殖法　按根块上的幼芽多少纵向切开，每条根栽一株，栽培后一周即可长出新叶，此法适合种根充足或大面积种植之前进行试样观察。

b. 切根繁殖法　将直径 0.3cm 以上的根切成 2cm 长的根段；直径 0.8cm 以上的根切成 5cm 长，再垂直切成两瓣，更粗的切成四瓣；特大根块的顶端可根据芽的多少，切成许多拇指大小的根块。在苗床上挖 3cm 深的沟，按间距 3cm×3cm 将根段横放沟内覆土 2 ～ 4cm, 上面再铺上麦秆或稻草，常喷水以保持土地湿润，25 天左右出苗，待幼苗长到半根筷子高时，将叶片拧掉移植后立即浇水。移栽时间应在下午进行，行株距为 50cm×50cm，每亩用种根 5 ～ 10kg 以上。但注意，若是以邮购引种，因途中时间太长不能立即切成段，应先将种根埋入地里，覆土 5cm 浇透水，待长出叶子恢复了活力后，再进行切段繁殖，否则将影响成活率。长江以北 3 ～ 10 月份可种植，长江以南一年四季均可种植。如能与玉米、苦荬菜、籽粒苋、皇竹草等高秆作物套种，既可增加收入又可保护俄罗斯饲料菜安全越夏。

③ 田间管理　由于产量高，水肥应充足供应，除栽培前及每年冬春季节施一次农家肥外，每次刈割后都应以粪尿水与氮肥混合浇在株间，俄罗斯饲料菜病虫害较少，如发生烂根病时应及时排水并拔掉病株深埋或焚烧防止蔓延。发生褐斑病时（叶上发生圆形黑斑，不久整片叶发黑），可立即将整片地里的叶片割掉，或连续用多菌灵喷雾数次，以防蔓延。移栽前之幼苗可用呋喃丹处

理以防止地老虎和蚂蚁伤害幼苗。

④ 越冬防寒　在严寒地区，冬季最好将母根贮藏到菜窖内或埋于 120cm 深的沟内；华北地区可于入冬前用犁深趟，将土培到垄台上或覆盖一些秸秆之类保护根际；黄河以南地区不需特殊防护。

（4）利用特点　俄罗斯饲料菜粗蛋白含量超过其他青饲料，营养比大豆还高，可鲜菜生喂，也可青贮、干贮。其适口性极好，微甜青香，饲喂对象广，可饲喂猪、牛、羊、兔、鸡、鸭等畜禽及草食性鱼类，喂奶牛可提高产奶量 8% 左右，喂猪增重快，效果好，每头猪每天喂 4kg 鲜叶，可增重 100g 左右。

2. 籽粒苋

籽粒苋（*Amaranthus hypochondriacus* L.）又名千穗谷、蛋白草，原产中美洲的热带及亚热带地区，是一年生的粮食、饲料、蔬菜兼用作物（见图 3.28）。其栽培历史悠久，遍及世界各地，抗逆性强，耐干旱，耐盐碱，生长快，光合效率高。

图 3.28　籽粒苋

（1）植物学特征　籽粒苋为苋科苋属一年生草本植物。直根系，主根入土 1.5 ～ 3m。茎秆粗壮，绿色或紫红色，株高 2 ～ 3m，直径 3 ～ 5cm，分枝性强。叶互生，卵圆形，叶长 15 ～ 30cm。穗状圆锥花序，顶生或腋生，花小，单性，雌雄同株。种子细小，圆形、淡黄色或棕黄色，千粒重 0.5 ～ 1g；生育期 110 ～ 140 天。

（2）生物学特征　籽粒苋属 C_4 植物，光合效率高。喜温暖湿润气候，最适生长温度 20 ～ 30℃，不耐寒，温度低于 10℃以下停止生长，幼苗 0℃以下低温受冻害，成株遇霜冻很快死亡。根系发达，耐干旱，生长期内需水仅为玉米的 51% ～ 61%，水分条件好时，可促进生长，提高产量。不耐涝，积水地易烂根死亡。

对土壤要求不严，耐瘠薄，抗盐碱。沙荒地、黏土地、次生盐碱地、果林行间均可种植。最适宜排水良好、疏松肥沃的壤土或沙壤土。出苗后 20 天左右，生长速度加快，7 月份开花结实，生育期 110 ～ 130 天。

（3）栽培技术　籽粒苋忌连作，可与其他豆科、禾本科牧草轮作或间作。北方一般春播，春播时间一般在 4 月上旬，在土温 16℃以上时，能保证出苗率。播种时间要尽量早，能保证生长时间。播种量 50 ～ 100g/ 亩，行距 25 ～ 35cm，株距 15 ～ 20cm，亩保苗 15000 ～ 20000 株。播前精细整地，施足底肥。条播覆土 1 ～ 2cm，播后轻轻镇压。

籽粒苋属高产牧草，生长期间需水和肥较多。苗期生长较慢，8 ～ 10 叶后生长加快，现蕾到盛花期生长最快，注意追肥和浇水。多施氮肥能提高营养体产量。种子田多施磷、钾肥，可提高种子产量。现蕾到盛花期刈割，留茬 15 ～ 20cm，鲜草产量 75 ～ 150t/hm^2。

（4）利用特点　籽粒苋柔嫩多汁，清香可口，适口性好，营养丰富。其必需氨基酸含量高，特别是赖氨酸含量高，是畜禽的优质饲料，鲜喂、青贮或调制优质干草均可。干品中含粗蛋白 14.4%，粗脂肪 0.76%，粗纤维 18.7%，无氮浸出物 33.8%，粗灰分 20%。从蛋白质营养角度看，种 1 亩籽粒苋相当于 5 亩青刈玉米。每年可刈割 3 ～ 4 次，亩产青饲料 1×10^4 ～ 2×10^4kg，亩产粮食 250 ～ 350kg。

四、海藻类

海藻类分布广泛，生物量巨大，价格低廉，且营养丰富，对水产动物生长及健康状况均有较好的促进效果，可作为良好的饲料原料和饲料添加剂使用。藻类富含糖类、脂类、蛋白质、维生素、矿物质、微量元素及多种生物活性物质，具有较高的营养价值，将藻类作为饲料添加剂和饲料原料有着巨大的开发潜力。

1. 海带

海带（*Laminaria japonica*），又名纶布、昆布、江白菜，属褐藻门海带目海带科海带属，是一种重要的经济藻类（见图 3.29），在我国产量约占世界产量的 50%。我国海带的养殖面积和产量均居世界首位，到 2018 年我国海带的年产量已超过 150 万吨。除了资源丰富、价格低廉等特点，海带还具有较高的营养价值，包括含有丰富的碳水化合物（褐藻胶、海带淀粉、甘露醇）、不饱和脂肪酸、矿物质和维生素等营养成分，无论是在人类食品还是在饲料添加方面，都具有十分广阔的发展前景。

图 3.29　海带

利用特点：海带热量低，蛋白质含量适中，并含有丰富的海藻多糖、膳食纤维、矿物质元素和多种维生素，尤其富含微量元素。在畜禽动物饲料中添加海带粉，不仅可以改进饲料营养结构，提高饲料利用率，还能提高动物的生长性能、改善动物产品品质和增强动物抗病力。海带多糖具有提高动物免疫力的作用，海带蛋白对大肠杆菌、产气杆菌、金黄色葡萄球菌具有抑制作用。因此，在饲料中添加海带不仅可以改善饲料品质，还能促进动物生长，增强动物免疫力，减少环境污染，预防病害发生。

2. 裙带菜

裙带菜（*Undaria pinnatifida*），又称裙带、海芥菜（见图 3.30），是海洋中的天然食材，具有很高的营养价值。

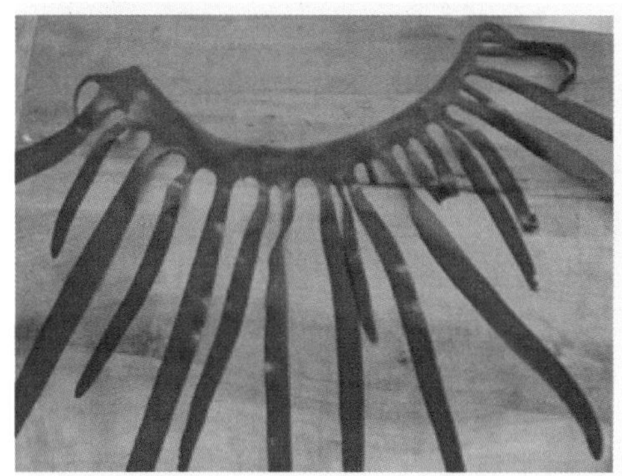

图 3.30　裙带菜

裙带菜是中国海水养殖经济海藻之一，大规模养殖于中国辽宁省和山东省，年产量在 40×10^4 ～ 50×10^4t。裙带菜的养殖主要采用筏架养殖的方式，而漂浮型海藻在漂移的过程中，常常会受到养殖设施的阻截，有的缠绕在养殖筏架上，有的漂浮在筏架间的水面上。

利用特点：裙带菜富含多酚、多肽、多糖等成分，具有抗癌、抗氧化、抗炎等多种生物活性，且其中的裙带菜多糖具有调节血脂、有效减少动脉粥样硬化斑块形成的功能。裙带菜中含有大量的活性成分，长期食用可以有效预防冠心病、高脂血症等疾病，具有很高的经济价值和药用价值。

裙带菜多糖是裙带菜的主要活性成分之一，它具有调节免疫、降血糖、抗氧化及降血脂等多种功效。裙带菜的黏液中含有的褐藻酸和岩藻固醇，具有降低血液中的胆固醇，有利于体内多余的钠离子排出，防止脑血栓发生，改善和强化血管，防止动脉硬化及降低高血压发生等方面的作用。裙带菜还含有维生素 A，具有营养高、热量低的特点，容易达到减肥、清理肠道、保护皮肤、延缓衰老的功效。

3. 羊栖菜

羊栖菜（*Hizikia fusifarme*）属褐藻门、马尾藻科，是一种藻类植物（见图 3.31），别名鹿角菜、海菜芽、羊奶子、海大麦等。藻体黄褐色，肥厚多汁，叶状体的变异很大，形状各种各样。雌雄异株，具有性生殖和无性生殖两种生殖方式，为太平洋西北部近岸海域特有的多年生大型海藻。

图 3.31　羊栖菜

利用特点：羊栖菜营养价值高，是一种高蛋白、低脂肪、富含膳食纤维和矿物质的海藻，其中含有多种对身体有益的生物活性物质，如硫酸酯化多糖、海藻酸钠和岩藻黄质等。羊栖菜硫酸酯化多糖是一种含有硫酸基团的天然多糖衍生物，具有多种生物功能，如抗高血脂、抗氧化、增强免疫、降血糖和抗肿瘤等。羊栖菜的多糖在诱导白血病、胃癌、膀胱癌和乳腺癌细胞凋亡方面具有极大的潜力。

4. 马尾藻

马尾藻（*Scagassum*）属圆子纲马尾藻科，在我国常见的有海蒿子、海黍子、鼠尾藻、匍枝马尾藻等。马尾藻（见图 3.32）是一类褐藻，作为大型经济海藻，其种类超过 250 种，广泛分布于暖水和温暖的海域。

图 3.32 马尾藻

利用特点：马尾藻中含有岩藻聚糖、褐藻多酚、岩藻黄质等多种生物活性成分，尤其是岩藻聚糖，具有镇痛抗菌、抗血小板聚集、抗氧化、抗肿瘤、抗癌、抗获得性免疫缺陷综合征、抗脂肪生成、保肝、保护神经、治疗胃溃疡及肺结核以及免疫调节等多种功效，具有较高的开发价值。从马尾藻中提取的马尾藻岩藻聚糖硫酸酯，具有较好的抗氧化和降血脂效果。

5. 江蓠

江蓠属（*Gracilaria*）隶属于红藻门、真红藻纲、杉藻目、江蓠科，具有分布广、适应性强、生长快、产量高、易栽培等特点。江蓠（见图 3.33）为暖水性藻类，热带、亚热带及温带都有生长，有热带性、亚热带性和温带性 3 种类型。我国江蓠俗称“龙须菜”“海菜”“蚝菜”，为重要的大型经济类海藻。江蓠的用途十分广泛，是提取琼胶的主要原料及鲍鱼养殖的主要饲料。江蓠还具有快速吸收营养物质的能力，是环境修复的良好材料。利用江蓠处理养虾池的废水，可以显著改善虾池水质，降低氨氮、硝酸盐、磷酸盐浓度，并提高虾和江蓠的产量。

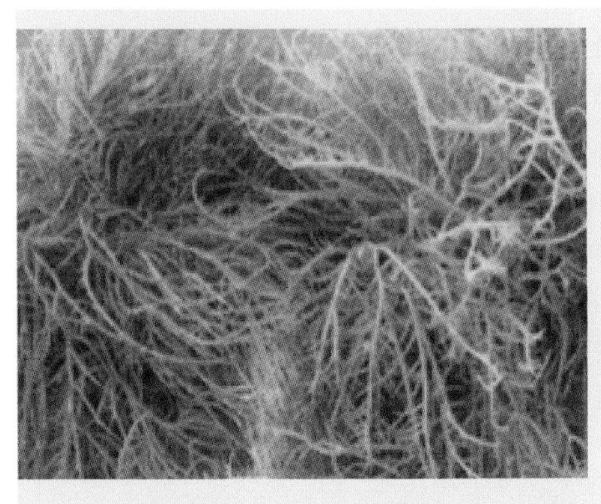

图 3.33 江蓠

利用特点：江蓠属海藻，含有丰富的琼胶，占干重的 20% ～ 30%，是提取琼胶的重要原料，具有重要的经济价值。藻体内一些天然生物活性物质，如藻红素、牛磺酸和抗氧化酶等，可用于保健和食品领域。江蓠作为重要的蓝色碳汇，其生长可吸收海水中大量的 CO_2，对于维系生态系统中碳氧平衡具有重要的生态意义。

江蓠藻富含膳食纤维，占江蓠藻体的 50% ～ 60%，蛋白质含量高，一般在 2% 以上，且其中必需氨基酸含量高、配比合理，脂肪含量低，在 2.5% 以下，但其中高度不饱和脂肪酸含量高，矿物质成分和维生素含量丰富。因此，江蓠藻是一种高膳食纤维、高蛋白、低脂肪、低热能，且富含矿物质、微量元素和维生素的天然优质保健食品原料，将江蓠加工成各种中老年人保健食品具有重大的开发价值和市场前景。

6. 刺松藻

刺松藻（*Codium fragile*），亦称“海松”“鼠尾巴”，属绿藻纲松藻科植物（见图 3.34）。大多生长在中、低潮带岩石上或石沼中。周年生长，盛期 7 ～ 9 月份。世界性泛暖温带性海藻，太平洋、大西洋、印度洋均有分布。中国沿海有分布，黄海、渤海沿岸习见种类。

利用特点：作为一种高膳食纤维、高蛋白、低脂肪、低热量，且富含铁、锌等微量矿物质元素的天然理想保健食品原料，其脂溶性成分主要为烷烃、不饱和脂肪酸、甾醇类成分，具有很好的药用前景。刺松藻主要含有糖类化合物，蛋白质含量较高，且富含矿物元素，具有良好的应用前景和开发价值。刺松藻多糖主要含有水溶性硫酸多糖、葡聚糖及半乳聚糖等。作为重要的海洋药物资源，含有丰富的多糖、糖蛋白、甾醇类、萜类、纤溶酶等活性物质，具有抗凝血、抗病毒、调节免疫、抗肿瘤等功效。

图 3.34 刺松藻

7. 浒苔

浒苔（*Enteromorpha* spp.），又称苔条，属于绿藻门、绿藻纲、石莼目、石莼科浒苔属藻类植物（见图 3.35），分布于中国东部沿海，生长在中潮带滩涂、石砾上，有时附生在大型海藻的藻体上。其主要成分是多糖类和粗纤维，营养价值丰富，含有丰富的浒苔多糖、氨基酸、大中微量元素、粗纤维、粗脂肪等，具有极大的研究价值。

图 3.35 浒苔

利用特点：浒苔营养丰富，具有高蛋白、低脂肪的特性，我国各地浒苔的蛋白质含量在 22%～32%，脂肪含量在 0.26%～1.60%。浒苔含有 18 种氨基酸，不同地域、不同品种的浒苔各类氨基酸含量差异较大，其鲜味氨基酸达总氨基酸的 46.41%～52.32%。浒苔虽脂肪含量较低，但其脂肪酸种类却十分丰富，浒苔矿物质元素含量丰富，其钾含量最高达 43.04g/kg、钙含量最高达 25.65g/kg、镁含量最高达 13.34g/kg。此外，浒苔还含有丰富的多糖，其多糖主要由糖醛酸、硫酸根和单糖组成，其中糖醛酸和硫酸根的含量相对比较稳定。各地浒苔多糖成分组成及含量差异较大。同其他海藻类一样，浒苔所含多糖与陆生植物不同，主要为硫酸多糖。

第四章

牧草常用加工利用技术

我国作物秸秆产量巨大，每年有约 6 亿吨的产量，但综合加工利用能力相对较差，少部分用于建筑材料，部分被焚烧，用于畜牧养殖的量不足 20%。秸秆资源是一个潜在的资源库，又被称为畜牧业发展的第二草原，如果有合适的加工处理方法，消除秸秆中影响消化吸收的因素，则秸秆能大量地用于畜牧养殖。秸秆作为畜禽饲料利用率低，主要原因在于完熟期收获的玉米秸秆，其纤维素、半纤维素、木质素含量增加（约占总重的 35% ～ 40%），这几种成分对以化学性消化和物理性消化为主的单胃动物（猪、鸡）消化利用率较差，对于单胃草食动物（兔、马等）和反刍动物能够部分利用。在单胃草食动物盲肠和反刍动物瘤胃中，由于微生物的作用，纤维素和半纤维素能够大部分被消化，而与木质素结合的纤维素和半纤维素则很难被降解，随着食糜向消化道后方排空。

各类不易消化的纤维素与半纤维素，在日粮中除了供给营养物质外，还能填充肠道，增加肠道蠕动，减少食糜黏性，对于肠道排空有一定的促进作用。这对于集约化养殖条件下的畜禽减少消化道疾病、增加消化残渣的排空具有特殊的意义。

草食畜牧业是我国畜牧业生产的重要组成部分和支柱产业，牛羊兔肉、牛羊奶是城乡居民重要的菜篮子食品。随着人们生活水平的提高，对牛羊兔肉、牛羊奶需求提升，草食畜牧业得以迅速发展。据最新统计，我国现有牛、羊、兔的存栏量分别是 1.0 亿头、2.9 亿只、2.2 亿只，牛、羊、兔的出栏量分别是 4828.2 万头、2.8 亿只、5.0 亿只；牛羊兔肉的产量均位居世界前列。

发展草食畜牧业，需要大量的优质青粗饲料，初步统计草食畜牧业对粗饲料的需求量约为 6 亿吨。要提供这些饲草料，只靠种植的专门牧草品种显然不够，加大秸秆类饲草资源的高效利用技术研究，扩大饲草料资源，对于实现我国草食畜牧业的可持续发展具有重要意义。

第一节 干草及其产品的加工利用技术

随着农村产业结构调整的不断深化，种植业由单一的粮食作物一元种植向“粮、经、饲”三者混播或轮作的三元种植结构转变。调整畜牧业结构，发展节粮型草食类畜禽，加工利用农作物秸秆，开发廉价的、新的饲料资源，扩大饲料原料的来源，也成为畜牧业发展新的视点和趋势。我国畜牧业发展到今天，之前大部分遵循传统的以消耗粮食为基础的耗粮型畜牧业方式，这种传统的畜牧业发展已进入了一个迟缓而微利的时期，调整畜牧业产业结构、开发利用新的饲料资源是今后实现畜牧业持续发展的必由之路。

相对我国以粮食为基础的畜牧业，国外许多畜牧业发达国家，其发达的畜牧业则是建立在以优质牧草为基础的以草养畜（禽）的模式上。立足我国的实际情况，不可能拿出大片的耕地用来种草放牧，但是当前利用有限的土地调整农业产业结构，充分挖掘农业生产中的非竞争性资源（如光、温、游离氮等）的利用，例如发展草、田轮作的生产模式，一方面能为畜牧业的持续发展提供保障；另一方面也起到了用田养田相结合，实现农业和畜牧业的可持续发展。在我国每年有大量的农作物秸秆产生，采用一定的工艺处理也能大大提高其消化利用价值，如果能将其加工开发用于畜牧养殖业，将能节约大量的粮食。这一点也正被人们所认识和接受，已有越来越多的生产者认识到“种草养畜、草田轮作”的重要性和可行性。越来越多的商家和研究者也正在寻求新的粗饲料加工技术，以扩大其利用范围。当前生产者所遇到的难题不在于“如何种”而是“如何用”，科学合理加工应用，是开发牧草、秸秆类粗饲料广泛用于畜禽养殖业的关键所在。以下内容总结了当前粗饲料深加工利用的一些技术手段，同时结合当前最新的一些研究成果，阐述了开发利用牧草、作物秸秆类粗饲料的新的途径和技术。

一、干草及深加工产品的调制技术

广义的干草就是指牧草或农作物秸秆经过一定的处理，使之失水达到能稳定保存的状态，此时的这种加工产品称为干草。另外一种干草的定义，是指对天然或人工种植的牧草或饲料作物进行适时收割，经过自然或人工干燥，使之失水达到稳定保存的状态，所得的产品称为干草。优质的干草保持了青绿的颜色，含水在18%以下，含有丰富的畜禽生长所必需的各种营养素。

调制干草是鲜牧草加工的一个重要手段，采用不同的工艺手段得到的牧草其营养成分含量差别较大。有报道，地面晒制的干草其可消化蛋白质损失在20%～50%，架上晒制的损失在15%～20%，机械烘干的损失只有5%。因此在生产中根据现有的条件要尽量采用科学的工艺过程，以减少营养物质的损失。现把干草调制中的一些相关问题介绍如下。

1. 干草调制的重要意义

（1）调制干草能为畜、禽养殖提供一个长年均衡的饲料供应　我国大部分地区处于亚热带和温带，特别是对于淮河以北的地区，牧草和饲料作物的生产具有明显的季节性，在夏秋生长旺盛期出现牧草饲料的盈余，而冬春则出现牧草饲料的短缺。在牧区，冬春大雪覆盖的时候根本无法放牧，“夏肥、秋壮、冬瘦、春死”的现象每年都在循环。农区冬春的粗饲料供应也限于一些低质的、纤维化的、木质化的作物秸秆，可利用营养价值非常低。因此调制优质的干草对于实现我国畜牧业的扩大再生产和实现畜牧业的可持续发展战略具有重要的意义。

（2）优质干草的调制，可以扩大饲料原料来源，节约精饲料，提高畜禽的生产性能　以质量上乘的优质豆科、禾本科牧草为原料，经过科学的调制工艺，调制出营养物质全面、丰富的优质干草，能够为畜禽的生长提供大部分的营养需求。如常规制作的全株苜蓿干草，蛋白质含量能达到20%，各种矿物质、维生素含量也非常丰富，在奶牛日粮中可用到50%以上的比例，能够维持奶牛正常的产奶和繁殖性能。

在家兔日粮中以单独的苜蓿草饲喂，即使在无精料的情况下，也能保持其健康生长、发育和繁殖。经过特殊工艺过程加工的苜蓿干草，如人工干燥的现蕾期苜蓿上部1/3的枝叶，其蛋白质含量能达到25%以上，纤维含量在20%以下，维生素、矿物质含量丰富，可以作为鸡、猪等单胃动物的蛋白质、维生素补充料使用，这不仅节约了饲料成本，而且能提高动物的生产性能和繁殖性能。因此采用科学的工艺调制优质的干草，对于扩大饲料来源、提高畜禽生产性能、降低饲料成本等都具有重要的意义。

（3）干草的调制有利于牧草的贮藏和运输，且是使牧草商品化的可行途径　鲜草既不利于运输，也不能长期贮存，所以调制干草解决了优质牧草长期保存和长途运输的问题，方便了牧草在不同地区之间的流动。我国地域辽阔、气候多样，许多地区适于发展牧草生产，优质豆科、禾本科牧草经过调制成干草后，可作为国际商品进行国际间流通，目前与我国毗邻的日本、韩国、东南亚一些国家，是世界主要的牧草进口地区。借助我国优越的地域优势，如果能抓住这个市场，将能使牧草成为重要的出口创汇商品之一。

（4）不断改进的干草调制工艺，还能带动其他相关产业的发展 传统的牧草干燥，以自然干燥的晾、晒为主，随着技术的不断提高，干燥的工艺也得到了不断改进。现代规模化牧草加工企业都采用机械人工干燥的方法，要求有配套的收割、收集、运输、烘干、粉碎、深加工设施，因此牧草的调制和深加工产业的发展还能带动机械、运输、包装、化纤、饲料等相关产业的发展。

2. 干草调制过程中的水分变化

水分的散失过程如图 4.1 所示。适时刈割的牧草含水量在 70% ～ 80%，要达到稳定贮藏，含水需降到 15% ～ 18%，要加工成草粉，水分需达到 13% 左右，因此调制过程必须使大量的水分散失。鲜草的水分散失可分为两个阶段，第一阶段主要是鲜草体内游离水的散失，牧草含水从 70% ～ 80% 降到 50% 左右的半干状态，这一阶段水分散失相对较快；第二阶段，牧草从半干状态降到含水 15% ～ 18% 的全干状态，水分的散失主要以结合水为主，这一阶段相对较慢，自然干燥条件好的情况下也需 1 ～ 2 天，有些豆科牧草甚至需要更长的时间。

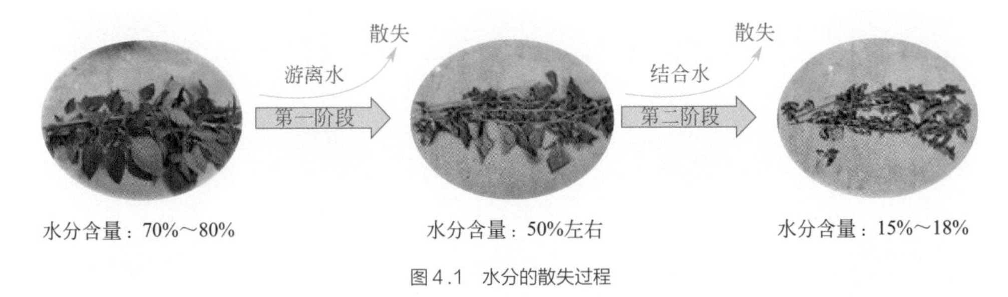

图 4.1 水分的散失过程

影响牧草体内水分散失的因素大致有以下几点：

① 气候条件 气温、湿度、空气流通状况是影响牧草干燥速度的主要因素。较高的气温、较低的湿度、一定的空气流速有利于水分的快速散失。

② 植物体内、外的散水速度 植物体表层水分的散失较快，而内里水分的散失较慢，加速植物体内层水分的散失是加快干燥的关键。

③ 植物体各部分的散水强度不同 植物体的不同部位其含水量不同，而且它们的散水强度也不一样，所以导致牧草干燥调制过程中的不均匀干燥。一般来说，牧草叶中的散水速度要比茎中的散水速度快，叶子的表面积大，保蓄水能力差，失水快，而茎的蓄水能力强，散水速度慢，所以牧草在干燥过程中，常形成叶子干燥而茎很湿的现象，这将导致在收集的过程中叶子的脱落和

损失。这种现象对于豆科牧草尤为严重。

3. 牧草凋萎期营养物质的变化

牧草刈割以后，植物细胞在一定时间内，其生理生化活动（如呼吸、蒸腾等）仍继续进行，但由于水分和其他营养物质的供应中断，细胞的生命活动仅能依靠分解植物体内储存的营养物质来进行。如一部分淀粉转化为单糖和双糖，因呼吸作用而消耗，少量蛋白质被分解成以氨基酸为主的氮化物，这时牧草植物体内是以异化作用为主的代谢阶段，也称饥饿代谢。这一阶段养分损失在 5% ～ 10%，为了减少营养损失，必须加快脱水使细胞死亡。

4. 牧草干燥后期营养物质的变化

牧草凋萎以后，植物体内发生的生理过程逐渐被有酶参与的生化过程代替，一般常把这种在死亡细胞内进行的物质转化过程称为自体溶解。还原酶的活动情况和由它引起的植物体内营养物质的变化主要受植物体的含水量和空气湿度的影响。在阳光和露水的作用下，维生素和可溶性营养物质损失较多，水溶性糖类在酶的作用下变化较大，而碳水化合物变化较小。含氮化合物在正常的干燥条件下变化不明显，如果干燥速度很慢，酶的活性加强，造成部分蛋白质分解。所以，延长干燥时间，蛋白质损失较多。此外，细胞死亡以后，在强烈的阳光直射（紫外线漂白）和体内氧化酶的作用下，大部分被分解破坏，日晒时间越长损失程度就越大。这个阶段，既要加速降低水分含量，使酶的活动尽快停止，又要设法尽量减少日光暴晒、露水浸湿和防止叶片、嫩枝等脱落造成的损失。

二、干草调制过程中应注意的技术要点

1. 把握牧草的适宜刈割期

随牧草生育期的延迟，其中的营养成分含量不断发生变化。牧草何时适于刈割，要综合考虑两方面的因素，一是可利用营养物质含量，二是产草量。这两个因素乘积最大的时候（即综合生物指标最大）为最佳刈割期。根据以上两条标准，豆科牧草一般在现蕾到初花期刈割较为适宜，禾本科牧草的适宜刈割期在抽穗到开花期。同时需要注意，为了维持牧草良好的再生性能，在刈割的时候一般要留茬 5 ～ 10cm。

2. 尽量减少调制过程中叶片和细嫩部分的损失

通常优质牧草叶中营养物质的含量，要超过茎中营养物质含量，蛋白质、

矿物质成分叶要比茎中的多出 1 ～ 1.5 倍，胡萝卜素含量多 10 ～ 15 倍，粗纤维含量叶比茎少 50% ～ 100%，叶比茎的消化率高出 40%，所以干草中叶含量越高，其品质也就越高。此外，牧草中的嫩枝、花序等部分中的可消化利用营养物质也高于茎中的相应成分，所以保持这些部分的完好是调制优质干草的重要关注点。

三、调制过程中造成营养损失的因素

1. 机械作用造成的损失

干草的调制中要经过刈割、集草、翻晒、搬运、堆垛、打捆等环节，在这些环节中易造成植物的叶片、花序、嫩枝等部分的损失，而这些部分是植物营养物质含量最高的部分。如苜蓿叶片损失 12%时，其蛋白质的损失约占总蛋白含量的 40%，特别是在自然干燥过程中，因牧草各部分干燥速度不一致，所以叶片和细嫩枝干燥快的部分，特别容易折断损失。在各种造成干草营养损失的因素中，机械作用是一个主要的因素。如果人工干燥，则会大大减少这一部分的损失。

2. 光化学作用引起的损失

晒制干草时，长时间的阳光暴晒，会使植物所含的胡萝卜素、叶绿素及维生素 C 等大量损失，光化学作用损失最大的就是牧草中的维生素类物质，所以在干燥过程中，当鲜草到半干状态时要集成草垄或小草堆进行干燥，尽量避免阳光对牧草直射。

3. 雨露淋溶作用的损失

牧草遭淋湿时其营养成分的损失涉及两个方面：一是延长了干燥时间，在凋萎期主要是延长了植物细胞的呼吸作用，使营养物质损失增多。在干燥后期，长时间的淋湿作用会使牧草遭受腐败微生物的侵蚀而腐烂破坏。另一方面，淋湿作用会使牧草中的可溶性成分溶解而流失，凋萎期可溶性淀粉都会因雨淋而流失。干燥后期因酶的活动，各种复杂的营养成分都被分解成了简单的可溶性成分，因而后期遭受雨淋则更易造成营养成分流失，包括可溶性碳水化合物、一些氨基酸、氮化物、矿物质、无机盐等成分的流失。据报道，淋湿作用引起的无机物损失可达 67%。

4. 微生物作用引起的损失

牧草表面存在许多微生物，干燥的牧草含有丰富的营养物质，是细菌的良好培养基，但是只有在一定的温度和湿度下，这些微生物才能繁殖起来，所以干燥不好的牧草堆藏时特别容易发霉变质。另外，在夏季雨季时，高温、高湿也易引起草垛内部发霉变质。所以垛藏的干草一定要使水分保持在18%以下，还要注意避免雨淋、保持良好通风。

四、牧草的干燥方法

1. 自然干燥法

在农户小面积种植牧草时，不可能运用现代化的机械烘干设备，利用自然的阳光照射进行干燥，还是主要的手段。在自然干燥过程中，也可采用一些技术手段来尽量减少营养物质的损失，集草垄、草堆以及搭建晾草架等方式都是充分利用现有条件减少营养物质损失的有效措施。在我国目前的条件下，个体农户和小规模经营者种植牧草或饲料作物，自然干燥还是一种主要的干燥方法，见图4.2。自然干燥法受天气自然条件的限制，采用此法进行干燥时一定要选择有一周左右的晴好天气。

(a) 地面晒制干草

(b) 草架干燥法

图4.2 自然干燥法

（1）地面晒制干草　选择晴好的天气，刈割鲜草以后，直接散放在田间进行干燥，经过5～8h的干燥，水分下降到45%～60%左右的半干状态，将牧草集成一个大草垄或分成两个并行的小草垄，进行干燥，再经4～5h当水分下降到35%～40%时，此时叶子还未脱落，可以集成草堆进行干燥，再用2～3天时间就可完全干燥，这样可以减少日光的直接照射和叶片的损失。当水分含量在30%左右时，有条件的地区，可以对牧草进行收集，直接放在草棚或仓库中进行阴干或人工通风干燥或打成草捆进行干燥，这个时候搬运还不会使叶片脱落，能减少损失。

（2）草架干燥法　利用木棍、铁丝搭建成简易的三脚架或长的横木架，将刈割的牧草放在草架上进行晾晒干燥，这种方法有利通风，所以干燥速度相应加快，调制出的干草营养成分损失较小。草架可以随时搭建在田间，简单易行，适于农村单户或小规模牧草调制。据报道，田间地面晒制干草可消化粗蛋白的损失在 20% ～ 50%，而架上晒制的损失只有 15% ～ 20%。

2. 人工干燥法

采用人工通风或加温的方法，使牧草快速失水，迅速达到安全贮藏的含水量。采用这种方法调制的牧草质量好，营养成分损失很小，但需消耗一定的动力。在规模化牧草加工企业多采用人工干燥的方法，该法又分为常温鼓风干燥法和高温快速鼓风干燥法。

（1）常温鼓风干燥法　刈割后的牧草，在田间自然干燥到半干状态，收集放在通风的干草棚或大仓库中，采用人工风机、风扇等通风设施进行常温鼓风干燥。这种方法可比地面晒制减少 15% ～ 20%的营养损失。

（2）高温快速鼓风干燥法　对于规模化的牧草加工企业，通常采用烘干机组，将牧草直接烘干。工艺流程一般是先将鲜草切短，通过有高温气流的滚筒烘干机，使水分从 70% ～ 80%迅速降到 15% ～ 18%，滞留时间因机械性能参数不同而有差异，烘干温度从上千摄氏度到几十摄氏度不同，滞留时间也从几秒到几小时不等。这种方法干燥的牧草营养损失很小，一般营养损失不超过 10%。但需要一定的设备投资和配套的工艺技术。

3. 加快牧草干燥的方法

（1）压裂秸秆法　豆科牧草茎中水分含量高且干燥速度慢，在调制过程中茎叶干燥速度不一致，完全干燥后常造成叶子的损失，所以在刈割以后可采取压裂茎秆的办法，来加快茎中水分的散失。现在有专门的茎秆压扁机械可以应用。

（2）秸秆碾青法　刈割的豆科牧草放在铺好的干麦秸或稻草上，上面再覆盖一层干草，然后以机械或人力来回碾压，使鲜草中大部分水分被干草吸掉为止。然后再晾晒风干，直到安全贮藏。此法干燥较快且能增加麦秸等干草的营养价值，减少鲜草中养分的损失，适于小规模优质豆科牧草的调制。

（3）双草垄速干法（见图 4.3）　即将鲜草刈割后集成两小垄，干燥到水分 40% 左右，再集成一垄。

① 豆科牧草与作物秸秆分层压扁法　刈割的豆科牧草放在铺好的麦秸或稻草上，上面再覆盖一层干草，来回碾压，大部分水分被干草吸收。

② 施用化学制剂加速田间牧草的干燥　在刈割后的苜蓿上喷洒碳酸钾溶液和长链脂肪酸酯，破坏植物表面的蜡质层结构，可加快干燥速度。

图 4.3 双草垄速干法

五、牧草干燥过程中的原则

（1）尽量加快牧草的脱水，缩短干燥时间，以减少由于生理生化作用和氧化作用造成的营养物质损失。

（2）在晒制干草时，避免在阳光下长期暴晒。阳光直射的结果是植物体所含的胡萝卜素、叶绿素、维生素 C 等均因光化学作用而损失很多，损失的程度与调制方法有关。

（3）干燥过程中，应力求植物各部分的含水量均匀，避免雨露淋湿。收割的鲜草应先使之凋萎后及时搂成草垄或小草堆进行干燥。鲜草淋湿后，会延长干燥时间，使饥饿代谢期延长，增大营养物质的损失；同时雨淋会使部分可溶性碳水化合物遭受损失。而半干草（水分在 50% 以下）处于自体溶解期，细胞死亡，植物体内的蛋白质、多糖类等复杂成分都被酶降解为简单的可溶性成分，细胞内原生质的渗透性提高，雨淋会使大部分养分损失。

（4）收割、搂草、集垄、搬运、堆垛等作业，应在植物细嫩部分尚不易折断时进行。在作业过程中，叶片、嫩枝、花序等细嫩部分易折断、脱落而损失。而损失的这部分，它们的营养物质含量特别高。

六、干草粉的加工利用技术

以调制的干草粉碎做成草粉，是我国当前生产干草粉的主要途径。干草加工成草粉，一方面更有利于贮存和运输，更重要的是草粉可以作为一种饲料原料直接用于畜禽全价配合饲料的生产。营养利用方面，优质的草粉含有丰富的蛋白质、维生素、矿物质成分，其消化利用率比干草更高，添加草粉的畜禽配合饲料对于提高动物的免疫力、增强机体的抗病力、维持和提高种畜禽良好的繁殖性能，都具有非常重要的作用。由于草粉制作的原料和工艺不同，其营养价值差别也较大，在畜禽的配合饲料中应用的比例也不尽相同。一般以优质的豆科和禾本科牧草为原料，并以人工干燥的方法制得的草粉质量较好，如果在生产中只选取豆科牧草的上部细嫩部分，则加工得到的草粉蛋白质、维生素含量高且粗纤维含量低，这种草粉在畜禽饲料中都可以大量使用。当前国际商品草粉中95%都是苜蓿草粉，这种草粉具有营养丰富、消化利用率高等优点。依据草粉的加工原料和生产工艺不同，将草粉简单分成以下两类。

1. 特种草粉

以苜蓿的幼嫩枝叶调制而成的草粉，其蛋白质含量在25%以上、粗纤维在18%以下、维生素和矿物元素能高出一般草粉50%左右，可以作为畜禽的蛋白质 - 维生素补充料。以人工干燥方法制得的草粉，其营养价值更高一些。这种草粉克服了一般草粉纤维含量过高的缺陷，应用价值大，在反刍动物和单胃动物饲料中都可大量应用，特别在病弱畜禽、幼畜、种用畜禽中应用能改善身体状况，在提高机体抗病力、增强免疫力、维持良好的繁殖性能、延长利用年限等方面都有非常显著的效果。

2. 一般草粉

采用全株苜蓿自然或人工方法干燥后粉碎制得的草粉称为一般草粉。这种草粉与特种草粉相比可利用营养物质含量稍低一些，但这是现在生产中应用的主要类型。根据苜蓿草粉营养物质的含量不同也可以分成几个等级，见表4.1。

表4.1　2017年国标规定饲料用苜蓿草粉的质量标准　　单位：%

质量指标	等级标准			
	特级	一级	二级	三级
粗蛋白	≥ 20.0	≥ 18.0	≥ 16.0	≥ 14.0
粗纤维	＜ 22.0	＜ 23.5	＜ 28.0	＜ 32.0
粗灰分	＜ 10.0	＜ 10.0	＜ 10.0	＜ 11.0

一般草粉可大量用于草食类畜禽饲料，但由于粗纤维含量过高，在某些单胃动物饲料中要限量应用。根据目前的生产经验，在鸡的日粮中苜蓿粉可占2%～5%，猪日粮中可占10%～15%，肥育牛日粮中可占25%～45%或更多，饲喂奶牛可占到日粮的50%左右，羊日粮中可占50%以上，肉兔日粮中以30%为宜。

七、草粉开发利用的前景

从目前我国的饲料资源，特别是蛋白质饲料资源的短缺状况来看，开发利用优质草粉具有广阔的前景。尤其是苜蓿特种草粉可以作为优质的蛋白质 - 维生素补充饲料广泛用于各种畜禽的配合饲料中，不仅能提供必需的营养素，而且在提高动物的免疫力、增强抗病和防病能力、保持和提高种畜良好的繁殖性能方面具有良好的效果。因此苜蓿草粉又被称为功能性饲料。在配合饲料中应用苜蓿草粉，还可减少药物类添加剂的使用，对于提高畜产品的质量、改善其品质具有不可替代的作用。因此，优质草粉的应用将成为我国畜牧业持续、健康发展的有力保障。

第二节 豆秸、谷草和紫花苜蓿生产加工利用

一、豆秸

豆秸是大豆作物成熟收获后剩余的茎叶部分，叶子大部已经凋落，维生素已经分解，蛋白质减少，茎也多木质化，质地坚硬。豆秸最佳刈割期在现蕾期，其粗纤维可达 43.33%，粗蛋白含量最高为 13.98%，粗灰分则高达 6% 以上，粗灰分中钙、磷含量少，大部分是硅酸盐。

豆秸（见图 4.4）的保存方法有露天保存、棚舍保存、氨化和青贮。豆秸在自然状态下，随着保存时间的延长，秸秆中粗蛋白、干物质含量逐渐减少，但减少幅度不同，而粗纤维含量却逐渐增加。

给育肥猪食料添加一定比例的豆秸粉是一种经济、有效，可提高猪肉品质和养猪效益的好途径。合理添加一定比例的秸秆粉对于生长育肥猪，可降低血清总胆固醇和低密度脂蛋白含量，纤维能结合胆汁酸加快其排泄，降低胆固醇从消化道吸收；生长肥育后期，可调节生长速度和提高出栏猪的瘦肉率，从而提高猪的胴体品质。

饲喂反刍动物时，可以直接将豆秸粉添加到饲料中饲喂，也可以与花生蔓、花生秧、青贮玉米按照一定比例混合使用。添加豆秸可以提高反刍动物对饲料中粗蛋白的消化率以及酸性洗涤纤维（ADF）和中性洗涤纤维（NDF）的瘤胃有效降解率，从而提高动物采食量。其中，豆秸、花生蔓 1∶3 组合降解 NDF 和 ADF 的效果最明显。

豆秸，常见的包括黄豆秸、黑豆秸、绿豆秸、蚕豆秸等不同的豆类秸秆。收获豆类籽实以后在叶子未完全干燥时，收集打捆，于草棚中风干，能保持青绿颜色。

大豆秸蛋白质含量为 11.3%，对羊的代谢能为 6.96MJ/kg，其粉碎后与麸皮、次粉数混合使用。

(a) 露天堆放由于氧化作用，常变成棕褐色

(b) 新收获秸秆保持淡绿色

图 4.4　豆秸

二、谷草

谷草，常称干草，是传统的饲喂牛羊的粗饲料，为谷子收获后的秸秆。其气味芳香，颜色青绿，是我国牛、羊等反刍动物的优质饲料资源，质地柔软厚实，适口性好，营养价值高。干谷草中粗蛋白含量为 5% 左右，高于其他禾本科牧草，其饲料价值接近于豆科牧草，谷草的纤维品质次于青干草、羊草，但明显优于玉米青贮、玉米秸、沙打旺等饲料。

青绿谷草的刈割在谷草的生长期接近结束时期，也就是谷草处于结实期和种子的乳熟期阶段进行，因为这个时期植株的整个茎秆、叶片都呈绿色，而且茎秆柔软、叶片鲜嫩、种子不易脱落。其粗蛋白含量最高达到 5%，粗纤维为 35.9%，钙为 0.37%，磷为 0.03%。

谷草（见图4.5）作为反刍动物利用的作物秸秆，在饲喂奶牛时，谷草产奶净能达到4.3MJ/kg，增重净能达1.2MJ/kg，消化能达8.3MJ/kg。但由于其蛋白质含量低，木质素与硅酸盐含量高，矿物质营养也不平衡，单独饲喂可导致反刍动物采食量和营养物质的消化利用率降低。当与其他饲料或日粮一起饲喂时，它们所提供的营养可发生互作，继而改变动物新陈代谢、采食量，进而提高产品的转化率和肉、奶等的品质。

(a) 田间的谷草，露天堆放由于氧化作用，常变成棕褐色　(b) 自然晾晒，表面常变成黄色，里面为青绿色

图4.5　谷草

三、紫花苜蓿

紫花苜蓿是一种蛋白质含量极高的豆科牧草。紫花苜蓿（见图4.6）因具有产草量高、富含蛋白质、适口性好、生物固氮能力强、适应性广等特点，在促进畜牧业和种草业持续发展中有着不可替代的作用。尤其是农业产业结构的调整，加速了苜蓿产业化进程，而产业化发展的关键是提高草的产量和质量。

获得紫花苜蓿的优质干草除适时收割外，在调制过程中最大限度地减少营养物质的损失也是非常重要的。因此必须加快牧草的干燥速度，使其迅速脱水（见图4.7），尽快使分解营养物质的酶失去活性，及时堆放避免日光暴晒，以减少胡萝卜素的损失。

紫花苜蓿以粗蛋白含量高而著称。孕蕾期紫花苜蓿的粗蛋白含量为23%左右，是玉米的2.74倍，初花期刈割的紫花苜蓿粗蛋白含量为16%～22%，

图 4.6　紫花苜蓿（一）

图 4.7　紫花苜蓿地面干燥

一般在 18% 左右。此外，紫花苜蓿蛋白质中的氨基酸不仅种类齐全，而且组成比例均衡。紫花苜蓿蛋白质主要存在于苜蓿的叶片中，其中 30% ～ 50% 的蛋白质存在于叶绿体中，含有 20 种以上的氨基酸，包括动物所需的全部必需氨基酸，其中，蛋氨酸含量为 0.32%、赖氨酸为 1.06%、缬氨酸为 0.94%、苏氨酸为0.86%、苯丙氨酸为1.27%、亮氨酸为1.34%，还含有瓜氨酸、刀豆氨基酸等稀有氨基酸。紫花苜蓿蛋白质及氨基酸的组成和比例与动物体内蛋白质及氨基酸的组成和比例相似，动物对其利用率较高，符合联合国粮农组织推荐的氨基酸模式，能较好地被动物消化利用。紫花苜蓿中矿物质元素含量是禾本科植物的6倍左右，其中铁为230mg/kg、锰为27mg/kg、锌为16mg/kg、铜为9.8mg/kg，这些矿物质元素促进了动物的生长发育、提高了机体免疫力，是配合饲粮中不可缺少的营养成分。苜蓿叶中含钙1380μg/g、镁2020μg/g、钾20.1mg/g；而钙和钾具有强骨、降血压之功效，镁能维持细胞膜稳定，提高机体免疫力。紫花苜蓿富含维生素K、维生素E等多种维生素，叶酸和胡萝卜素含量较高，β-胡萝卜素、叶酸、生物素、泛酸和胆碱的含量分别为94.6mg/kg、4.36mg/kg、0.54mg/kg、28.0mg/kg和89.5mg/kg。紫花苜蓿含有苜蓿多糖、黄酮、皂苷、香豆素和未知生长因子等多种生物活性物质，具有免疫调节、促进动物免疫器官的发育和淋巴细胞的增殖转化以及清除体内自由基等功效；可降低血液中胆固醇，调节脂类代谢，抗动脉粥样硬化；具抗感染、抗肿瘤、降血脂、降血糖和抗辐射等药理活性；能增强免疫力和繁殖力，提高机体抗氧化能力。

紫花苜蓿的适宜刈割期为现蕾盛期到初花期，干草的NDF和ADF含量随着收获期的推迟而逐渐上升。国内一般在初花期开始刈割，认为此时收获能保证苜蓿草产品的质量及产量。第一次刈割是在初花期，以便让根系充分生长，从而获得高产、高质的苜蓿；第二次刈割时间在孕蕾早期，以后每隔32～35天刈割一次。收获时期在生产实践中，因生产目的不同也有差异，如果给奶牛场生产苜蓿干草，刈割时间在现蕾期；如果给肉牛厂生产干草，可以推迟到初花期进行刈割。最后一次刈割的时间不能太晚，一般在霜降前一个月，以便让苜蓿的根部积累更多的养分，这样苜蓿可以安全越冬，并且在来年春季的长势很旺。刈割时，还要考虑适宜的留茬高度，因为这是保证苜蓿再生、恢复正常生长及保证下茬产量重要的条件之一。紫花苜蓿是从根茎萌发新枝条的，其留茬高度一般在5～7cm，最后一茬应在7cm，以利于苜蓿过冬。

用紫花苜蓿（见图4.8）饲喂动物，在奶牛的饲粮中添加苜蓿干草，可以提高饲粮NDF的含量，进而提高奶牛的乳脂率。用苜蓿青干草替代一定量的精料不仅可以提高奶牛的生产性能，改善乳品质，而且也可以降低成本，增加收益。在肉牛的饲粮中用苜蓿青干草替代部分粗饲料，可以提高肉牛的日增重，也可以提高饲料报酬，并且牛肉中氨基酸含量也有所提高。在山羊的日粮中添加适量苜蓿鲜草可提高山羊的日增重，降低料重比，同时也改善了血液生理生化指标，添加30%苜蓿鲜草效果最好。

在繁殖母猪饲粮中添加45%苜蓿草粉能提高产仔率，利于母猪产后发情，可降低养殖成本。在仔猪饲粮中，适宜的紫花苜蓿添加量能促进仔猪生长，提高仔猪初生重、断奶成活率和断奶窝重，降低仔猪腹泻率，影响营养物质表观消化率。由于仔猪的消化系统发育不完全，添加15%紫花苜蓿使干物质、粗纤维、粗蛋白消化率下降很多，所以仔猪饲粮中紫花苜蓿添加量控制在5%～10%较为适合。

(a) 紫花苜蓿，干草仍保留有芳香气味，适口性好

(b) 新鲜的紫花苜蓿干燥后为翠绿色，氧化后呈现褐色

图4.8　紫花苜蓿（二）

第三节　青贮、微贮加工利用技术

在牧草及秸秆类粗饲料的调制加工工艺中，青贮是一种简单易推广的技术，青贮处理具有改善和提高青贮原料营养价值以及长期保存青绿饲料等优点，在世界各国都作为一种处理粗饲料的主要调制加工技术进行推广。青贮技术在生产应用中也得到不断改进，从传统的单一秸秆青贮发展到多种形式的添加剂青贮、豆科禾本科原料的混贮、草捆青贮、拉伸膜青贮、半干青贮、真空青贮等多种形式，使青贮的工艺不断改进、内容不断丰富。其理论研究也得到不断的充实和完善。青贮主要是处理秸秆等粗饲料，也包括玉米带穗青贮，使青贮料的营养价值有所提高，但青贮料的主要应用对象还是针对草食性家畜。青贮饲料的推广应用是保证畜牧业青绿饲料原料持续供应的重要途径，对于畜

牧业养殖结构的调整具有重要意义。调制青贮饲料也是合理利用农作物秸秆的一种有效途径，对于实现农业资源的循环利用、实现土地的可持续利用以及农业的可持续发展具有重要意义。

一、青贮饲料调制的意义

1. 青贮调制使饲料原料营养损失减少

青绿饲料如果调制成干草其营养损失在20%～40%，尤其是原料中的维生素、胡萝卜素等物质，在阳光照射、高温氧化等作用中损失很大。而青贮调制过程中原料营养物质的损失一般不超过15%，特别是对于蛋白质、维生素、胡萝卜素的保存效果更佳。青绿饲料调制干草会使其中的细胞原生质成分附着在细胞壁上纤维化，加大原料中粗纤维含量。而青贮饲料原料中粗纤维成分变化较小更有利于动物的消化利用。

2. 青贮可以扩大饲料来源，长期保存饲料，且能平衡青绿饲料淡旺季和丰欠年的余缺

一些青绿饲料如玉米秸秆、高粱秸、向日葵盘等质地较为粗硬的原料，直接作饲料利用率较低，可以用青贮法调制，青贮发酵后使纤维软化，饲料柔嫩多汁，为畜禽所喜食。其他的如马铃薯茎叶、野草、野菜、树叶等原料，在夏秋季节大量盈余，可以做成青贮饲料，长期保存利用，特别在冬春季节能弥补青饲料的不足，且青贮后青贮料的醇香味能去除一些原料中的异味从而改善饲料的适口性。

青贮饲料在我国北方地区对于畜牧业饲料的补给具有重要的意义。在华北、东北一些地区，一年中有半年的时间见不到青绿饲料，因此在夏秋季节将大量饲料用青贮技术贮藏起来，以旺补淡、以丰补歉，可常年供应均衡的优良品质的青贮饲料。青贮料同时作为一种原料贮备方式，单位体积的贮藏量大于干草堆垛贮藏，1m^{3}的青贮饲料重450～700kg，干物质含量在150kg，而1m^{3}的干草重70kg左右，干物质含量不到60kg，所以制作青贮饲料也是集约化养殖场贮备青绿饲料的好方式，是规模化、集约化发展畜牧养殖的有力保障。因此制作青贮饲料对于稳定畜牧业长期持续发展具有重要意义。

3. 青贮能改善饲料适口性、提高消化利用率

粗饲料经过青贮处理，其中的细胞壁成分（粗纤维、木质素等）得到软化，经过发酵过程，饲料变得柔嫩多汁，具有醇香味道，因此适口性得到很大提高。经过青贮处理，真蛋白含量有所提高，主要是由于微生物繁殖发酵引起的。

二、青贮的原理

在前文已提及青贮过程就是有益的乳酸菌发酵的过程，同时抑制有害的腐败菌发酵，最终使窖内形成一个真空、无菌、酸性环境，使得发酵原料能长期保存。整个过程经历从有氧到无氧的变化，可以分成三个阶段。

1. 氧气耗尽期

原料装窖后，里面残留的氧气有两个途径进行消耗，一是装填的青绿饲料，其中的细胞还未死亡，要进行呼吸代谢活动，消耗氧气，分解碳水化合物，产生热量、二氧化碳和水；二是好气性微生物的繁殖，包括好气性细菌、酵母菌、霉菌等，分解原料中的蛋白质、糖类产生氨基酸、乳酸和乙酸等物质，使窖内 pH 值下降，酸度提高。这一阶段大约持续 1 ～ 3 天。从营养学分析，这一阶段越短越好，可以减少营养物质损失，更好地促进以后厌氧菌的发酵。

2. 乳酸发酵期

经过第一阶段，窖内氧气基本耗尽，好气性微生物停止活动，植物细胞进行无氧呼吸，消耗体内氧气，产生二氧化碳、水和无机酸，同时放热。此时乳酸菌也开始发酵，分解可溶性碳水化合物，产生乳酸，使 pH 值进一步下降，酸度的增加，也使一些腐败菌、酪酸菌等的活动受抑制甚至被杀死。这一阶段产生的乳酸有利于整个青贮饲料营养价值的提高，同时使窖内保持酸性环境，抑制有害菌群。这一阶段发酵是整个过程的一个关键阶段，所经历的时间较长，需 20 ～ 30 天的时间。

3. 发酵稳定期

经过乳酸菌发酵以后，乳酸的量得到积累，最后的生成量能达到鲜料重的 1% ～ 1.5%，pH 值下降到 4.2 以下，此时各种微生物，包括乳酸菌，其活动都受到抑制或者被杀死，窖内形成一个无菌、真空和酸性的环境，因而使原料能长期保存。

完成整个发酵过程，需要至少 45 天的时间，青贮饲料从装填制作到开启应用，至少要经过一个半月到两个月的时间。

三、青贮原料的选择

用于制作青贮的饲料原料必须有一定的含糖量，所以多为禾本科牧草和饲料作物。最常用的青贮原料就是青贮玉米或一般的作物玉米，在玉米蜡熟期刈割，进行切短制作青贮。而豆科牧草或豆科作物类秸秆因鲜的含糖量少，蛋白质较多，饲料的缓冲度大，因而鲜豆科牧草原料单独青贮很难成功，可以采用半干青贮、与禾本科混贮以及添加剂青贮等方法来完成。

制作青贮的原料要求水分含量适中，一般青贮含水量在 50% ～ 70% 之间，能获得良好的青贮效果。含水分多的一些饲料原料如南瓜、甘薯藤、叶菜类饲料作物等，因水分过高、可溶性糖分含量过低很难单独青贮，也可采用上述的各种豆科牧草混合青贮方法来完成青贮过程。

四、青贮加工利用技术

1. 青贮种类

青贮可根据含水量分为高水分青贮、凋萎青贮和半干青贮。

（1）高水分青贮　指刈割的青贮原料未经田间干燥即行贮存，一般情况下含水量在 70% 以上如玉米秸秆青贮，见图 4.9。

(a) 蜡熟期玉米

(b) 将蜡熟期玉米粉碎

图 4.9　玉米收割时期及粉碎

（2）凋萎青贮　在良好的干燥条件下，经过 4 ～ 6h 的晾晒或风干，使原料含水量达到 60% ～ 70% 之间，再做青贮（见图 4.10）。

（3）半干青贮　半干青贮也称低水分青贮，青贮原料水分含量一般在 45% ～ 60%，主要用于牧草（特别是豆科牧草），降低水分，可限制不良微生物的繁殖和丁酸发酵而达到稳定青贮饲料品质的目的（见图 4.11）。为了调制高品质的半干青贮饲料，首先通过晾晒或混合其他饲料使青贮原料水分含量达到半干青贮的条件，就可按青贮饲料的制作方法进行处理。半干青贮由于原料含水分少，所以单位体积内干物质和营养成分含量比普通青贮高，单位体积的青贮设施贮存的原料数量也多。

2. 青贮设施

青贮设施是指装填青贮饲料的容器，主要有青贮窖、地面堆贮、青贮塔、拉伸膜裹包青贮及袋装青贮等。

图 4.10 玉米在田间晾晒

图 4.11 半干青贮

（1）青贮窖 青贮窖是我国当前应用最普遍的青贮设施。其形状多为长方形，砖石结构，水泥挂面，有地上式、地下式和半地下式三种（见图 4.12）。

青贮窖一般宽度为 1.5 ～ 4m、深 2.5 ～ 4m，长度依容量而定。青贮窖占地面积较大，适用于小规模饲养场，开窖从一端启用，先挖开 1 ～ 1.5m 长，从上向下逐层取用，这一段饲料喂完后，再开一段，便于管理。

（2）地面堆贮 在地下水位较高的地方，可采用地面堆贮（见图 4.13）。

（3）青贮塔 青贮塔（见图 4.14）适用于机械化水平较高、饲养规模较大、经济条件较好的饲养场。青贮塔是由专业技术人员设计和施工的由砖、石、水泥结构构成的永久性建筑，塔顶有防雨设备。饲料由塔底层取料口取出。

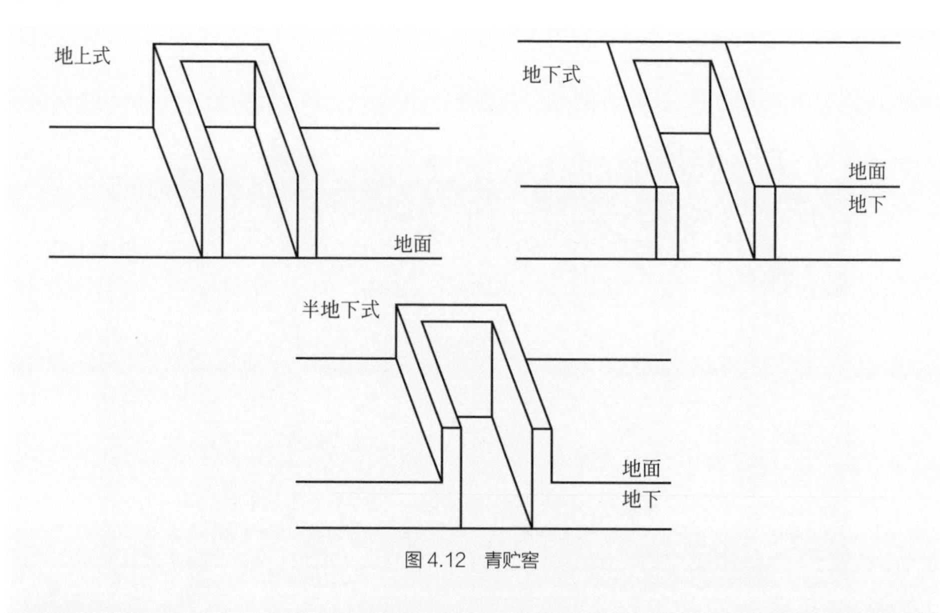

图 4.12 青贮窖

图 4.13 地面堆贮

优点：青贮塔封闭严实，原料下沉紧密，发酵充分，青贮质量高；青贮塔占地面积小，贮量大。

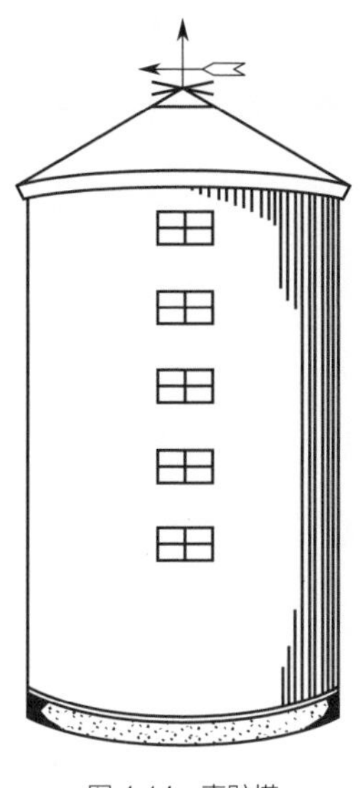

图 4.14　青贮塔

（4）裹包青贮

① 裹包青贮是一种利用机械设备完成秸秆或饲料青贮的方法，是在传统青贮的基础上研究开发的一种新型饲草料青贮技术。

② 裹包青贮的操作步骤　如图 4.15 所示，具体介绍如下。

图 4.15　裹包青贮的操作步骤

a. 适时收获和调节水分　在玉米抽穗期刈割，调节含水量到 60% ～ 70%。

b. 切短　将整株玉米放入饲草切碎机中，切碎至 3 ～ 4cm。

c. 进料　切碎后的玉米通过斜坡式履带输送至打捆室，随着打捆室内玉米的增多和皮带膨胀，传送放慢进料速度，进入压缩模式。

d. 打捆　压缩完成，机器自动停止进料并打捆。打好的捆传送至裹包台。

e. 裹包　裹包时要求在裹包臂第二圈旋转过程中将拉伸膜裹在上圈拉伸膜宽度的 1/4 ～ 1/3，以确保高度密封。

f. 堆放发酵　将制成裹包运至干燥场地堆放发酵。裹包可堆垛叠放，节省储存空间。

③ 裹包青贮的优点　裹包青贮与常规青贮一样，有干物质损失较小、可长期保存、质地柔软、具有酸甜清香味、适口性好、消化率高、营养成分损失少等特点。同时还有以下几个优点：制作不受时间、地点的限制，不受存放地点的限制，若能够在棚室内进行加工，也不受天气的限制。与其他青贮方式相比，裹包青贮过程的封闭性比较好，通过汁液损失的营养物质也较少，而且不存在二次发酵的现象。此外，裹包青贮的运输和使用都比较方便，有利于它的商品化。这对于促进青贮加工产业化的发展具有重要的意义。

（5）袋装青贮（见图 4.16）　袋装青贮方法投资少，操作简便，制作简单，贮存地点灵活，饲喂方便，青贮省工，不浪费，节约饲养成本。青贮原料装袋后，应整齐摆放在地面平坦光洁的地方（四周开排水沟，深约 30 ～ 60cm），或分层存放在棚架上，最上层袋的封口处用重物压上。袋贮时要注意防鼠。

小麦袋装青贮：在小麦灌浆后期，全株小麦收割，铡短 2 ～ 3cm，然后袋装青贮（也可用青贮池青贮、裹包青贮等多种形式）。1 ～ 2 个月后，青贮稳定，青贮质量好的小麦质地完整，颜色黄绿色，有果香味，比玉米青贮醇香味更浓。见图 4.16。

图 4.16　制作良好的小麦青贮

① 塑料薄膜袋的选用　应选用无毒、无味、双幅袋形塑料薄膜，塑料膜厚度在 0.12mm 以上，不可使用再生塑料。

② 青贮袋的制作　一般 0.5kg 塑料薄膜做一个袋，或 1kg 做 3 个袋。要求封口严实，不漏气。

③ 塑料袋容量　一般每个塑料袋装 300 ～ 400kg 较合适，装多了易损坏袋子。

④ 青贮原料的准备与制作要点　青贮原料要求清洁无泥沙，刈割回来后要晾干，至含水量 70% ～ 75% 为好，并短切至约 2 ～ 3cm 长。装袋时，要边装边压，排出空气，装满后用绳子扎紧袋口，注意不要压破塑料袋，袋口不能透气，贮放在人畜不易触及的地方。

⑤ 质量标准　在常温条件下，青贮 1 个月左右，低温 2 个月左右，即青贮完熟。袋贮青贮经乳酸菌发酵后，袋内原料以带黄绿色、有浓郁酸香味、质地柔软、pH 值在 4.5 以下者，为优质青贮饲料。在较好环境条件下，存放 1 年以上仍保持较好质量，可以随取随喂，使用方便。

3. 常规青贮调制技术要点

（1）适时收割　优质青贮原料是青贮饲料的物质基础。根据对青贮品质、营养价值、采食量和产量等综合因素的研究分析，禾本科牧草的最适宜刈割期为抽穗期，而豆科牧草以开花期为最好。

（2）调节水分　适时收割时，调节原料含水量到 60% ～ 70%（见图 4.17）。

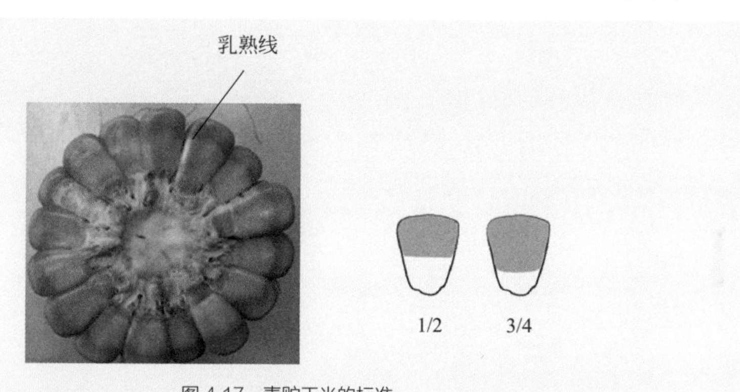

图 4.17　青贮玉米的标准

青贮玉米适宜的收获期：蜡熟期，具体的判断：①乳熟线沿籽粒 1/2 ～ 3/4。②果穗上面的叶子应该保持青绿。③干物质含量在 35% 左右（65% 水分）

（3）切短、装填、压实　大规模青贮原料切短到 3 ～ 4cm，少量青贮要更碎一些，越碎越容易压实。装填、压实随切短同时进行，逐层装入，逐层压实，尽量排出里面空气。这一步是做好青贮饲料的关键。

规模化窖贮小麦青贮（见图 4.18），蜡熟期收割，切碎铡短，堆窖，压实，经 2 ～ 3 个月发酵后，青贮完成，颜色淡黄到棕黄色，较玉米青贮颜色更为鲜亮，气味芳香，有果香味，手感柔软，更适于采食和消化，利用率高达 80% ～ 90%。

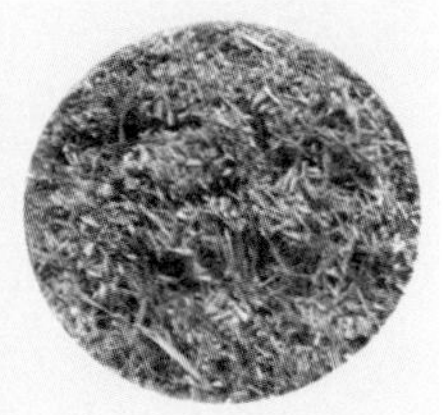

图 4.18 规模化窖贮小麦青贮

（4）密封与管理 原料装填压实之后，应立即密封和覆盖（见图 4.19）。其目的是隔绝空气与原料接触，并防止雨水进入。

图 4.19 密封与管理

推土机反复碾压，把原料压实。用较厚的塑料薄膜盖好，塑料薄膜应比窖口要稍大，以便保持窖内密封

（5）青贮窖的维护 防止漏气漏水，随时覆土（见图 4.20）。

图 4.20 青贮窖的维护

在薄膜上压上轮胎，保持密封

（6）青贮饲料的启用（见图 4.21）

成熟期：玉米秸青贮一般需 1.5 ～ 2 个月即发酵成熟。

启封：长形窖要从一头启封，防止二次发酵。

饲用：量要由少到多，逐步适应。

图 4.21 青贮饲料的启用

大窖青贮玉米，压实，在取用时，以机械化设备取用，有平整的切割面，每次取一天用量

4. 青贮饲料的饲喂方法

（1）质量要求 饲喂青贮饲料之前，要检查质量，发霉、发黏、变色、结块以及有其他异味的不能饲喂。

（2）饲喂量 每头奶牛青贮料的日饲喂量应占粗饲料总量的 65% ～ 70%，同时要配合饲喂 30% ～ 35% 的羊草或黄秸秆。

（3）调整酸度 在喂青贮饲料的同时，如果羊草和黄秸秆准备不足，日给青贮量过多时，要适当添加碳酸氢钠作为中和缓解剂，以平衡瘤胃中的 pH，有利于消化纤维和有益菌的生长，提高代谢率，促进蛋白质合成，且有利于稳定和提高奶牛产奶量。

（4）保存 青贮入窖后 6 ～ 7 周开始饲喂，取完料时要尽最大可能做好封闭工作，以降低饲料二次发酵、养分流失和质量下降的程度。

5. 青贮饲料的饲用技术

开始饲喂有一个适应期：量由少至多，逐渐适应。可与干草、精料用机械混合做成全混合日粮（见图 4.22 和图 4.23）。

图 4.22　全混合日粮

图 4.23　反刍动物全混日粮调制

6. 提高青贮饲料品质的关键技术措施

（1）创造厌氧环境　由于乳酸菌属厌氧型菌，最适宜在缺氧和无氧环境中繁殖。如果青贮原料中含有较多空气，这就为好气性微生物创造了条件，形成青贮不良发酵。因此，青贮原料要尽可能切成 10cm 以内的短节，越短越好；填装原料时要最大限度地压紧压实，越实越好；封闭时要尽可能排除上层空气，越严实越好，以尽量减少料间残留空气，创造厌氧环境。

（2）保持适当水分　青贮饲料的含水量必须严格控制，饲料过于干燥，装料时难以压紧，料间空气多；饲料水分过多，则青贮过程中养分损失较多，且会导致酪酸菌大量繁殖而影响青贮料的品质。对含水量较多的饲料，可通过适当晾晒（阴干最佳），或适当添加糠麸等办法降低水分。反之，对水分含量过低的饲料，则可进行适当洒水或添加含水量较高的其他品种青贮料混贮进行调节。

（3）保持适当糖分　要让青贮饲料处于最佳发酵状态，必须保证不低于2%的含糖量。相比之下，含糖量多的料青贮品质更好，可单独青贮，如禾本科牧草、农作物秸秆、红薯藤等。而豆科牧草、瓜藤等饲料含糖量较低，不宜单独青贮，青贮时每100kg可添加糠麸5kg，也可与含糖量较高的禾本科牧草等进行混贮（按4 ∶ 6或5 ∶ 5比例混合），同样可制成优质青贮饲料。

（4）掌握适宜温度　乳酸菌繁殖的适宜温度为20 ～ 30℃，在青贮过程中温度过高，乳酸菌会停止繁殖，导致青贮料糖分损失、维生素破坏，青贮中要严防温度过高，其措施主要有：一是缩短青贮原料装贮过程，1 ～ 2天内必须装好密封；二是饲料装贮时要压紧密封，防止空气进入；三是青贮窖（容器）必须远离热源，且防止阳光直晒。同样，青贮温度过低，则乳酸菌繁殖减慢，青贮成熟时间延长，青贮品质下降。

（5）合理使用青贮添加剂　在制作青贮饲料的过程中可以使用一些添加剂来改善青贮品质。所使用的添加剂，根据其作用不同大体可分为以下几类：一是改善青贮环境，加快有益菌发酵速度的添加剂，如各种有机酸、酸化剂、乳酸菌制剂等；二是防腐、防霉，延缓二次发酵添加剂，如各类防腐剂、甲醛类、双乙酸钠等；三是各种酶制剂，如复合纤维素酶制剂等；四是营养性添加剂，直接提高青贮料的营养成分含量，如常用的尿素及双缩脲等各种尿素衍生物，有时也添加淀粉类物质来提高青贮料的糖分含量。

在实际生产中，各种添加剂常常混合使用，做成复合酶制剂来提高青贮饲料的青贮品质，也出现了许多商品化的青贮复合添加剂。

青贮料中添加尿素可有效增加青贮料的非蛋白氮含量，改善青贮料的营养价值，添加量应控制在青贮原料总量的0.5%以内。添加食盐的青贮料，有利于乳酸发酵，适口性好，添加量为0.1% ～ 0.2%。但要注意，青贮添加剂要分层加入，并与青贮料混合均匀，否则达不到应有的效果。

（6）合理开窖与饲喂　封窖后1 ～ 1.5个月就可开窖，长形窖可从窖的一端开窖，边使用边将上边的盖土去掉。圆形窖从上向下取用，每次取后用塑料布等盖严。良好的青贮呈深绿色或褐绿色（根据原料不同颜色会有变化），有酸香酒味，家畜喜欢吃。发霉腐烂的青贮不能喂。每天取的青贮应当天吃完，不然易变质变味，发生霉菌。开始饲喂时，喂量要由少逐渐增多，适应后再定时定量饲喂，具体用量根据青贮料特征和家畜种类而定。

五、我国青贮饲料发展的建议

我国幅员辽阔，各地的地理、气候不同造成了青贮饲料生产水平以及原料的利用率不同。我国的青贮饲料生产中存在的问题以及相应的解决措施主要有：

1. 推广青贮技术，提高资源利用率

农作物秸秆长年堆积或大量焚烧，蔬菜菜叶在田间地头自然腐烂，这不仅是资源的浪费，而且会对环境造成污染，采用青贮处理实现资源的循环再利用是有效的解决途径之一。在农区把养殖业与种植业紧密结合起来，通过青贮处理农作物秸秆用于饲养畜禽，实现秸秆的过腹还田、无害化处理，是减少资源浪费、实现综合利用的重要措施。大部分农作物秸秆如玉米秸、高粱秸和甘薯藤均可通过直接青贮或半干青贮方式来调制。推广全株玉米的带穗青贮是提高青贮效率的有效方式，也是实现农区秸秆利用、养畜、肥田这一农业养分资源流通链条的有力保障，对于实现农业的可持续发展具有重要意义。

2. 突破传统模式的制约，实现青贮饲料的商品化

当前青贮饲料基本上都是本场利用，由于不能突破异地运输和长时间暴露易腐烂的瓶颈，使得青贮饲料的应用被限制在小范围内。实现青贮饲料的异地流通和商品化是实现青贮技术推广应用的最有力措施。

传统模式的青贮很难打破青贮饲料难以商品化的瓶颈制约，近年发展的草捆袋装青贮、草捆的拉伸膜青贮可以实现青贮料的商品流通，因此是当前值得推广的青贮模式，也可利用专门的青贮袋技术来制作普通的袋装青贮料来实现青贮的异地流通。随着养殖业的发展，青贮饲料的商品化成为了一种必然趋势。因此研究和使用新的青贮技术突破青贮的传统模式是实现青贮饲料商品化的必由之路。当前随着畜牧业向产业化、集约化的纵深发展，饲料生产也必然向着规模化发展，因此使新的青贮技术在生产中推广，加快青贮饲料的商品化，提高青贮饲料质量，才能有力推动畜牧业产业化进程，全面带动青贮饲料生产向规模化方向发展。

六、牧草的微贮加工利用技术（添加剂青贮 / 黄贮）

利用微生物的发酵作用，来分解青、粗饲料中不易降解的物质，或者改善可利用养分的平衡度，提高养分的可利用程度，这种处理秸秆的方法，称为微贮。严格意义上，青贮也是微贮的一种形式。在生产中微贮的原料多用半干或全干的秸秆，又称为黄贮。

1. 微贮饲料原理

微贮饲料，首先是选择合适的微生物添加剂，通常含有枯草芽孢杆菌、乳酸杆菌、地衣芽孢杆菌、酵母菌等，加入贮料中，可以有效分解秸秆，然后发酵产生对微生物有利的乳酸和其他挥发性的脂肪酸，使贮料内部的pH值降到4.0～5.0。当乳酸在微贮原料中累积到一定浓度时，抑制了丁酸菌、腐败菌等有害菌的繁殖，防止原料中的养分继续分解，从而达到微贮的目的。微贮是使被贮原料气味和适口性变好，利用率提高，保存期延长，保护原料中养分的一种饲料制作方法。

微贮饲料按照原料情况可以分为黄贮和青贮两种。当玉米完全成熟后，用采收完果穗的秸秆生产的微贮称为黄贮；当玉米达到蜡熟阶段时，用玉米秸秆生产的微贮称为青贮；青贮又根据是否带有果穗区分为全株青贮和秸秆青贮两种。秸秆饲料的青贮和黄贮都是利用微生物发酵的原理进行贮存的，因此统称为微贮。为提高微贮水平，提高有益菌的发酵程度，常常用到一些微贮的添加剂，如促进发酵的有益微生物菌种或者是可以充当基质的营养性添加剂。

2. 复合菌种添加剂

在生产中常用的青贮饲料添加剂一般都是由几种菌复合而成，如常用的布氏乳杆菌、枯草芽孢杆菌、地衣芽孢杆菌、酵母菌等。对不同地区的牧草、玉米等植物进行取样并进行菌种筛选分离，可培育出青贮饲料专用的复合菌种添加剂。

复合菌种添加剂兼具同型发酵与异型发酵。植物乳杆菌同型发酵产生大量乳酸，而且还可在相对低的pH值下持续产生乳酸，从而保持青贮饲料pH值的相对稳定性以及饲料的适口性和易消化性。添加布氏乳杆菌，通过异型发酵产生大量乙酸，可抑制酵母菌、霉菌、梭状芽孢杆菌的活动，有效提高青贮饲料的有氧稳定性，高效抑制青贮开窖二次发酵，减少有氧腐败损耗，使青贮饲料储存时间大大延长，最大程度保留干物质和营养成分。

（1）青贮饲料复合菌种添加剂的成分　复合菌种添加剂主要由植物乳杆菌、布氏乳杆菌、枯草芽孢杆菌、地衣芽孢杆菌、戊糖片球菌、嗜酸乳杆菌、纤维素酶、载体葡萄糖等组成。

（2）复合菌种添加剂的功能

① 确保pH值快速降低，延长青贮保质期，减少能量损失。

② 产生有针对性抑制酵母菌的物质。

③ 显著提高有氧稳定性，高效抑制二次发酵。

④ 提高青贮饲料的适口性和消化率，增加采食量。

⑤ 软化、疏松植物纤维，改善饲草适口性，提高动物生产性能。

⑥ 提高青贮发酵质量。

⑦ 加快青贮进程，提高青贮质量。

⑧ 是比酸类产品更经济的青贮选择。

⑨ 抑制霉菌和其他有害菌的繁殖。

⑩ 减少能量损失和因错误发酵产生的不良代谢产物。

⑪ 分解植物细胞壁成分，加快降解中性洗涤纤维和酸性洗涤纤维，提高饲料消化率。

3. 秸秆微贮操作步骤（见图 4.24）

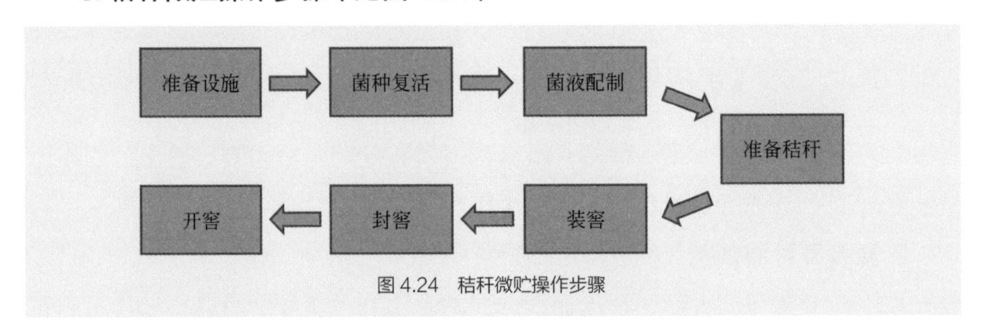

图 4.24 秸秆微贮操作步骤

（1）准备微贮设施 制作微贮秸秆大多利用微贮窖进行。微贮窖可以是地下式或半地下式的，应选在土质坚硬、排水良好、地下水位低、距畜舍近、取用方便的地点。微贮窖最好用砖和水泥砌成口大底小的梯形窖，斜度一般以 6° ～ 8° 为宜。

（2）菌种复活 秸秆发酵活干菌每袋 3g，在处理秸秆前，先将菌剂倒入 200mL 水中充分溶解。再在常温下放置 1 ～ 2h，使菌种复活。

（3）菌液配制 将菌种液倒入充分溶解的 0.8% ～ 1.0% 食盐水中并拌匀。水、盐、菌的比例为：（1200 ～ 1400）L ∶（9 ～ 12）kg ∶ 3.0g。

（4）准备秸秆 选取新鲜无霉变的秸秆，微贮前必须切短，一般情况下，玉米秸秆保持 3cm 左右，麦秸和水稻秸秆保持在 5cm 左右，最利于微贮成功。微贮饲料的含水量在 60% ～ 65% 最为理想，抓一把原料用力握紧 1min 左右，当手松开后草球慢慢膨胀，手上无湿印即可。

（5）装窖 将切短的秸秆装入微贮窖中，每装 20 ～ 30cm 厚，喷洒一遍菌液，要求喷洒均匀，使菌液与秸秆充分接触。用脚踩实或用机械压实。然后继续装入秸秆，装 20 ～ 30cm 厚后，再进行喷洒和踩压，如此反复装料，直至装到高出窖面 30 ～ 35cm 为止。

（6）封窖 当秸秆高出窖口 30 ～ 35cm 时，一般可在最上层按 $250g/m^2$

均匀地撒上一层盐，确保微贮秸秆上部不发生霉变。然后用较厚的塑料薄膜盖好，塑料薄膜应比窖口稍大，以便保持窖内密封。盖好后排除窖内的空气，然后封严，再在塑料薄膜上加盖 20 ～ 30cm 厚的干草，作为保温用，最后覆土 10 ～ 15cm 密封、压实，使其与空气隔绝，保持微贮窖处于厌氧状态。

（7）开窖　微贮饲料封存 30 天左右即可完成发酵过程，此时便可开封取出饲喂。开窖（袋）时应从窖的一端开始或从袋口开始，先去掉上面覆盖的土层、草层，然后揭开薄膜，从上到下垂直逐段取用。每次取用完毕，要用塑料薄膜将口封严，尽量避免与空气接触，以防二次发酵和变质。

4. 质量鉴别

具体青贮饲料感官鉴别项目及等级见表 4.2。

一看：主要看秸秆的颜色和结构。发酵好的秸秆一般呈黄褐色，鲜亮而有光泽；结构完整，无霉烂、结块现象。

二嗅：主要是闻秸秆的气味。好的秸秆微贮料具有浓郁的水果香味和醇香味，并有一定的酸味。微贮失败的秸秆往往会发出刺鼻的酸臭或者腐败味。

三摸：主要是用手去感觉秸秆饲料的质地。好的秸秆微贮料手感柔软松散，质地湿润。若发黏，则说明质量不佳；若干燥粗硬，则说明还没有发酵完全。

表 4.2　青贮饲料感官鉴别

等级	色泽	气味	状态	水分	pH 值
优质	青绿色或黄绿色	酸香味	松软不粘手	紧压、湿润但不形成水滴	3.4 ～ 3.8
良好	黄褐色	酒酸味	松软无黏性	紧压、可形成水滴	3.9 ～ 4.1
一般	褐色	刺鼻酸味	略带黏性	紧压、有水分流出	4.2 ～ 4.7
低劣	黑褐色	腐败霉烂味	发黏结块	干燥或抓握见水	4.8 以上

5. 使用微贮饲料注意事项

① 取料时应从角开始从上到下逐段取用，取后封实口。

② 取出的饲草要当天喂完。

③ 开封后要一直喂，最好开封后 20 天喂完。

6. 秸秆微贮饲料的饲喂方法

秸秆微贮饲料可以作为家畜日粮中的主要粗饲料，饲喂时应与其他草料搭配，并与精料同喂。秸秆微贮后具有特殊的气味，所以开始饲喂时，动物会对微贮饲料有一个适应过程，应循序渐进，逐步增加微贮饲料的饲喂量；也可采取先将少量的微贮饲料混合在原料中，以后逐步增加微贮饲料量的办法，经 1 周左右的训练，即可达到标准饲喂量。

7. 秸秆微贮饲料饲喂用量

每天每头（只）的饲喂量为：奶牛、育成牛、肉牛 15 ～ 20kg；羊 1 ～ 3kg；马、驴、骡 5 ～ 10kg。微贮饲料由于在制作时加入了食盐，这部分食盐应在饲喂牲畜的日粮中扣除。

8. 微贮秸秆的饲喂效果

微贮秸秆具有酸香气味，松软可口，能够增进家畜的食欲。试验表明，牛、羊等动物采食微贮秸秆的速度与未处理秸秆相比，可提高 30% ～ 43%，采食量可增加 30% ～ 40%。用微贮秸秆饲喂生长肉牛，每天添加 2.5kg 精料的情况下，其平均日增重可超过 1.5g；用于饲喂奶牛，每日可多产奶 1.5 ～ 3kg。饲粮中添加微贮秸秆组，育肥牛采食量增加 350g/（d · 头），平均日增重增加 118g/ 头。

小麦秸秆微贮后，粗蛋白含量增高、不易消化的纤维素和半纤维素分解转化为能被牛利用的消化物，提高了小麦秸秆的消化率；适口性得到改善，进而能够提高牛的采食量，获得较好的育肥效果。利用微贮麦秸饲喂育肥牛，与直接饲喂麦秸相比较，日增重提高 25%，采食量提高 25%。

七、牧草的黄贮加工利用技术

黄贮，是相对于青贮而言的一种秸秆饲料发酵办法。和青贮使用新鲜秸秆、自然发酵不同，黄贮是利用干秸秆作原料，通过添加适量水和生物菌剂发酵以后利用的一种技术。黄贮加入的高效复合菌剂，在适宜的厌氧环境下，将大量的纤维素、半纤维素，甚至一些木质素分解，再经有机酸发酵转化为乳酸、乙酸和丙酸，并抑制丁酸菌和霉菌等有害菌的繁殖，最后达到与青贮同样的贮存效果。

1. 秸秆黄贮操作步骤

见图 4.25。

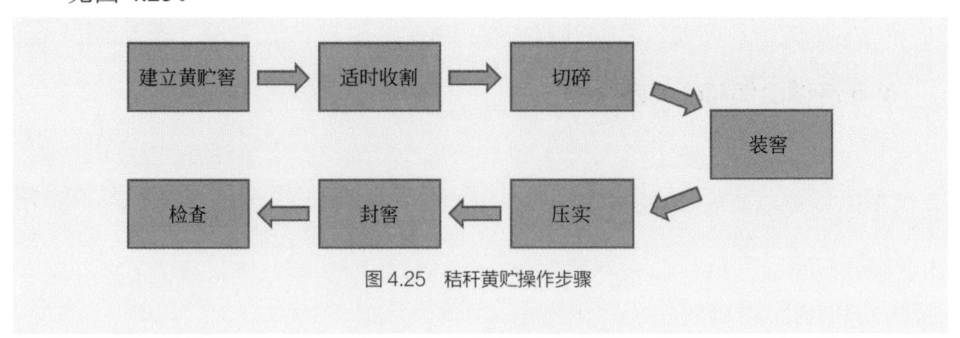

图 4.25 秸秆黄贮操作步骤

（1）建立黄贮窖　应选择地势高燥、地下水位低、土质坚实、排水方便、便于取料的地方。

（2）适时收割　黄贮玉米秸应在秋分后立即收割，这时玉米籽粒成熟，玉米秸的下部 5 ～ 6 个叶子已枯黄。收完籽粒的玉米秸作黄贮原料，但含水量要保持在 70% 左右。为保持所含水分不损失，可以随割随运随贮。

（3）切碎　首先要选择无泥沙、无霉烂、无变质的玉米秸，然后将玉米秸用铡草机切成 1.5 ～ 2cm 长的小段，切得越细越好，这样可以排出一部分汁液，湿润表面，有利于乳酸菌发酵，在装窖时也容易踩实，开窖后取喂时也方便。

（4）装窖　在装窖前要把窖底和窖壁都铺上一层塑料薄膜，然后将切碎的原料迅速装窖，尽量避免秸秆暴晒，防止泥土混入窖内。同时检查原料的含水量，因为黄贮秸秆已处于半干燥状态，在装窖过程中除底层 20 ～ 30cm 厚的一层外，其余部分要层层均匀喷水，补充水分，喷洒水温在 10℃左右为最佳，无条件的可用清洁自来水，水量多少以手将草团紧握，指间有水但不滴为宜。玉米秸秆装填的时间一般在 3 天左右，最好不超过 7 天。为了提高玉米秸秆黄贮的质量，如贮料过干、含糖量较低，可逐层添加 0.5% ～ 1% 的玉米面，为乳酸菌发酵提供充足的糖源；或添加乳酸发酵剂，1t 贮料中添加乳酸菌培养物 450g 或纯乳酸菌剂 0.5g，可促进乳酸菌的大量繁殖；按 0.5% 的比例添加尿素，可提高黄贮玉米秸秆的蛋白质含量。甲醛有抑制贮料发霉变质和改善饲料风味等作用，添加量为每吨料 3.6kg。

（5）压实　贮料在窖或壕内要装匀和压实，压得越实越好。特别要注意靠近窖壁和拐角的地方，不能留有空隙。小型贮窖可用人力踩踏压实，大型贮窖宜用履带式拖拉机压实，注意不要让拖拉机将泥土、油污、金属等污染物带进贮料中。在用拖拉机进行压实时，仍需人工踩实拖拉机压不到的边角等处。贮料是否压实，主要取决于贮料的长短、含水量和压实的方法。将原料压实的目的在于最大限度地排出空气，使之处于缺氧状态，为乳酸菌的繁殖提供有利的条件，并把原料中的汁液挤压出来，为乳酸菌的繁殖提供养分。此外，压实贮料还可有效利用贮窖或贮壕，提高贮存量。

（6）封窖　封窖通常可采用以下两种方法。

方法一：在最上一层压实完毕，高出窖面 40cm 左右时即可用薄膜封口，要求密封，不透水、不透气；然后在薄膜上铺上 20 ～ 30cm 厚的稻秸、麦秸等干草，在草上覆 15 ～ 20cm 的土，在四周挖排水沟，以利排水。

方法二：在最上一层压实完毕后，高出窖面 40cm 左右时，在上面覆盖 10 ～ 20cm 的甜菜渣、废糖蜜或酒糟等含水量和含糖量较高的工农业副产品，再用薄膜封口，要求密封，不透水、不透气；然后在窖池的封口边缘用土压住，中间可用土块、砖块或石头等点缀压住，以防风吹开薄膜；另外还应在四周挖好排水沟。

方法一取料较麻烦，方法二取料方便。

（7）检查　一般 2 ～ 3 天左右黄贮饲料会有下沉，应加盖土使之呈拱形；同时要及时堵塞鼠洞并防止其他破坏，以免透气或进水造成饲料腐败。

2. 质量鉴别

黄贮料的质量优劣鉴别，主要以感官鉴别为主，优质黄贮秸秆色泽基本呈黄褐色；气味柔和；手感松软、湿润且有芳香的乙醇味，酸味浓，不刺激鼻腔。

3. 在操作过程中应注意的问题

（1）缩短铡装时间，减少氧化产热　黄贮时应做到随装、随填、随压。当天做不完晚上要盖薄膜，减少空气进入；如黄贮贮料跟不上，中间出现断一天或两天的情况，应在此期间往黄贮料中多次添加少量水，在加入水后用机械压，可保证饲料不会腐败；如断 3 天以上，则应封窖，在黄贮贮料准备完毕后可再在封窖的饲料上铺薄膜按程序制作。

（2）黄贮贮料要干净，霉变玉米秸秆不能制作黄贮饲料　忌泥土、铁丝、钢丝等，特别是泥土块，有泥土块的黄贮饲料周围会有腐烂团产生，影响饲料品质。

（3）加水要遵循“先少加后多加、边装填边压实边加水”的原则　应随时注意水的添加量，以贮料手握成团有水渗出，但指缝内不滴水，松开手后慢慢散开为宜。

（4）踩踏一定要结实　一是要切短秸秆，二是要重踩重压，最好采用机械重压。

（5）窖池顶应呈拱形，上面不能堆放柴草，以防老鼠停留打洞　发现自然下沉或裂纹，应及时添加封土，以防进水、进气、进鼠，影响黄贮饲料质量。

（6）加菌和食盐　窖池边角需多洒乳酸菌培养物或纯乳酸菌剂。玉米秸秆黄贮过程中若在原料中添加了食盐，饲喂奶牛时应注意从日粮中扣除相应部分食盐的含量。

（7）开窖一般在 25 ～ 40 天　一般夏季需要时间短，冬季需要时间长。

4. 提高秸秆黄贮质量的注意事项

（1）水分适当　水是微生物生长繁殖和玉米秸秆软化所必需的物质，实践证明，水分小，升温快，酒味浓；水分大，升温慢，酸味大，甚至变坏。秸秆含水量在 60% ～ 70% 为宜，即以干秸秆不滴水为度。

（2）温度适宜　窖贮温度应控制在 20 ～ 30℃，因为微生物的活动、酶的作用、原料的软化和分解，都需要适宜的温度。温度过低或过高都影响微生物的生长、繁殖和贮存发酵的进行。

（3）干秸秆的黄贮　对于干秸秆贮制前要切得比一般青贮料细一些，尤其秸节部更应碾碎，以利压实及水的渗透。另外，干秸秆中含糖较少，往往会影响乳酸菌的正常繁殖，降低黄贮质量，因而贮制时应适当添加含糖量较高的玉米面、麦麸等，以提高黄贮饲料的营养价值。

5. 使用时注意事项

① 经过贮存发酵 60 天左右的玉米秸秆即可开窖喂饲。首先要检查饲料品质的好坏，对霉烂变质的坚决不能用，以防中毒。一般要从颜色、气味、品质三个方面进行鉴定，开窖取料的方法是“大揭盖儿”，防止泥土落入；取料后把窖口盖好，防止透气漏水。

② 取料应从料口的北方一角开始，从上至下逐段取用，每次取出量以当天喂完为宜，在北方冬季也可一次取出 2 ～ 3 天的饲料。

③ 每次取料完毕，应将料口封严，以免二次发酵造成饲料腐败。

④ 每次饲喂时，料槽应清洁，对冬季冻结的饲料应化开后饲喂，对加入食盐的饲料，这部分食盐应在家畜的日粮中扣除。

⑤ 对最上一层加入了尿素的黄贮饲料，在饲喂家畜时不能同黄豆、黄豆粕、苜蓿等豆科类混喂。

⑥ 饲喂黄贮饲料时应掌握循序渐进的原则，由少至多，直至标准。

6. 黄贮饲料的营养价值与应用

玉米秸秆黄贮饲料具有适口性好、营养价值高、原材料来源广、经济实惠且保存期长等多种优点。玉米秸秆经发酵处理后，其中粗蛋白含量提高了 27%，粗脂肪含量提高了 71% 以上，粗纤维下降了 22%，无氮浸出物下降了 16%，干物质下降了 55%。将其饲喂给沙福克和小尾寒羊杂交 F1 代肉羊，发现日增重超过了 40%，取得了显著效果。因此，以玉米秸秆黄贮饲喂肉羊，其营养价值高，促进了肉羊的快速出栏，并保证了全年多汁饲料的供应，是利用玉米秸秆养羊的好途径。

用黄贮后的玉米秸秆，其饲喂奶牛、肉牛，采食量可增加 30% 左右，采食速度可提高 40%，消化率提高 40%。用黄贮秸秆饲喂肉牛，比用干秸秆直接饲喂肉牛，其日增重可增加300g，利用率可达到95%。

第四节 氨化、碱化技术

秸秆经氨化、碱化能提高有机物和粗纤维的消化率，增加饲料中氮的含量，可使秸秆中粗蛋白的含量提高4%～6%，并可以使秸秆软化，具有醇香和微酸味，提高饲料的适口性，增加牛羊的采食量20%左右，且能杀死秸秆上的寄生虫卵和病菌，降低动物的发病率，为牛羊等反刍动物提供全年理想的粗饲料。

一、饲草氨化技术

1. 秸秆氨化原理

氨化处理过程中，氨源游离、分解而产生的氨遇到秸秆时会与其中的有机物发生氨解反应，在破坏木质素与纤维素、半纤维素链间酯键的同时，形成铵盐。铵盐可成为反刍动物瘤胃内微生物的氮源。作物秸秆的主要成分是粗纤维，而粗纤维中所含的纤维素和半纤维素是可以被草食家畜（反刍动物）消化利用的，木质素则基本上不能利用。秸秆中的纤维素和木质素通常情况下结合得非常紧密，阻止了其被动物的消化吸收。氨化的目的就在于切断这种联系，使得纤维素和木质素分开，使其能被动物消化利用。经氨化处理的秸秆，含氮量增加1～2倍，粗纤维消化率可提高6.4%～11.7%，有机物的消化率提高4.7%～8.0%，蛋白质消化率提高10.6%～12.0%，改善了秸秆的营养价值，使其接近中等品质的干草。另外，氨化处理还可以改善秸秆的适口性，提高动物的采食量，使得秸秆的总营养价值提高近1倍左右。此外，含水量高的作物秸秆经氨化处理以后可以防止霉变，并且能杀死寄生虫卵及病菌等有害物。

秸秆氨化饲料只能饲喂牛羊等反刍动物，是因为反刍动物有瘤胃、网胃、瓣胃、皱胃四个胃，而瘤胃中存在着大量的微生物（主要为纤毛虫和细菌），这些微生物能利用氨化饲料中的氮源和瘤胃中的营养物质来进行繁殖。当它们随着其他饲料一起经过网胃、瓣胃和皱胃时，这些微生物就会被胃分泌的酸性胃液杀死，成为菌体蛋白质，它具有很高的生物学价值。随着食糜的运转，到达小肠后，小肠内的蛋白酶把微生物合成的细菌蛋白分解成氨基酸而消化吸收，用来构成毛、乳、肉等的蛋白质。

2. 秸秆氨化操作步骤

见图 4.26。

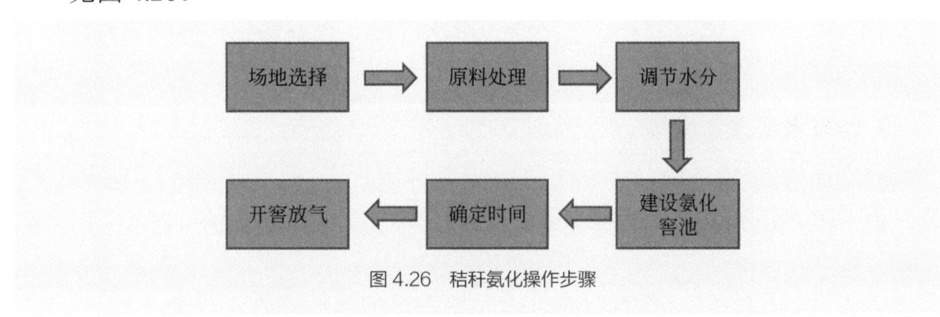

图 4.26 秸秆氨化操作步骤

（1）氨化场地选择　选择地势较高、平坦，交通方便，避风向阳，排水良好，便于管理和运输的地方作为氨化场地。

（2）原料处理　用当年收获的稻草、玉米秸和小麦秸作为氨化原料，弃去不洁或霉变的秸秆。利用秸秆粉碎机对秸秆进行粉碎，便于后期的氨化处理。把秸秆粉碎机放到池子的旁边，将收获的秸秆粉碎后直接吹落到池子的底部，一层一层压实，之后再撒上适量的尿素，以便改善牛羊的适口性。秸秆粉碎不可太大，也不可太粗，以便于牛羊采食为宜。

（3）调节水分　将秸秆含水量调整到 26% ～ 37%。如果含水量过低（低于 10%），水会吸附在秸秆中，这样造成氨化效果差。如果含水量过高，不仅会造成开窖后取饲时需延长晾晒时间，而且由于氨浓度降低易引起秸秆发霉变质。

（4）建设氨化窖池　要根据养殖场饲养牛羊数量的多少来确定自身养殖场应该挖多大的氨化窖池，氨化窖池可以是长方形的样式，也可以是正方形的样式。氨化窖池的四周要用砖砌的水泥墙面和地面，一边的入口和出口处要有一定的坡度来进行饲料运输，便于取料和贮存秸秆饲料。窖内作物秸秆铺匀、压实，高出窖池 25cm，呈拱形，用塑料薄膜覆盖，周边覆土压实密封。一般将液氨、氨水、尿素溶液、碳酸氢铵溶液等氨源定量喷洒在植物秸秆上，分数次喷洒拌匀，装窖的同时需要进行踩实，装满后用薄膜覆盖密封，再用细土压好。

（5）氨化时间　根据环境温度而定，当温度低于 5℃，氨化时间为 4 ～ 8 周；当温度在 5 ～ 15℃，氨化时间为 2 ～ 4 周；当温度在 15 ～ 30℃，氨化时间为 1 ～ 2 周；而温度高于 30℃，1 周以下即可。

（6）开窖放气　氨化后的秸秆开窖后有强烈的氨味，不能直接饲喂，等到余氨释放后气味略带有糊香类似酸面包味才可使用。倘若秸秆的颜色变为白色、灰色或有黏性和结成块状等，则说明秸秆已经变质，不再适合饲喂牲畜。氨化好的秸秆可选择在晴朗天气开窖，开窖后把饲料平摊开，经过日晒风吹一两天后氨味散尽。在晾晒时注意不要让雨水淋湿，也不要让潮湿的饲料堆积在一起，以免引起霉变。

3. 秸秆氨化注意事项

① 氨水和液氨有腐蚀性，操作时应做好防护，以免伤及眼睛和皮肤。另外，由于液氨遇火易引起爆炸，因此要经常检查贮氨容器的密封性，在运输、贮藏过程中，要严防泄漏、烈日暴晒和碰撞，并远离火源。氨化秸秆时，最好当天完成充氨和密封，否则将造成氨气挥发或因氨源不足引起氨化秸秆霉变。要经常检查氨化情况是否正常并及时处理，例如在发现有破漏现象时，应立即采取封闭等补救措施。

② 利用尿素或碳酸氢铵氨化时，操作时间应尽可能缩短，最好在当天完成，并注意覆盖好，以防氨气挥发。

③ 封口时尽可能避免损坏塑料薄膜，以保持良好的密封性。

④ 氨化时间长短取决于外界气温高低。气温高则时间短，气温低则时间长。

4. 使用氨化秸秆注意事项

① 开窖取用氨化饲料时，一定要检查氨化饲料质量。一般来说，经氨化的秸秆颜色应为杏黄色，氨化的玉米秸为褐色，质地柔软蓬松，用手紧握无明显的扎手感。氨化的秸秆有糊香味和刺鼻的氨味。若发现氨化秸秆大部分发霉，则不能饲喂家畜。

② 氨化饲料取出后应立即将窖口封好，以防因漏水、透气造成发霉变质等。

③ 氨化秸秆只适于饲喂反刍动物，如牛、羊等，而不宜饲喂马、骡、驴、猪等单胃家畜，未断奶的犊牛、羔羊应慎用。开始饲喂时量不宜过多，可与未氨化的秸秆一起混合使用，以后逐渐增加氨化秸秆用量，直到完全适应时再大量使用。

④ 给动物饲喂氨化饲料后不能立即饮水，否则氨化饲料会在反刍动物瘤胃内产生氨，导致中毒。

5. 饲喂方法

牛羊刚饲喂氨化饲料（见图 4.27）时，应有一个逐渐适应的过程，可采用驯饲的方法，开始时少给勤添，逐渐增加；或者在饲料上喷洒适量盐水进行诱饲，一般1周后即可适应；也可以在开始时让牛羊停食半天或1天，因其饥饿会自然食用。在饲喂过程中，最好是每天都投放氨化饲料，不要断断续续，以免影响饲喂效果。氨化饲料可用来代替干草补充能量的不足。在饲喂时比例不能过高，每只羊1天饲喂量在0.5kg左右，牛在3kg左右。饲喂时可合理搭配青饲料，适当补充精饲料，如玉米、豆饼、糖渣等，必要时添加维生素和矿物质，以保证各种营养物质的均衡供应，满足牛羊的生产和生长需要，提高牛羊等动物的饲养效益。

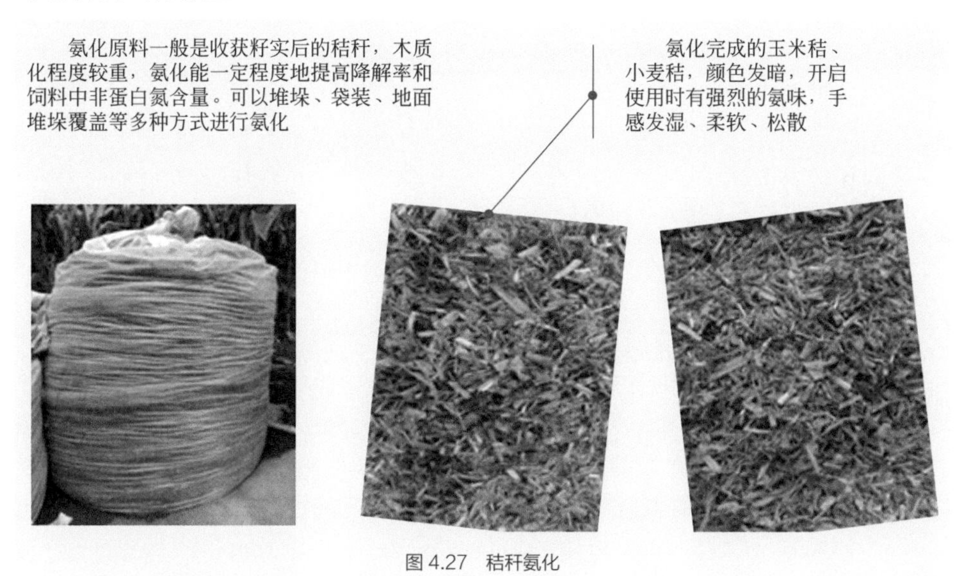

图4.27 秸秆氨化

二、饲草碱化技术

1. 秸秆碱化原理

秸秆饲料碱化处理原理是借助于碱性物质，使秸秆饲料纤维内部的氢键结合变弱，酯键或醚键被破坏，纤维素分子膨胀，溶解半纤维素和一部分木质素，以使反刍动物瘤胃液易于渗入，瘤胃微生物发挥作用，处理后可提高20%干物质消化率，有效能值提高幅度明显。一般采用NaOH、KOH、$Ca(OH)_2$溶液喷浸。NaOH比较常用，效果较好。而KOH价格较贵，$Ca(OH)_2$效果虽然低于NaOH，但却可以同时提供Ca。研究表明，含有纤维素、半纤维素、木质素及其复合物的作物秸秆，经氨水、尿素、NaOH等碱性物质处理后，能够部分破坏这些成分之间连接的化学键，增加动物的消化利用率。

2. 秸秆碱化操作步骤

见图 4.28。

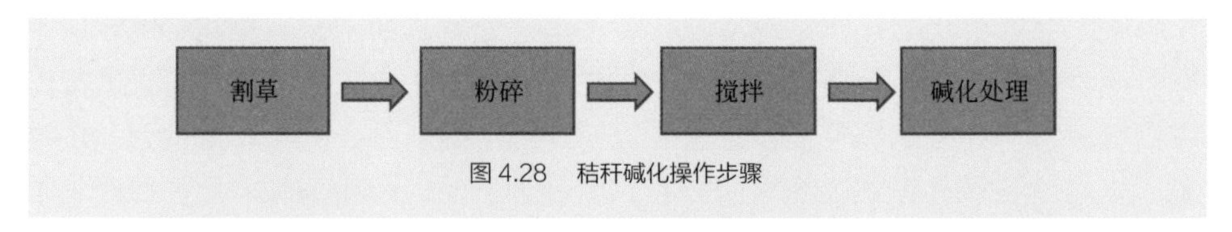

图 4.28　秸秆碱化操作步骤

（1）割草　割草前，应对秸秆的质量进行严格的控制，挑除霉烂及腐败变质的秸秆，控制秸秆的水分含量在 12% 以下。

（2）粉碎　根据饲喂对象不同，以把秸秆粉碎成 2 ～ 5mm 为宜。

（3）搅拌　为了使粉碎后的秸秆在仓中混合均匀，各部位的营养成分基本一致，有必要先行搅拌混合，同时，由于草粉饲料容重较轻，搅拌还有促进物料流动、防止物料结拱的作用。

（4）碱化处理　碱化处理分为 NaOH 处理、$Ca(OH)_2$ 处理（石灰处理）、H_2O_2 处理、Na_2CO_3 处理。

① NaOH 处理　分为湿法处理和干法处理两种处理形式。

a. 湿法处理　方法是配制 1.5% NaOH 溶液，按照秸秆与 1.5% NaOH 溶液以 1∶（8 ～ 10）的比例，在室温下浸泡秸秆 1 ～ 3 天。将秸秆捞出，用清水漂洗除去余碱，经处理后的秸秆饲喂家畜，可使秸秆的消化率提高 24%，并使其能值达到优质干草的水平。

b. 干法处理　方法是使用 NaOH 溶液喷洒，每 100kg 秸秆用 1.5% 的 NaOH 溶液 30kg，边喷洒边搅拌，然后入窖保存，也可压制成颗粒饲料，不用冲洗，直接饲喂家畜。此法处理后秸秆消化率一般可提高 12% ～ 15%。

② $Ca(OH)_2$ 处理（石灰处理）　分为石灰乳碱化法和生石灰碱化法两种。

a. 石灰乳碱化法　方法是先将 45kg 生石灰溶于 1000kg 水中，调制成石灰乳［即 $Ca(OH)_2$ 微粒在水中形成的悬浮液］，再将秸秆浸入石灰乳中 3 ～ 5min。随之把秸秆捞出放在水泥地板上晾干，经 24h 后即可饲喂家畜。捞出的秸秆不必用水冲洗。石灰乳可以继续使用 1 ～ 2 次，为了增加秸秆的适口性，可在石灰乳中加入 0.5% 的食盐。在生产中，为了简化操作程序和设备，可采用喷淋法，即在铺有席子的水泥地板上铺上切碎的秸秆，再用石灰乳喷洒数次，然后堆放，经软化 1 ～ 2 天后即可饲喂家畜。一般来说，石灰乳碱化处理法是比较经济的。

b. 生石灰碱化法　方法是按每 100kg 秸秆加入 3 ～ 6kg 生石灰，搅拌均匀，加水适量使秸秆浸透，保持潮湿状态 3 ～ 4 昼夜使秸秆软化，最后分批取出晾干即可饲喂家畜。生石灰碱化处理法可使秸秆的消化率达到中等干草的水平。石灰处理秸秆所获饲料，效果虽然不及 NaOH 处理的好，且秸秆易发霉，但因石灰来源广、成本低、对土壤无害，且石灰中的钙对家畜也有益，故可广泛使用，但使用时要注意钙磷平衡，补充磷酸盐。如果再加入 1% 的氨，能抑制霉菌生长，可以防止秸秆发霉。

③ H_2O_2 处理　碱性 H_2O_2 处理：方法是 H_2O_2 的用量占秸秆干物质的 3%，将 H_2O_2 溶液均匀喷洒在切细的秸秆上，再加水使秸秆的含水量达到 40% 左右，在 15 ～ 25℃条件下密闭保存 4 周左右。最后开封将秸秆放在水泥地板上晾干即可饲喂家畜。试验证明，H_2O_2 与尿素配合使用处理秸秆效果更好。例如：用 6% 尿素 +3% H_2O_2 处理玉米秸秆，与未处理者相比，其粗蛋白含量提高 17.7%，纤维素下降 9%，干物质消化率却提高 4%。当用占日粮比例分别为 36% 和 72% 的经上法处理的秸秆饲喂羔羊时，其日增重分别达 339g 和 341g。

④ Na_2CO_3 处理　按 1kg 秸秆干物质用 Na_2CO_3 80g（即 8%），将 Na_2CO_3 溶液均匀喷洒在切细的秸秆上，再加水使秸秆的含水量达到 40% 左右，在 15 ～ 25℃条件下密闭保存 4 周左右。最后开封将秸秆放在水泥地板上晾干即可饲喂家畜。试验证明，Na_2CO_3 处理秸秆，秸秆有机物质消化率达 68.9%，动物自由采食时，秸秆食入量达 15.9g/kg 体重。用 4%Na_2CO_3 溶液处理玉米、稻草和小麦秸时，其干物质消化率分别达 78.7%、64.7% 和 44.2%，有机物质消化率分别达 80.3%、74.4% 和 47.5%。

⑤ 碱 - 氨处理　秸秆碱 - 氨处理是一种复合化学处理法，它是在碱化处理的基础上再进行氨化处理，以提高秸秆的营养价值。例如：用不同比例的 $Ca(OH)_2$ 和尿素相结合处理稻草，或用 4% 氨和 4% $Ca(OH)_2$ 处理稻草和麦秸，均取得了显著效果。碱 - 氨复合处理的秸秆，干物质降解率提高了 1 倍，NDF 可下降 6.1% ～ 6.6%。据报道，如果 1kg 稻草秸秆干物质用 40g 尿素再加上 50g $Ca(OH)_2$ 去处理，其消化率从 48.3% 提高到 71.2%，粗蛋白含量可从 4.31% 提高到 10.39%。用碱 - 氨复合处理麦秸，其体外有机物质消化率可从 38.75% 提高到 55.62%，提高了 16.87%。

3. 使用碱化饲料注意事项

① 碱化麦秸和稻秸主要用于饲喂役牛。如喂其他家畜时宜少量搭配，观察试用。

② 允许有个习惯过程。初用，有的牛可能不习惯，不要单一使用，应和其他饲料搭配，由少到多，逐渐增量，使其慢慢习惯。

③ 为弥补其含蛋白质和维生素的不足，以搭配苜蓿干草、饼渣类、青贮

饲料、青干草等富含蛋白质及维生素的饲料混合饲喂为宜。

④ 为增进食欲，可添加少量食盐，每头牛每天给 15 ～ 20g，依次均匀撒于草上调味。

4. 碱化饲料营养价值与应用

复合碱化饲粮的干物质、有机物、粗蛋白、NDF、ADF 的表观消化率较未碱化饲粮提高 12.50%、8.42%、4.98%、19.18%、18.32%。CaO（16%）碱化处理的大麦秸饲粮可显著提高有机物、NDF、ADF 的表观消化率，各提高 11.7%、29.4%、20.3%。复合碱化麦秸喂羊，与饲喂正常饲粮的羊比较，采食量提高 22.36%，日增重提高 58.04%，料重比降低了 22.55%。

用 3% NaOH 溶液碱化麦秸喂牛，有机物质消化率由原来的 42.4% 提高到 62.8%，粗纤维消化率由 53.6% 提高到 76.4%，无氮浸出物消化率由 36.3% 提高到 55%。碱化稻草的各种营养成分的消化率也有不同程度的提高，此外，还增加了钙含量。

在饲粮中添加 55% 的碱化麦秸喂肉牛，与饲喂加入未经碱化麦秸饲料的肉牛比较，平均日增重提高 17.24%，采食量增加。用尿素与碱液（ NaOH 或石灰）复合处理秸秆饲喂肉牛，平均日增重提高 23.5%。

第五章

牧草在畜禽日粮配合中的应用技术

本章主要介绍全价日粮配制中牧草的使用方法和技术，以实际的配方实例来描述牧草在不同种类动物中的实际使用方法，包括日粮配合、添加剂的使用，比如应注意补充的添加剂食盐、碳酸氢钠以及防二次发酵的添加剂等；各类动物不同生长时期，各类饲料的应用注意事项，如牧草在妊娠后期的动物中要限制用量等。

第一节 单胃动物使用牧草的日粮配合技术

单胃动物不同于反刍动物，因为没有瘤胃不能大量利用粗饲料进行能量供应，但是合理利用牧草不仅能够起到调节肠道特殊的、功能性的效果，同时也可在满足生产性能要求的情况下降低生产成本，提高效益。以下重点介绍猪、鸡应用牧草时配方调配的注意事项，列出各种动物不同时期的实用示例配方。

一、牧草原料的选择

1. 青绿饲料

青绿饲料是指天然水分含量在 60% 以上的青绿植物性饲料。青绿饲料营养价值较为全面，各种养分比例适中，但其水分含量高、容积大、能量低，猪消化能为 1.25 ～ 2.5MJ/kg；粗纤维含量变化大，一般在 10% ～ 30%。猪、鸡任意采食青绿饲料不能满足高生产性能的需要。按干物质计算，青绿饲料蛋白质含量可超过禾本科籽实，豆科类可高达 20% 以上，近似豌豆、蚕豆，可以满足动物的蛋白质需要，且青绿饲料的粗蛋白所含的必需氨基酸也较多。青绿饲料维生素含量丰富、种类多，这是青绿饲料最突出的特点，也是其他饲料所不可比拟的，例如胡萝卜素含量为 50 ～ 80mg/kg，远超过猪、鸡标准需要，

苜蓿中维生素 B_2 平均含量为 4mg/kg。矿物质、微量元素含量基本能满足动物营养需要，尤其钙含量丰富。青绿饲料种类繁多，资源丰富，包括牧草、蔬菜、作物茎叶、水生植物、树叶等。

（1）牧草　牧草（见图 5.1）主要按种植方式分为两大类，即天然牧草和人工牧草；按种类主要分为豆科牧草和禾本科牧草。猪、鸡主要利用其中的豆科牧草。天然牧草粗纤维含量高，一般在 25% ～ 30%；无氮浸出物 40% ～ 50%；粗蛋白含量一般都在 20% 以下，少数可达 20%；较嫩的牧草赖氨酸、精氨酸含量高，可达 1% 左右（以干物质折算）；维生素含量比较丰富；钙磷比较平衡，是猪、鸡良好的钙磷来源。天然牧草中，豆科牧草营养价值最高，但较嫩的牧草含硝酸盐较多。人工牧草中苜蓿、三叶草、紫云英、苕子等营养价值高，适口性好；以干物质计算，能量价值中等，猪消化能为 11.3MJ/kg；粗蛋白含量较高，一般在 20% ～ 26%；钙含量也高，约 1.2%。

天然牧草　苜蓿　三叶草　紫云英

图 5.1　各类牧草

在初花期收割的紫花苜蓿，其中干物质的含量在 24% ～ 25%，干物质中粗蛋白的含量在 17% ～ 20%，消化能 2.39MJ/kg。并且紫花苜蓿在饲料中有增色的作用，能够使饲料看着更适口，此外紫花苜蓿含有活性多糖成分，多糖成分能够增强猪鸡免疫系统、增加肠道微生物菌群的活性，使猪鸡的抗感染能力增强。所以在饲料中增加适量的苜蓿、减少一定的粗饲料，会使猪鸡的生产性能提高，获得更大的收益。

在三叶草中，红三叶、白三叶具有很好的饲用价值，再生能力强，草质柔嫩，叶的含量非常丰富，适口性好，是具有高营养价值的豆科牧草，其粗蛋白含量为15%～20%，可消化蛋白质含量比紫花苜蓿略低，但是总体消化养分的含量高于紫花苜蓿。

紫云英又称红花草，是豆科黄芪属作物。紫云英是我国南方的水田绿肥，可以增加生物有机肥源，并且紫云英也是优质牧草，可以作为青饲料使用。其中干物质粗蛋白的含量为15%～20%，并且它还含有动物生长所需要的各种氨基酸，赖氨酸的含量有1.0%～1.3%，还有其他丰富的微量元素。紫云英的适口性也非常好，猪鸡喜食，在南方饲草短缺的冬季可以有效缓解粮食不足的问题。

（2）蔬菜　蔬菜包括所有蔬菜类及其根茎叶，如白菜、青菜、瓢儿白、油菜、萝卜、菠菜、甜菜、牛皮菜、菜豆、蚕豆苗、胡萝卜、马铃薯、各种瓜类、红薯、洋芋等。蔬菜类水分含量一般在80%～90%；干物质营养价值高，猪的消化能可达12MJ/kg以上；粗蛋白含量因种类不同变化较大，约16%～30%，其中大部分不是真蛋白；粗纤维含量较高，达12%～30%，个别种类纤维含量甚低，如牛皮菜纤维含量仅为1%左右（以干物质计算）。

我国是蔬菜种植大国，果蔬类籽实含有丰富的粗蛋白和粗脂肪，还有畜禽所需要的必需氨基酸等，并且蔬菜中水分含量较多，青绿多汁，适口性比较好。常用的蔬菜有大白菜、菠菜、油菜、甘蓝、芥菜、韭菜等，在常用养殖管理中，可用蔬菜废弃物，也就是蔬菜尾菜，来用作饲料加工。

各种蔬菜中含有的功能性成分比较多，比如十字花科蔬菜，像萝卜、油菜、甘蓝，含有苷类物质，适当使用能够减少牛羊甲烷排放量。像芹菜类含有芹菜素，常用的韭菜、大蒜、葱，含有精油类物质，适当使用可以减少动物疾病发生。

各种芽菜类的副产品，则富含功能性成分，比如花生芽富含白藜芦醇，大麦芽富含膳食纤维（植物多糖），苜蓿芽富含植物多糖，绿豆芽富含维生素C，晒干后作为功能型饲料可以大量使用。

蔬菜尾菜（见图5.2）的水分含量较高，其中的营养价值因品种的不同存在或多或少的差异。蔬菜尾菜可以作为非常规饲料原料的重要组成部分，对缓解饲料资源不足有重要作用。

（3）水生饲料　水生饲料（见图5.3）主要有水浮莲、水葫芦、水花生、浮萍等。这类饲料水分含量特别高，达到85%～95%，所以导致新鲜的水生饲料营养成分含量低。优点是水生饲料粗纤维含量低，可利用纤维含量高，含有可溶性的植物多糖，晒干以后是动物的优质饲料，对于改善肠道微生态、维持肠道健康具有重要作用，可用作各类畜禽的优质饲料原料。

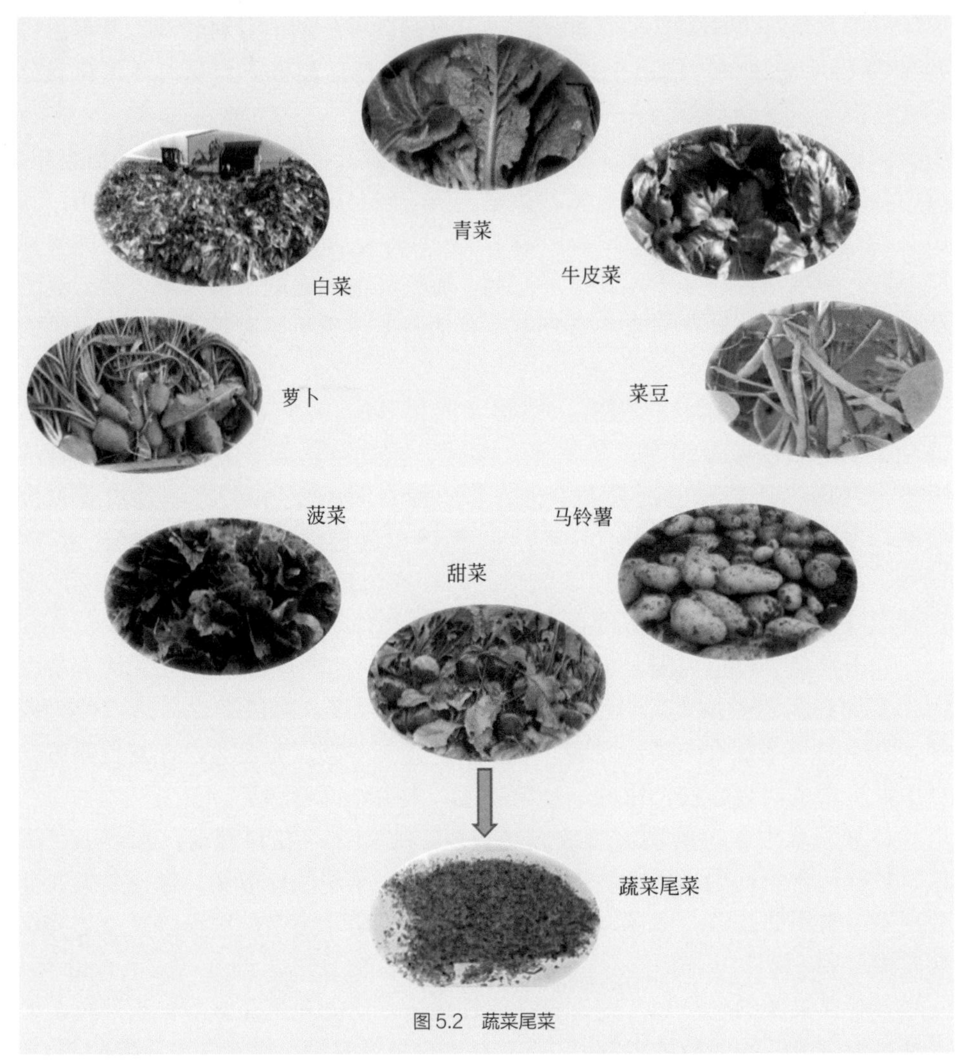

图 5.2 蔬菜尾菜

但在生产中需要注意的是，夏季水体富营养化的时候容易生长水生饲料，这个阶段水中也容易产生各种寄生虫和各种病原菌，在收集水生植物做饲料时，要注意查看植物体上附着虫卵的情况，以减少寄生虫病的发生。

所以建议水生饲料使用时先经过青贮或者晒干处理再作饲料更好，可以杀死其中的寄生虫卵，同时提高饲料的可利用养分。

（4）树叶及其他饲料 在生产中常用的树叶（见图 5.4）包括槐树叶、柳树叶、桑树叶、构树叶、枣树叶、松树叶（松针）、柏树叶、杨树叶等。

水浮莲　水葫芦

水花生　浮萍

图 5.3　水生饲料

树叶及其他饲料，一般来说能量价值中等，按干物质折算，猪每千克饲料消化能为 11.3kJ；粗蛋白含量在 16% ～ 20%；粗纤维含量较低，在 10% ～ 12%。我国目前利用较多的是松树叶，农村较常用的是槐树叶。

松树叶　槐树叶

柳树叶　桑树叶

图 5.4

构树叶 枣树叶
柏树叶 杨树叶

图 5.4 树叶

其他类的如菊花、万寿菊、薄荷、桔梗、牛蒡、大麦苗等食用或观赏性的花草类（见图 5.5），均含有各种功能性成分，如黄酮、叶黄素、精油、多糖等，对于提高动物的机体健康、改善畜产品品质、提高抗病力等具有重要的作用，可作为各类畜禽的优质功能性饲料原料。

畜禽可利用的青绿饲料种类有很多，包括高产优质的青绿饲料，如苜蓿、苕子、紫云英、草木樨、苦荬菜、饲用苋菜、根达、牛皮菜、聚合草等，多汁饲料，如胡萝卜、萝卜、西葫芦、水浮莲、绿萍等；还有各种各样的野草、野

菊花

万寿菊

薄荷　桔梗　牛蒡　大麦苗

图 5.5　花草类

菜和树叶等。这些青绿饲料的营养物质都很丰富，特别是蛋白质、氨基酸、维生素、矿物质和微量元素含量丰富。青绿饲料量多质优，对动物的生长发育、健康和生产力的提高等，都有良好的作用。

质量较高的青绿饲料适口性也较好，还具有润便的作用，但青绿饲料营养物质含量受气候、土壤、施肥、收割时间的影响变化较大。饲喂青绿饲料时要着重注意防止亚硝酸盐中毒，例如某些叶菜类饲料，如甜菜叶、萝卜缨、青菜、油菜叶等，如果存放时间太长，或长时间用小火烹煮，或者煮后在锅内放置时间太长，经细菌或化学作用，会使饲料中的硝酸盐还原为亚硝酸盐，引起畜禽中毒。此外，在饲喂青料时还应注意防止禾本科（高粱苗、苏丹草苗）含有生氰糖苷，动物采食后易产生氢氰酸，马铃薯芽含有龙葵素，能引起动物中毒，在生产中需要注意。

2. 青贮饲料

青贮饲料（见图 5.6）是将青绿饲料经切碎后，在密闭缺氧的条件下，通过厌氧乳酸菌的发酵作用，抑制各种杂菌的繁殖，而得到的一种粗饲料。青贮饲料包括含水量在 60% 以上的普通青贮料和含水量在 45% ～ 55% 的半干青贮料。青贮饲料气味酸香、柔软多汁、适口性好、营养丰富、利于长期保存，是家畜优良的饲料来源。

青贮饲料的营养价值明显优于干饲料，与青绿饲料相比，营养价值无明显差异。由于发酵损失，碳水化合物含量可能有一定量减少，真蛋白质可能部分变成不是蛋白质的物质。维生素如胡萝卜素损失很少，甘薯藤中维生素青贮后仍可保持在 80% 以上。

青贮饲料饲喂猪、鸡要有一个适应过程，要逐渐增加饲喂量，但不能全部饲喂青贮饲料，一般控制在 50% 以下，过多饲喂会影响动物体内酸碱平衡及采食量。质量差的青贮饲料用量少也会产生一些饲养上的问题，如高丁酸含量引起酮病、过量氨引起酸碱平衡失调等。高度可消化的青贮料易引起动物拉稀，产生乳腺炎、子宫内膜炎、蹄叶炎等，不宜多喂。

图 5.6　青贮饲料

3. 粗饲料

粗饲料是指干物质（DM）中粗纤维含量在 18% 以上的干粗饲料。粗饲料来源广、产量大，主要有干草、农副产品和糟渣类等。

粗饲料一般以风干物形式饲喂，营养价值比其他饲料要低，消化能含量一般不超过 10.5MJ/kg DM，有机物质的消化率在 65% 以下。不过粗饲料是反刍动物机体不可或缺的营养来源，玉米秸秆、稻草和甘薯蔓是目前反刍动物养殖业中几种常见的粗饲料，黑麦草是我国南方冬季种植最多的优良饲草品种之一，其产量高、品质好。另外，牛鞭草的种植面积也越来越广。

（1）干草　干草是由青绿饲料经天然（日晒、晾干）或人工（烘、烤）除去水分干制而成。干草与作物秸秆、干枯牧草不同，前者仍有一定程度青绿色，而后者只有明显的干枯色。

干草是指青草或栽培青绿饲料的生长植株地上部分在未结籽实前刈割下来，经一定干燥方法制成的粗饲料，是草食动物最基本、最主要的饲料之一，是畜牧食草动物的必备、储备饲料。

青干草是草食动物最基本，最主要的饲料，生产实践中，干草不仅是一种必备饲料，而且还是一种贮备形式，以调节青饲料供给的季节性淡旺，缓冲枯草季节青饲料的不足，特别是优质干草，不仅是草食家畜的好饲料，而且粉碎后可作为猪、鸡配合饲料的原料，将干草与多汁饲料配合饲喂奶牛，可增加干物质和粗纤维采食量，从而保证产奶量和乳脂率。

干草具有营养好、易消化、成本低、简便易行、便于大量贮存等特点。在草食家畜的日粮组成中，干草的作用越来越被畜牧业生产者所重视，它是秸秆、农副产品等粗饲料很难替代的草食家畜饲料。它不仅提供了牛羊等反刍动物生产所需的大部分能量，而且豆科牧草还可作为这些动物的蛋白质来源。

除了干草相对精料具有一定的价格优势外，其资源丰富，单位重量比新鲜草料、青贮料等能提供更多的干物质，而更符合草食家畜的消化生理，同时还能减轻对草食家畜消化道的容积压力和负担，提高生产效益。新鲜饲草通过调制干草，可实现长时间保存和商品化流通，保证草料的异地异季利用，调制干草可以缓解草料在一年四季中供应的不均衡性，也是制作草粉、草颗粒和草块等其他草产品的原料。制作干草的方法和所需设备因地制宜，既可利用太阳能自然晒制，也可采用大型的专用设备进行人工干燥调制，调制技术较易掌握，制作后取用方便，是常用的加工保存饲草方法。

干草的营养价值高低与植物种类、收获时间、干制方法等有关。青绿饲料应在植株含蛋白质较高、粗纤维较低以及产量较高时进行收获。与原料相比，干草的无氮浸出物、粗蛋白、胡萝卜素和钙、磷都有不同程度的降低，而粗纤维相对增加。干草粗蛋白含量在 7% ～ 17%，粗纤维含量为 20% ～ 35%，消化率可达 60% ～ 80%；有机物质消化率达 46% ～ 70%。胡萝卜素含量每千克干草 5 ～ 40mg，维生素 D 每千克含量 16 ～ 150mg。干草矿物质含量比较丰富，豆科干草钙含量足以满足动物需要。优质干草如苜蓿（见图 5.7）、三叶草、松针粉等，常用于猪、鸡配合饲料。

图 5.7 苜蓿干草

（2）糟渣类 糟渣类饲料（见图 5.8）是豆类籽实、禾谷类和甘薯等原料在酿酒、制酱、制醋、制糖及提取淀粉过程中残留的糟渣产品，包括酒糟、糖糟、粉渣、酱糟、醋糟等。糟渣类饲料的共同特点是水分含量较高，在65%～90%，干物质中淀粉含量减少，但粗蛋白等其他营养物质都较原料含量相对增多，增加2倍左右，B族维生素含量较原料增多，粗纤维也增多。干燥的糟渣有的可作蛋白质补充料或能量饲料，但有的只能作粗料。

图5.8 糟渣类饲料

糟渣类饲料属食品和发酵工业的副产品，水分含量较高，其余营养物质，如粗蛋白、粗脂肪和粗纤维含量各异。糟渣类的新鲜品或者脱水干燥后都可作为肉牛的饲料。

啤酒糟：使用时可以适当搭配其他饲料。成年肉牛每天可饲喂鲜啤酒糟5～10kg，干啤酒糟可占日粮的15%以内。

玉米酒精糟：可部分替代饲料中的玉米、豆粕和磷酸二氢钙等，一般占肉牛日粮干物质的15%～30%。

甜菜渣：建议用量不超过日粮干物质的20%。干甜菜渣在喂牛前，应用水浸泡，使其水分含量达到85%以上才能使用，未经浸泡的干甜菜渣直接喂牛，一次用量不可过多，以免发生臌胀病。甜菜渣青贮后其适口性会增加。

玉米淀粉渣：可与精料、青绿饲料、粗饲料混合饲喂。日喂量10～15kg。

豆腐渣和粉渣：日喂量2.5～5.0kg，过量易拉稀。

酱油渣和醋糟：青贮牧草添加7%的酱油渣，不仅能提高干物质的含量，而且还能改进发酵效果；醋糟含有丰富的铁、锌、硒、锰等。

果渣中葡萄渣粉：在牛日粮中可取代20%～25%的配合饲料。

甘蔗糖蜜：可制成粉状或块状糖蜜饲料，便于运输和贮存。每天每头肉牛饲用糖蜜量为 1.5 ～ 2.0kg。

（3）农副产品　农副产品（见图 5.9）中可供饲用者有两类，一是农作物收获后的茎叶、秸秆，如藤、蔓、秸、秧等；另一类是收取籽实后的初级加工副产品，如荚、壳、糠、皮、稃等。在我国，由于这类饲料粗纤维含量高，适口性差，迄今尚未充分利用，大部分充作燃料或直接还田。

农区的农副产品是传统畜牧业的主要饲料资源。

在粗饲料方面，有各种作物的秸秆、皮、壳和收获后的残余茎叶、碎屑、杂草种籽等，只要适时收集，调制得当，就可以把它们含有的可利用养分即一定的碳水化合物、少量的粗蛋白和钙、磷与青、精料配饲。

在农副产品中，小米糠、麸皮除可以饲喂单胃动物以外，还可饲喂反刍动物。小米糠中含有粗纤维约为 8%，代谢能 8.4MJ/kg，蛋白质稍高，约为 11%，含 B 族维生素较多，也含有一部分粗脂肪。

麸皮作为粗饲料，可以调节日粮的能量浓度，长时间饲喂有利于畜禽的肠道蠕动，从而保持消化道的健康，其特点是体积较大、密度较小、能量较低，是所有家畜的优选饲料之一，但是需要搭配优质蛋白质饲料进行混合饲喂，才能取得更好的效果，使用时可以根据不同种类的家畜，合理搭配用量。

大麦壳、麦糠、稻壳等饲料，粗纤维含量较高，不宜饲喂幼仔，可适当给育成家畜食用，一般含量在 15% ～ 25%，因为其能值较低，所以需要搭配蛋白质含量较高的饲料使用。

地瓜秧、花生秧、小麦秸秆、大麦秸秆、玉米秸秆、稻草、谷草等这些农副产品适宜饲喂单胃草食动物，比如驴、马、兔。

花生秧、地瓜秧一类农作物的下脚料产量大，但一直以来并没有得到很好的利用，绝大部分还是直接还田或者焚烧。花生秧及地瓜秧通过饲料发酵技术加工之后做成发酵饲料，可以有效利用起来。其中鲜地瓜秧含干物质约 15% ～ 20%、粗蛋白 2.2% ～ 2.5%，是优质的青绿饲料。适当的加工，比如堆积发酵、塑料袋青贮都是很有效的加工方法。

小麦秸秆可直接作草食动物饲料，但适口性较差，动物采食量较小，其含有干物质 95% 左右，粗蛋白仅有 3.6% 左右，粗纤维含量较高，单独饲喂效果不理想，需要搭配其他种类饲料同时饲喂。

秸秆类饲料是经加工后的纤维饲料，是饲喂反刍动物的主要饲料。

稻草、谷草中粗纤维含量也比较高，是动物粗饲料的原料之一。

农副产品是农业中大量产生却不易消耗的下脚料，其营养价值虽然不高，但经过一定的加工后，可与其他饲料进行搭配饲喂家畜，效果良好。我国的农副产品资源非常丰富，将其利用起来，则经济效益显著，发展前景广阔。

图 5.9 农副产品

（4）海藻类 海藻类（见图 5.10）为低等植物，因其进行孢子繁殖，一般称它为孢子植物，在海洋底栖的大型藻类又通称为底栖海藻，包括有似牡丹花的蛎菜、有呈喇叭状的喇叭藻、有分枝成金字塔形的羽毛藻等。海藻有鲜艳美丽的色彩，如呈紫红色的蜈蚣藻、红毛藻、紫菜、粉枝藻、海萝，有绿色的礁膜、石莼、浒苔等。一般用海带、裙带菜、羊栖菜、马尾藻、江蓠、刺松藻来做海藻类饲料。

海藻饲料是一种以海藻为原料加工而成的具有天然风味的饲料，保持了原有海洋植物所特有的营养成分。产品经过褐藻胶提取过程中的水洗及熟制，大大降低了海藻饲料中的杂质，重金属等有害物质得到有效去除，同时也使有机碘、粗蛋白和钙等营养物质得到了富集，从而更利于动物吸收。

在水产饲料和畜禽饲料中添加海藻类，能够改善饲料的营养结构，提高饲料利用率，调节养殖动物的机体代谢，提高动物的免疫力与抗病力，促进其生长，具有其他高蛋白饲料无法比拟的特殊价值。

在奶牛日粮中添加 5% 海藻粉，可促进采食量和提高产奶量 6% 以上，奶中含碘量明显增加，提高了牛奶的营养价值，奶牛生殖疾病和乳房疾病明显减少，配种受胎率提高。

在哺乳猪饲料中添加 4% 海藻粉，可提高产奶量 8% 以上，能提高产活仔猪率，使仔猪生长发育明显加快，断奶体重增加。在育肥猪日粮中加入 2% ～ 3% 海带粉，日增重可提高 18%，节省精饲料 2% ～ 4%，料肉比达到（3.1 ～ 3.2）∶1，可减少猪发病率。

在肉用仔鸡日粮中加入 2% 海藻粉，肉鸡生长速度可提高 15% ～ 20%，饲料转化率提高 12.5% ～ 15%，鸡生病率明显降低。在蛋鸡饲料中添加 3% 海藻粉，不仅能提高饲料转化率，而且能节约精料，可使鸡产蛋率提高 7%，破蛋率减少约 5%，并且可明显降低饲料成本，同时类胡萝卜素可增加蛋黄着色度。

在鱼虾饲料中加入海藻粉，既富有营养，又有凝结和防溃散作用。尤其是在矿物质和微量元素贫乏的水质中使用，对于虾的生长和病虫害防治也有明显效果。

海带含有丰富的氨基酸、碘化物、维生素、矿物质及刺激动物生长的活性成分，而且在海带中所含的物质和绝大多数微量元素均以有机态存在，它比无机矿物质容易吸收。所以利用海带粉作饲料添加剂可有效地改进饲料的营养结构，对畜禽的生产性能和繁殖能力有明显的促进作用，同时还能改善畜禽产品的品质，在生产实践中取得了良好的应用效果。

海带

裙带菜

图 5.10

羊栖菜

马尾藻

图 5.10 各种海藻

二、牧草在猪、鸡养殖上的应用

在生产实践中，要根据畜禽不同的生长阶段和生产类型来采取不同的措施进行饲料配制。青绿饲料在集约化养殖业中用量有限，但在广大农村，特别是南方农村的个体养殖户中，仍占有相当重要的地位，是农村饲养猪、鸡常用饲料之一。特别是饲养母猪，青绿饲料具有不可取代的作用。青绿饲料用于种猪和种鸡具有自动限饲作用。直接利用青绿饲料，以生喂为好，适当切碎更方便猪、鸡采食，最好是与精饲料适宜搭配使用，有条件打浆后与精饲料混合均匀饲喂，可减少青绿饲料的浪费。精料、青料比例控制适宜，可以用于育肥猪生产。饲用青绿饲料必须清洁卫生，特别要注意寄生虫、有害微生物对饲料的污染。

1. 牧草在养猪上的应用

哺乳仔猪一般不喂牧草，应以哺乳为主。补料时应采用高能量、高蛋白的混合精料，但也可用少量青绿鲜嫩的青绿饲料作引料，以促其早日认料、早日适应，继而提高其断奶重，而且可使仔猪适应青绿饲料，为以后多喂牧草打基础。

繁殖种猪尤其是在母猪的空怀期和妊娠前期，可以大量利用牧草、补喂少量精料同样能满足其营养需求。而在妊娠后期和哺乳期，应视具体情况减少牧草的喂量，适当增加精料用量。种公猪一般不喂牧草，尤其避免喂粗饲料，但在某些情况下也可以喂少量优质牧草以补充各种维生素的需要。

生长肥育猪在各个生长阶段对牧草的利用差异较大，一般来说，小、中、大猪日粮中，混合精料与青料的比例应分别为 1∶1、1∶2、1∶（3 ～ 4）。在制定日粮配方、测算其粗纤维含量时，要使日粮中粗纤维的总量不超过 7%，中猪以 4% 为宜。

2. 牧草在养鸡上的应用

肉仔鸡饲粮中添加苜蓿草粉可作为良好的色素添加剂，添加苜蓿草粉可以使肉鸡的皮肤颜色和胫颜色加深。已有试验研究表明，添加苜蓿草粉对肉鸡生产性能、胴体品质无显著性影响，平均采食量随着苜蓿草粉添加量呈现先升高后降低的规律，生产中推荐 4% 苜蓿草粉的添加量。

试验研究表明，在饲粮中添加不同水平的苜蓿草粉及纤维素酶对产蛋率和蛋重有改进，可以在一定程度上提高蛋壳强度、改善蛋黄颜色。在产蛋鸡饲粮中添加 3% ～ 5% 的苜蓿草粉不影响其采食，当添加 7% 的苜蓿草粉时可使其采食量显著下降。添加高比例的苜蓿草粉时应配合使用纤维素酶，以提高饲料养分的消化率。

草鸡，又称土鸡、本地鸡，为加快鸡的生长速度同时保持鸡肉风味不变，要科学地搭配日粮。育雏期应选用肉鸡全价颗粒料，至 1kg 体重，则选用中鸡料，同时应添加 5% ～ 10% 完整谷粒，并给予 10% ～ 15% 的青绿饲料。在庭院散养期间，选用大鸡全价颗粒料，日粮中还要加入 10% ～ 15% 完整谷粒、15% ～ 20% 青绿饲料。添加适量的青绿饲料，既可增加维生素的含量，降低养殖成本，又可减少鸡肉肌间的脂肪含量。

利用牧草要多样搭配，并需注意其品质的好坏。任何一种牧草都不具有全面的营养价值，如果多样配合，可起到互补作用，能提高料中各种氨基酸的利用率，同时降低饲料的成本，发挥其最佳的效益，如豆科饲料与禾本科饲料搭配、水生饲料与甘薯藤粉或苕粉搭配、野草野菜与花生秧粉搭配等。切忌用玉米秸秆粉与秕壳、稻壳统糠搭配。

三、典型饲料配方

1. 猪饲料配方

参照我国猪的饲养标准营养需要推荐量配制日粮，结合国内外学者关于苜蓿在育肥猪、母猪中的生产试验研究，苜蓿（风干样）在育肥猪、妊娠母猪、泌乳母猪上的应用以 10% 的添加量为宜。制作配方时要注意在复合预混料中补充饲粮中不足的石粉、磷酸氢钙、微量元素与维生素等，防霉剂、脱霉剂可根据季节及饲料原料状况按需添加。推荐的育肥猪、妊娠母猪、泌乳母猪饲粮组成与营养水平见表 5.1 ～表 5.3。

表 5.1　瘦肉型育肥猪饲料配方实例

配方与营养		48kg 体重	75kg 体重
原料/kg	玉米 GB2 级	61.03	66.23
	大豆粕 44%	22.44	17.23
	苜蓿草粉，一茬 2 级	10.00	10.00
	4% 复合预混料	4.00	4.00
	大豆油	2.52	2.54
	合计	100	100

续表

配方与营养		48kg 体重	75kg 体重
营养水平	消化能（DE）/（MJ/kg）	13.39	13.39
	粗蛋白（CP）/%	16.40	14.50
	赖氨酸（Lys）/%	0.82	0.70
	蛋氨酸（Met）/%	0.24	0.22
	钙 /%	0.55	0.49
	有效磷 /%	0.20	0.17

表 5.2　瘦肉型妊娠母猪饲料配方实例

配方与营养		妊娠前期	妊娠后期
原料 /kg	玉米 GB2 级	63.81	64.27
	大豆粕 44%	6.93	10.57
	麸皮 1 级	14.25	10.16
	苜蓿草粉，一茬 2 级	10.00	10.00
	4% 复合预混料	4.00	4.00
	大豆油	1.00	1.00
	合计	100	100
营养水平	DE/（MJ/kg）	12.35	12.55
	CP/%	12.00	13.00
	Lys/%	0.50	0.58
	Met/%	0.19	0.20
	钙 /%	0.68	0.68
	有效磷 /%	0.32	0.32

表 5.3　瘦肉型泌乳母猪饲料配方实例

配方与营养		初产母猪	经产母猪
原料 /kg	玉米 GB2 级	57.26	55.89
	大豆粕 44%	21.81	23.18
	鱼粉 CP67，进口特级	2.50	2.50
	苜蓿草粉，一茬 2 级	10.00	10.00
	4% 复合预混料	4.00	4.00
	大豆油	4.43	4.43
	合计	100	100
营养水平	DE/（MJ/kg）	13.80	13.80
	CP/%	17.50	18.00
	Lys/%	0.92	0.96
	Met/%	0.28	0.29
	钙 /%	0.77	0.77
	有效磷 /%	0.36	0.36

2. 鸡饲料配方

参照我国鸡的营养需要推荐量配制日粮，结合国内外学者关于苜蓿在蛋鸡、肉鸡上的生产试验研究，苜蓿（风干样）在生长蛋鸡上的应用以 4% 的添加量为宜，在产蛋鸡以 5% 为宜，在肉鸡生产以 3% 为宜。制作配方时要注意在复合预混料中补充饲粮中不足的蛋氨酸、石粉、磷酸氢钙等，以下为推荐的生长蛋鸡、产蛋鸡、肉仔鸡饲粮组成与营养水平，分别见表 5.4 ～表 5.6。

表 5.4　生长蛋鸡配方实例

配方与营养		0 ~ 8 周龄	9 ~ 18 周龄	19 周龄至开产
原料/kg	玉米 GB2 级	61.29	70.03	65.24
	大豆粕 44%	26.07	20.70	24.64
	麸皮 1 级	0.00	1.27	2.12
	鱼粉 CP67	3.00	0.00	0.00
	苜蓿一茬 2 级	4.00	4.00	4.00
	4% 复合预混料	4.00	4.00	4.00
	大豆油	1.64	0.00	0.00
	合计	100	100	100
营养水平	代谢能（ME）/（MJ/kg）	11.91	11.7	11.50
	粗蛋白（CP）/%	19.00	15.5	17.00
	赖氨酸 (Lys) /%	1.02	0.76	0.86
	蛋氨酸 (Met) /%	0.37	0.27	0.34
	钙 /%	0.90	0.80	2.00
	有效磷 /%	0.40	0.35	0.32

表 5.5　产蛋鸡饲料配方实例

配方与营养		开产至高峰	高峰后	种鸡
原料/kg	玉米 GB2 级	63.58	59.38	61.47
	大豆粕 44%	22.37	17.70	27.05
	麸皮 1 级	5.04	13.92	2.48
	苜蓿一茬 2 级	5.00	5.00	5.00
	4% 复合预混料	4.00	4.00	4.00
	合计	100	100	100
营养水平	ME/（MJ/kg）	11.29	10.87	11.29
	CP/%	16.50	15.50	18.00
	Lys/%	0.82	0.74	0.92
	Met/%	0.34	0.32	0.34
	钙 /%	3.50	3.50	3.50
	有效磷 /%	0.32	0.32	0.32

表 5.6　AA 肉仔鸡饲料配方实例

配方与营养		0 ~ 3 周龄	4 ~ 6 周龄
原料/kg	玉米 GB2 级	52.36	54.90
	大豆粕 44%	30.66	26.81
	鱼粉 CP67	5.00	5.00
	苜蓿一茬 2 级	3.00	3.00
	4% 复合预混料	4.00	4.00
	大豆油	4.98	6.28
	合计	100	100
营养水平	消化能（DE）/（MJ/kg）	12.54	12.96
	CP/%	21.50	20.00
	Lys/%	1.21	1.12
	Met/%	0.50	0.40
	钙 /%	1.00	0.90
	有效磷 /%	0.45	0.40

四、单胃草食动物的饲料制备原则

单胃草食动物饲料的制备原则，通常是按单胃草食动物的营养需要和饲料制备原则，进行科学的配比，并适当添加饲料添加剂和微生态制剂，来制成一种能满足单胃草食动物生长、增重、繁殖等一系列生理和生产活动所需要的日粮。配制单胃草食动物日粮或精料补充料一般原则应为：

① 单胃草食动物的日粮中必须要有能量、蛋白质、维生素和矿物质等营养物质。

② 要根据单胃草食动物不同生长阶段的营养需要科学配制饲料，确保日粮中各类营养物质的含量准确且比例均衡。饲喂不均衡的日粮，部分营养素过量，不但会造成浪费，还会影响单胃草食动物生长，降低饲料利用效率。

③ 使用优质的饲料原料，避免使用发霉变质或有毒的饲料原料。

④ 减少适口性差的原料使用量，如使用小麦时，要增大粉碎细度以改善适口性。有些动物对粗纤维消化能力低，较高的粗纤维含量会影响其他营养成分的吸收，降低饲料转化率。

⑤ 要合理使用抗生素类添加剂。一般而言，抗生素类添加剂可以降低发病率和死亡率，但随着日龄增大，抗生素的添加效果远不如初始阶段。

⑥ 益生素的使用在生产中也有着极大的作用。益生素是一种具有活性的有益微生物添加剂，它通过改善肠道的微生态平衡而对家畜产生有益的作用。使用益生素能提高饲料转化率、提高生长速度、增强机体免疫力、减少疾病。

另外，在单胃草食动物的日粮中也可适当添加一些功能性的牧草，如菊苣、菊芋、鲁梅克斯、车前草等，这些功能性牧草中都含有不同的功能性成分，可以利用特定的方法和工艺流程将其提取出来，用作饲料添加剂添加到不同时期单胃草食动物的饲粮中，可以适当补充蛋白质、维生素和矿物质元素以及一些抗衰老、抗氧化成分，来保障单胃草食动物的健康，减少疾病的发生。

第二节 反刍动物使用牧草的日粮配合技术

粗饲料是反刍动物日粮中的重要组成部分，提高粗饲料的消化利用率对提高反刍动物生产效率意义重大。与单胃动物相反，反刍动物拥有瘤胃，对粗饲料的利用率相对较高。然而，秸秆等粗饲料中的可发酵碳源和氮源对瘤胃微生物来说含量很低，其必需营养素含量也很低，所以在配制反刍动物日粮时必须注意粗饲料的用量，同时还要考虑日粮的纤维总水平和纤维结构的问题，将秸秆等粗饲料的加工调制与营养调控补饲相结合，进行整体营养调控。围绕粗饲料进行科学搭配、提高采食量、促进瘤胃发酵，可进一步提高秸秆等粗饲料在动物生产中的利用效率。以下重点介绍应用牧草进行配方调配的注意事项，列出各种动物不同时期的实用示例配方。

一、反刍动物常用牧草

随着养殖业的快速发展，对牛羊饲料配制技术的要求也日渐提高。由于生理消化结构的特点，反刍动物与单胃动物在采食、消化、代谢和利用营养物质方面有着较大的差别，因此，合理饲喂牧草对反刍动物有着重要的意义。牛羊可利用牧草的种类很多，而且来源广泛，按照营养特性来分，一般可分为粗饲料、青贮饲料、青绿饲料等。

饲料作为家畜生产中的重要资源，合理提升生产水平成为关键所在。针对饲料加工，主要是通过消化率的增加或食糜流通速度的提高，进一步提升家畜对养分的实际吸收。原因主要在于家畜被超量饲喂导致它们对饲料的选择性较强，并且容易直接挑选出适口的部分，或是拒绝食用，或是浪费自己不喜欢的饲料。加工饲料能够改变饲料颗粒大小和物理形态，防止损坏，适当改善适口性，并且让各种抗营养因子或者有毒物质都减少活力。对反刍动物来说，消化率实际上是随着饲喂的水平而逐渐降低的，因为饲料进入动物的胃肠道以后会有较长时间的停留，导致它们无法最大限度地消化饲料。通过合理加工才能最大限度改善消化率降低的状况。

我国的牧草资源丰富，优质牧草可以为家畜提供丰富的蛋白质、脂肪和氨基酸，还能提供各种各样的维生素、矿物质和生长所必需的酶类等多种营养物质，它们是发展畜牧业的重要物质基础。不仅如此，牧草还可以在不宜生产人类食物的土地上生长，且单位面积土地产量高，单位营养成本比其他饲料低。牧草与谷物或其他低纤维饲料相比，其特征是在消化道内营养浓度低，而反刍动物消化道容积大，瘤胃微生物可以较好地利用纤维素，从而达到对牧草的高效利用。

牧草对于反刍家畜的营养价值除了依赖于它们的成分以外，也和畜体的生理状态和生产水平有关。动物对某一成分的需要量无论多么少，只要供应不当就会使该成分成为限制因子，并因而显得重要起来。动物可利用的量不一定等于牧草中存在的量，因为其食用的牧草并非全部被消化或吸收。

1. 粗饲料

粗饲料是草食家畜最基本、最主要的饲料之一。在牧区，草食家畜的发展，是以草原牧草为后盾的；在农区和半农半牧区，草食家畜的发展，是以农作物秸秆为基础的。除栽培牧草和草场改良需要一定的投资外，农作物秸秆作为饲料和晒制野干草，并无多少投入。农作物秸秆和野草在我国三大农牧结合地区也较容易获得。

粗饲料中的粗纤维是其主要成分，约占干物质的 30% ～ 50%；无氮浸出物约占干物质的 20% ～ 40%；能量低，秸秆对牛羊消化能为 7.95 ～ 10.46MJ/kg；蛋白质含量极少，干物质中粗蛋白含量仅为 3% ～ 4%；此外，灰分中硅酸盐含量高，钙多磷少，可以弥补能量、蛋白质饲料钙少磷多的缺陷。粗饲料的质地一般较粗硬、适口性差，因此家畜对此类饲料的采食有限。由于粗饲料容积大，质地粗硬，对家畜胃肠道消化功能有一定的刺激作用，但对于反刍家畜来说，这种刺激有利于正常反刍。食入适量粗饲料，可使畜体有饱腹感。

（1）干草　干草（见图 5.11）是植物在不同生长阶段收割后干燥保存的饲草，制作干草的目的是为了尽可能保持青绿饲料的营养成分，以备配置日粮或青绿饲料缺乏时饲用，同时也便于贮存与运输。所有青绿饲料都能制成干草，但通常用得较好的是禾本科、豆科及藤蔓植物。

从原料看，豆科植物制成的干草含有较多的粗蛋白和可消化蛋白质，但在能值方面，则与其他植物制成的干草没有区别。就矿物质营养来说，一般豆科干草中含钙量多于禾本科干草。

豆科干草中苜蓿的营养价值最高，有“牧草之王”的美称。中等质量的干草含粗纤维 25% ～ 35%，含消化能为 8.64 ～ 10.59MJ/kg（以干物质计）。优质干草含有丰富的粗蛋白、胡萝卜素、维生素及无机盐，但其适宜收获时期较短，即从牧草开始抽穗到开花末期，该段时期只有10～15天。如果收获过早，就得不到应有的产量；收获过迟，由于牧草中纤维增多，则会损失部分养分。大部分干草应在牧草未结籽前收割。

干草制作工艺过程一般包括割、搂、集、垛、捆共5个环节。“割”是利用割草机，割后让它散在地上，使牧草能自然干燥；“搂”指用搂草机将散落在地上的含水量为20%～40%的牧草挤压搂成条状堆；“集”是利用集草器将条堆状牧草收集成小堆；“垛”是指用堆垛机将小堆堆为大的草垛（堆）；“捆”是指用压捆机将草垛打成草捆（需要远距离运输）。

用干草饲喂反刍动物还可以促进其消化道蠕动，增加瘤胃微生物的活性；干草打捆后容易运输和饲喂，可以降低饲料成本。

图5.11 干草

（2）秸秆 秸秆（见图5.12）饲料是指各种作物收获籽实后的茎叶部分，可分为禾本科、豆科和十字花科等类型。禾本科类包括玉米秸、稻草、谷草、麦秸等；豆科类包括大豆秸、蚕豆秸、豌豆秸等；十字花科类有油菜秸等。牛羊常用的秸秆饲料有稻草、玉米秸秆、麦秸、谷草、豆秸、高粱秸秆等。

稻草：稻草含粗蛋白4%～6%，在肉牛瘤胃24h干物质的降解率为15%～20%，中性洗涤纤维（NDF）降解率为24%～28%。稻草含硅酸盐12%～16%，含木质素6%～8%，灰分含量较高，但钙、磷所占比例较小。

玉米秸秆：玉米秸秆含粗蛋白4%～6%，在肉牛瘤胃24h干物质的降解率为35%～40%，NDF降解率为33%～35%。玉米秸秆青绿时，胡萝卜素含量达3～7mg/kg，相对其他作物秸秆而言，玉米秸秆的营养价值较高。

麦秸：麦秸含粗蛋白约3%～5%，在肉牛瘤胃24h干物质的降解率为28%～32%，NDF降解率为30%～33%。

谷草：粗蛋白含量3%～5%，无氮浸出物含量42%，高于其他秸秆，粗灰分含量较低，是禾本科秸秆中营养价值较高的一种，并且质地柔软，适口性好。

农作物秸秆对于牛羊等反刍动物是一个较大的饲料资源。如果直接饲喂动物其营养价值不高，动物会发生生长不良现象，甚至会危及动物生命，但秸秆经过加工处理后，其营养物质的利用率会得到大幅度提高。

图 5.12 秸秆

2. 青贮饲料

如前文所述，青贮饲料具有保持原料青绿时的鲜嫩汁液、扩大饲料资源、青贮过程可杀死饲料中的病菌和虫卵、破坏杂草种子的再生能力等优点。从目前的饲养情况来看，无论是规模化牛羊养殖场，还是个体养殖者，青贮饲料都应是主导饲料，常年饲喂青贮饲料经济实惠。

（1）青贮原料　作青贮饲料的原料（见图 5.13）较多，凡是可作饲料的青绿植物都可作青贮原料。但根据原料含糖量的高低，可将青贮原料分为三类：第一类是糖分含量较高，易于青贮的原料，如玉米秸、禾本科牧草、甘薯秧等。这类原料中含有较丰富的糖分，在青贮时不需添加其他含糖量高的物质。第二类是含糖分较低，但饲料营养价值较高，不易青贮的原料，如紫花苜蓿、草木樨、沙打旺、三叶草、饲用大豆等豆科植物。这类原料多为优质饲料，应与第一类含糖量高的原料如玉米秸混合青贮，或添加制糖副产物如鲜甜菜渣、糖蜜等。第三类是含糖量低、营养含量不高、适口性差，必须添加含糖量高的原料，才能调制出中等质量青贮饲料的原料，如南瓜藤和西瓜藤等。

（2）使用青贮饲料时的注意事项　对于不同的青贮原料，发酵的成熟时间不一致。如果开窖过早，在青贮料未成熟时即取用则容易造成腐败，且不易保存，所以要掌握好开窖时间。一般说来,含糖量高、容易青贮的饲料，如玉米、高粱及燕麦草等禾本科牧草，需要发酵 30 ～ 35 天；如果为秸秆等粗硬饲料，可以延迟至 50 天左右；另外苜蓿类的豆科牧草，其蛋白质含量丰富但含糖量低，发酵时间要适当长一些，一般在 3 个月左右。

玉米秸秆

紫花苜蓿

南瓜藤

草木樨

图 5.13 青贮饲料原料

开启青贮窖时，可根据青贮料的颜色、气味、口味、质地、结构等指标，通过感官评定其品质好坏，这种方法简便、迅速。

要根据青贮饲料一天的使用量确定开窖面积，不能一次开得过大，因为暴露在空气中的青贮料会很快感染杂菌而迅速变质。另外应注意，每次取料后要用塑料薄膜将剩余的饲料封盖严密。

一般取料从横断面上段开始，如表面已有变质的青贮料，需先剔除。取用后的横断面要保持水平垂直，切不可按“T”洞形式往深处掏挖，以免造成青贮料表面暴露面积大，引起二次发酵。现在不少牧场都已使用青贮饲料取料机取料，取料机可从上到下取料，包含各个层面的饲料，有利于维持日粮成分稳定。同时使用取料机可使切面整齐，防止饲料松动，降低发生二次发酵的概率。研究表明，使用取料机的青贮温度相对较低，平均 21℃左右，而使用铲车的，青贮松动，青贮温度相对较高，平均 28℃左右，腐败菌易大量繁殖。

3. 青绿饲料

青绿饲料（见图 5.14）蛋白质含量丰富，可满足任何生理状态下的家畜对蛋白质的需要，以干物质计，青绿饲料中的粗蛋白比禾本科籽实中蛋白质含量还要高，而且单位面积上粗蛋白的收获量多。青绿饲料中氨基酸含量丰富且全面，优于其他植物性饲料，其中必需氨基酸以赖氨酸、色氨酸含量最多。青绿饲料的蛋白质生物学价值最高，一般可达 80%。青绿饲料可提供多种维生素，特别是胡萝卜素，每千克青草中含有 50 ～ 80mg 胡萝卜素，B 族维生素、维生素 C、维生素 E、维生素 K 的含量也较高。在日粮中若能保证青绿饲料供给，则牛羊不会患维生素缺乏症。青绿饲料中矿物质含量变化很大，受植物种类、土壤条件、施肥条件等影响。青绿饲料中钙、钾等碱性元素含量丰富，特别是豆科牧草，钙的含量更高，青绿饲料是牛、羊钙的重要来源之一。青绿饲料适口性好，能刺激家畜的采食量，同时青绿饲料质地松软，消化率高，日粮中加入青绿饲料后，会提高整个日粮的利用率。青绿饲料还是牛羊摄取水分的主要途径之一。

三叶草　聚合草　槐树　柳树

图 5.14　青绿饲料原料

青绿饲料种类繁多，大致分为天然牧草、栽培牧草、青刈饲料、其他青绿饲料等。天然牧草是指草原牧草与田间杂草。这类牧草以禾本科、豆科、莎草科、藜科等分布最广、利用最多。栽培牧草是指将产量高、营养价值较全、家畜喜爱采食的牧草，经人工有意识、有目的地加以栽培。栽培牧草以禾本科和豆科牧草为主，有单播和混播两种栽培方法，主要品种有苏丹草、燕麦草、苜蓿、苕子、草木樨、三叶草、沙打旺、聚合草等。播种作物青刈饲喂家畜，这类作物称为青刈饲料作物。常用的青刈饲料作物有青刈玉米、麦类、秣食豆、饲用甘蓝和甜菜等。这类饲料要掌握好青刈时间，不同作物生长阶段的养分含量及消化率差异很大，因此要适时青刈。

其他青绿饲料包括树叶嫩枝、菜叶类、水生植物等。用树叶嫩枝作为饲料，在我国已很普遍。可用作饲料的树种有刺槐、榆树、构树、白杨、桑树、桐树、苕条、柠条等。鲜嫩的树叶饲料含有丰富的蛋白质、胡萝卜素、粗脂肪等。菜叶类饲料多为菜和经济作物的副产品，主要有萝卜叶、甘蓝老叶、甜菜叶等。这类饲料质地柔嫩，水分含量高，干物质中粗蛋白含量在20%左右，其中大部分为非蛋白氮化合物，粗纤维含量少，能量不足，不可用作牛羊的基础饲料，但矿物质丰富。水生植物有很多，常用作饲料的有水浮莲、水葫芦、水花生、浮萍、小球藻等。这类饲料水分多，一般在90%以上；干物质中蛋白质含量高，占15%左右；碳水化合物含量丰富，约占40%～45%；粗纤维含量少；维生素丰富。它们的优点是生长快，产量高，不与农作物争地、争肥。北方种植水生植物，应注意越冬。

二、牧草在反刍动物养殖上的应用

不同于单胃动物，反刍动物的主要能量来源于粗饲料。不同的牧草的营养价值差异很大，因此在设计反刍动物的日粮配方时，需要综合考虑动物营养需要量、不同饲料的营养价值以及不同饲料的不同功能及潜在影响，合理地进行日粮搭配，才能进行高效健康的养殖生产。

1. 反刍动物饲料配制的一般原则

通常按反刍动物的营养需要和饲料营养价值配制出能够满足反刍动物生长、增重、产奶等生理和生产活动所需要的日粮。配制反刍动物日粮或补饲用的精料补充料的一般原则应为：

① 根据反刍动物的不同饲养阶段和满足日增重、产奶量的营养需要量进行配制，但应注意品种的差别，例如绵羊和山羊各有不同的生理特点。

② 根据反刍动物的消化生理特点，合理地选择多种饲料原料进行搭配，并注意饲料的适口性；注重反刍动物对粗纤维的利用程度，及其所决定的营养价值的有效性，实现配方设计的整体优化。

③ 考虑配方的经济性，提高配合饲料设计质量，降低成本。饲料原料种

类越多，越能起到原料之间营养成分的互补，越利于营养平衡。

④ 饲料的原料必须是安全的，从外观看是干净的，没有变质、腐败等情况，从化验分析结果看是正常的，没有污染，无有毒物质。采食配合饲料的动物所生产出的动物产品，应是既有营养又无毒、无残留的。

⑤ 设计配方时，某些饲料添加剂（如氨基酸添加剂、抗生素等）的使用量、使用期限要符合法规要求，同时注意保持原有的微生物区系不受破坏。

⑥ 以市场为目标进行配方设计，熟悉市场情况，了解市场动态，确定市场定位，明确客户的特色要求，满足不同用户的需求。

2. 反刍动物日粮配方制定方法

配合反刍动物日粮时，可以将日粮饲料分为 3 类：粗饲料、精料和辅料。原则上制定反刍动物日粮配方的步骤为：

第一，确定生产水平、体重，确定饲养标准规定的营养需要量；

第二，确定粗饲料的喂量，可选如青干草、青贮料、秸秆、干草等；

第三，确定辅料的供给量，如多汁料、糟渣类饲料等；

第四，计算粗饲料、辅料提供的营养素，不足部分用精料补充料满足；

第五，确定精料补充料的种类和数量，一般是用混合精料来满足能量和蛋白质需要量的不足部分；

第六，用矿物质补充饲料来平衡日粮中的钙磷等矿物质元素的需要量。

3. 奶牛饲料配方的技术要点

奶牛常用的草产品是优质干草、新鲜饲草或青贮饲料。生产上常用的干草有紫花苜蓿、三叶草等豆科牧草和羊草、雀麦、黑麦草等禾本科干草。奶牛的青绿饲料主要有新鲜紫花苜蓿、三叶草、苏丹草、甘薯藤、大麦、燕麦、玉米、青菜和野青草等。粗饲料是奶牛不可缺少的一种饲料，通常粗饲料和精料至少各占 1/3，其余部分根据粗饲料的质量和奶牛的营养需要而定。用优良的粗饲料饲喂奶牛，可满足奶牛营养的 70% 或更多。生产上，日粮中增加精料比例可以提高奶牛的产奶量，但考虑到奶牛健康以及可持续性生产，仍然建议以优质粗饲料为主。

奶牛生长经历犊牛期、育成期、妊娠期、泌乳期和干奶期几个阶段。犊牛一般训练尽早采食优质干草和代乳饲料，刺激其瘤胃发育，完善消化系统的功能。犊牛期间在代乳品或开食料中添加脱脂奶粉、维生素、矿物质以及抗生素等，粗蛋白含量应在 20% 以上。育成期和妊娠前期的饲养相对比较粗放，该阶段不需要太高的营养水平，也不需要较肥的体膘，可以合理供给优质干草和农副产品以及适量的精料，但饲料种类不可单一，要注意矿物质饲料的供给。

随着妊娠期的延长，胎儿在体内的生长占据了一定的腹腔，影响了瘤胃的容积，此时要增加精料的浓度和比例。产犊后奶牛产奶量上升到高峰然后缓慢下降，该阶段应是奶牛饲养的重要时期。由于其消化系统的特点，必须给奶牛供给优质的粗饲料，以保证其瘤胃功能的正常发挥，玉米青贮饲料当属最理想的粗饲料，它一方面带有乳酸杆菌，适口性好；另一方面含有一定量的水分，其所含的营养物质较利于瘤胃微生物消化和机体吸收。优质豆科牧草营养也较好，如苜蓿干草、羊草等。酒糟类，特别是啤酒糟鲜喂，易消化粗蛋白含量高，可明显提高产奶量，其他酒糟不宜一次饲喂过多。奶牛还可很好地利用粉渣类饲料，以鲜喂效果较好。

奶牛精饲料对营养物质的要求也不高，实际生产中常用的能量饲料是玉米、高粱等谷物类；多用的主流蛋白质饲料有豆粕、棉籽粕，限量使用的有花生粕、葵花籽粕、菜籽粕等杂粕。对于日产奶 20kg 以下的奶牛，可以用这些常用的饲料满足其需要。对于产奶水平高于 25kg/d 的奶牛，应考虑补充过瘤胃蛋白，一般通过补充动物性蛋白就可达到此目的。可以在精饲料中添加鱼粉、羽毛粉、血粉，前者价格昂贵，添加后两种既便宜又可满足需要。

奶牛的消化生理要求必须喂给粗饲料，精饲料在整个饲料中的比例可视产奶量而定，一般精粗比在（30∶70）～（70∶30）的范围内，切记粗饲料比例不得低于 30%，否则会出现消化系统疾病，并引起一系列功能性障碍。奶牛可以利用非蛋白氮，即通常所说的尿素、液态氨等。非蛋白氮仅限用于后备和低产奶牛，不可用于高产奶牛。

4. 肉牛育肥饲料配方的技术要点

非肉牛品种的育肥，在饲料形式上多采用以粗饲料为主，略加精料补充料。该类牛可以充分利用农副产品，如酒糟、粉渣、糠麸类；以及豆科秸秆、氨化处理的玉米秸秆和稻秸等。到育肥后期增加精饲料的比例可达到 80% 以上。对淘汰牛的育肥可在开始时喂给驱虫药物，以提高其营养物质的吸收率。

专用肉牛的育肥，可采用舍饲饲养，有条件的牛场可适当放牧。补饲精料，可以利用少量的非蛋白氮饲料。到育肥的后 3 个月左右进行强度育肥，肉牛和奶牛在消化生理上有很多共同点，其饲料配方也相近，但肉牛需要更多的能量。能量饲料以谷物类为主，还可以在精料中添加 5% 左右的动物油脂，精饲料可以占到饲料总进食量的 90%。肉牛所需要的食盐和磷基本同于奶牛，而钙的需要量则略低。肉牛可以很好地利用豆粕、葵花饼粕、菜籽饼粕、棉籽饼粕等。肉牛精料的能量和蛋白质水平不强求达到某一具体数值，应根据现有条件和经济能力合理调整。

5. 羊的饲料配合要点

羊常用的草产品是优质干草和青绿饲料（新鲜饲草或青贮饲料）。羊的饲料99%来源于植物饲草，包括多种饲草、灌木枝叶、乔木落叶、作物秸秆、作物籽实及多种加工农副产品。青绿饲料包括饲草类、叶菜类、根茎类、水生类、作物秸秆和灌木的细枝嫩叶等。

（1）种公羊　种公羊的日粮配合原则为：饲料多样化，各种营养成分平衡，富含蛋白质、维生素和矿物质；粗饲料要求品质优良，适口性好，体积小，易消化，如苜蓿、胡萝卜、青贮玉米等；精料多给豆类、谷类等，必要时加卵黄和牛奶。

种公羊根据饲养时期划分为非配种期、配种准备期、配种期、配后复壮期。非配种期舍饲种公羊，每日干物质采食量为体重的3.5%，日喂混合精料0.8～1.2kg、干草2.0～2.5kg、青绿多汁饲料1.0～1.5kg。常年放牧的非配种期种公羊每日补充混合精料0.5kg、干草2.0kg、胡萝卜0.5kg、食盐10.0g，每日饲喂2～3次，饮水1～2次。配种准备期的营养水平要逐渐增加，逐渐过渡到配种期的营养水平，配种准备期混合精料按配种期的60%～70%给予，从每日0.5kg开始，渐增至配种期水平。

常年放牧的配种期种公羊日补混合精料1.2～1.4kg，苜蓿干草2.0kg，胡萝卜0.5～1.5kg，食盐15.0～20.0g，骨粉5.0～10.0g，鸡蛋2枚；配种后要逐渐降低饲养水平。舍饲种公羊配种期日喂混合精料1.0～1.5kg，青绿饲料1.0～1.3kg，优质青干草2.0～2.5kg，鸡蛋2～3枚，胡萝卜0.5～1.5kg，食盐15.0～20.0g。舍饲公羊一般精料占40%～45%，优质青干草占35%～40%，配合饲料占20%～25%。饲料中注意补钙，钙磷比为2.25∶1。配后复壮期精料由配种期给量逐渐减至非配种期标准。

（2）繁殖母羊　繁殖母羊饲养可分为空怀期、妊娠前期、妊娠后期、哺乳前期、哺乳后期五个阶段。空怀期要抓好放牧，恢复体况，尤其在配种前。对个别体况较差者进行短期优饲，使羊群膘情一致，发情集中，便于集中配种和产羔。

妊娠前期可按照空怀期对待，必须注意饲料的多样性，保证营养全价。一般在青草期放牧即可满足营养需求。每只羊每天约需要青干草1.5～2kg，青贮饲料0.5kg，青绿多汁饲料0.2kg，精饲料0.2kg。

妊娠后期要日补混合精料0.3kg，青干草1.0～1.5kg，青贮料1.0kg，胡萝卜0.5kg，骨粉5.0g。不要让羊采食霜草或霉烂饲料，出归牧要慢而稳，加强放牧6h，游走距离8km，冬天补饲干草。为了催乳，产前和产后用黄豆浆加温水喂羊。在饲料丰富区，产前、产后一周要控制饲料。

哺乳前期2个月对产单羔的母羊日补混合精料0.3～0.5kg，干草和苜蓿各0.5kg，多汁饲料1.5kg。带双羔的母羊日补混合精料0.4～0.6kg，苜蓿干草1.0kg，多汁饲料1.5kg。产后1～3天内母羊膘情好的，可不补料，喂优质青干草即可，防止发生消化不良或乳腺炎。

哺乳后期母羊补饲水平逐渐降低，而逐渐加强羔羊补饲。泌乳后期以恢复母羊体况为主，为下次配种做准备。

（3）羔羊　羔羊饲养管理要做好三早：早吃初乳，哺好常乳，早补饲，早运动。

早补饲的目的是为了促进瘤胃系统发育，尽快适应采食饲料，也可促进心肺功能健全。通过补饲获得营养，防止羔羊出现异食癖。10日龄开始饲喂优质青干草，20日龄开始给料。补饲前期随意采食，注重饲料的适口性，后期注重营养供给。

（4）育肥羊　根据羊的生理特点，育肥技术分为：羔羊早期育肥技术（1.5月龄羔羊断奶全精料育肥、哺乳羔羊育肥技术）、羔羊断奶后育肥技术、成年羊育肥技术。

1.5月龄羔羊断奶全精料育肥：要求羔羊1.5月龄断奶，断奶体重达10.5kg，育肥期50天出栏，出栏重达25～30kg，平均日增重280g，饲料∶增重=3∶1。育肥期间只喂精饲料，不喂粗饲料，饲养管理简单。

哺乳羔羊育肥适用羊只体格较大、早熟性能好的公羔。羔羊3月龄断奶体重达25～37kg出栏。其饲喂特点是隔栏补饲，每日精料0.5kg，优质干草足量供给。

羔羊断奶后育肥是肉羊生产的基本方式，是集约化生产羊肉的主要途径，分为预饲期和正式育肥期两个阶段。预饲期15天，前3天只喂青干草，让羊适应新环境，再过7天逐渐过渡为育肥期日粮，后5天饲喂育肥期日粮。

根据育肥要求和增重计划可确定三种育肥日粮类型：精饲料型、粗饲料型、青贮饲料型。精饲料型［粗蛋白（CP）12.5%，可消化养分总量（TDN）85%］适于体重较大的羔羊，绵羊初始体重35kg、山羊在20kg左右，属强度育肥，育肥期40～45天，绵羊出栏重达45～50kg。精饲料自由采食，粗饲料每只羊每日采食45～90g。粗饲料型（CP 11.5%左右，TDN 65%）适于断奶体重较大的羔羊，属于强度育肥，育肥期不超60天。精饲料与粗饲料配合饲喂，精∶粗=4∶6。青贮饲料型（CP 11.3%，TDN 63%～70%）适于断奶体重较小的羔羊，不属强度育肥，育肥期超过80天。青贮饲料比例占日粮比例的67.5%～87.5%。

成年羊育肥适用于成年淘汰羊、羯羊、瘦弱羊，不属于强度育肥

（120 ～ 140g/d），育肥期一般为 80 ～ 100 天，投料量大，饲料报酬低。

三、典型饲料配方

1. 荷斯坦牛干奶牛饲养管理配方

荷斯坦牛干奶牛的日粮搭配和喂量参照表 5.7 执行。

表 5.7 荷斯坦牛干奶牛的日粮搭配

喂量	优质干草 /kg	青贮玉米 /kg	精料 /kg
日产奶 5 ～ 10kg 的牛	8 ～ 10	15 ～ 20	3 ～ 4
体重 600 ～ 650kg	18	3 ～ 3.5	3

2. 荷斯坦牛育成牛饲养管理配方

从 3 月龄后应逐渐加大犊牛采食量，精料控制在 2.0 ～ 2.5kg/d 以下，要尽量喂优质牧草，促使其向乳用牛体型发展。饲喂方案参照表 5.8 ～表 5.10 执行。

表 5.8 断奶 3 ～ 6 月龄育成牛饲喂方案

日龄	犊牛料 /（kg/d）	干草 /（kg/d）	青贮料 /（kg/d）
90 ～ 120	2	1.4	5
121 ～ 150	2	1.6	8
151 ～ 180	2	2.1	10

利用牧草扩大瘤胃容量，提高消化能力，到 12 月龄体重应达 280kg，每日牧草采食量可按体重的 7% ～ 9% 计，日粮配比参照表 5.9 执行。此阶段日粮总干物质应含 12 ～ 13 个奶牛能量单位，粗蛋白 600 ～ 650g，钙 30 ～ 32g，磷 20 ～ 22g。

表 5.9 7 ～ 12 月龄育成牛日粮组成

月龄	精料 /（kg/d）	青贮玉米 /（kg/d）	青干草 /（kg/d）	甜菜渣 /（kg/d）
7 ～ 8	2	10.8	0.5	
9 ～ 10	2.3	11	1.4	
11 ～ 12	2.5	11.5	2	0.6

13 ～ 18 月龄育成牛日粮总干物质含量应含 13 ～ 15 个奶牛能量单位，粗蛋白 640 ～ 720g，钙 35 ～ 38g，磷 24 ～ 25g。13 ～ 18 月龄育成牛饲料搭配参照表 5.10 执行。

表 5.10 13 ～ 18 月龄育成牛日粮组成

月龄	精料 /（kg/d）	青贮玉米 /（kg/d）	青干草 /（kg/d）	甜菜渣 /（kg/d）
13 ～ 14	2.5	13	2.5	2.5
15 ～ 16	2.5	13.2	3	3.3
17 ～ 18	2.5	13.5	3.5	4

3. 肉牛育肥典型日粮配方实例

肉牛育肥要根据牛的体重及生长特点，分阶段对精料种类和数量做出调整。育肥初期的小牛，蛋白质饲料比例稍高，育肥后期应降低；能量饲料则相反，前期低，后期高。育肥肉牛包括幼龄牛、成年牛和老残牛。

良种牛或改良牛一般选择强度育肥，12 月龄左右出栏。黄应祥（1998）用 6 月龄断奶的晋南公牛进行了 182 天强度育肥试验，氨化秸秆自由采食。150 ～ 250kg 体重阶段每日每头补苜蓿干草 0.5kg，精料 3.1 ～ 3.7kg。250 ～ 400kg 体重阶段每日每头喂苜蓿干草 0.8kg，精料 4 ～ 5kg。

4. 育肥羊饲养管理配方

饲喂含青贮玉米及高精料育肥的羊饲料时，要注意添加小苏打，防止羊的瘤胃酸中毒。1% 微量元素维生素复合预混料根据需要量及饲喂次数，每天定额添加。育肥羊各体重阶段的饲养配方参照表 5.11 执行。

表 5.11　育肥羊饲料配方

原料	育肥羊各体重阶段配方［平均日增重（ADG）200g］					
	20kg	25kg	30kg	35kg	40kg	45kg
苜蓿干草 /kg	0	1	0	0	12	16
黑麦草 /kg	249	224	218	153	159	157
玉米青贮 /kg	433	402	375	332	333	315
玉米秸 /kg	81	63	43	134	202	187
玉米 /kg	166	249	308	328	214	237
玉米蛋白粉 /kg	52	54	50	47	32	27
小麦麸 /kg	6	1	0	0	30	46
大豆粕 /kg	7	1	0	0	11	8
磷酸氢钙 /kg	0.00	0.00	0.00	0.29	1.09	0.40
石粉 /kg	0.0	0.7	1.4	1.9	1.1	1.7
食盐 /kg	5.0	4.7	4.9	4.4	4.9	4.6
合计 /kg	1000	1000	1000	1000	1000	1000
营养成分含量						
消化能（DE）/（MJ/kg）	7.53	8.15	8.62	8.60	7.82	8.11
粗蛋白（CP）/%	10.52	10.37	10.23	9.52	9.36	9.27
中性洗涤纤维（NDF）/%	17.43	17.41	17.91	19.79	24.89	24.80
酸性洗涤纤维（ADF）/%	10.18	10.07	10.20	11.37	14.52	14.30
钙 /%	0.19	0.20	0.21	0.20	0.22	0.23
总磷 /%	0.16	0.17	0.18	0.17	0.18	0.19
食盐 /%	0.51	0.47	0.49	0.44	0.49	0.46

第六章

畜禽全混日粮配合技术

全混合日粮（total mixed rations，TMR）配合技术是一种将粗料、精料、矿物质、维生素和其他添加剂充分混合，能够提供足够的营养以满足畜禽需要的饲养技术。TMR 饲养技术在配套技术措施和性能优良的 TMR 机械的基础上能够保证动物每采食一口日粮都是精粗比例稳定、营养浓度一致的全价日粮。目前这种成熟的饲喂技术在我国已经普遍采用。

第一节 畜禽日粮配合技术的新发展

在草畜一体化的生态可持续发展模式下，养殖业的日粮配合要在考虑养殖品种生产阶段营养需要的基础上，重视当地饲料资源的开发利用，一是消耗本地的粮食作物生产、加工的副产品，如作物秸秆、麸皮、米糠、稻壳等，二是降低养殖成本，减少废弃物排放。饲料构成了养殖业主要的成本支出，尤其在当前以粮食作物为主的单一种植模式下，优质饲草缺乏已经成为我国农区草食畜牧业发展的关键制约问题。因此，通过科学的加工调配，充分利用各地的自有饲料资源，进行养殖动物日粮配合，是实现草畜一体化建设的必然途径。

在反刍动物养殖中，包含青粗饲料和精料的全混日粮（TMR 日粮）被认为能够减少动物挑食，增加采食量，提高其中的营养物质利用率。在农区科学利用本地饲草、秸秆资源，调配 TMR 日粮是实现秸秆饲料化的关键，也是种植业和养殖业的连接融合点。研究不同作物的副产品、秸秆，配合家畜 TMR 日粮的关键技术配方，是实现本地资源的合理化利用、构建农区青粗饲料供应体系、实现农区草畜一体化协调发展模式的可行途径。

颗粒化 TMR 有利于进行大规模的工业化生产，可减少饲喂过程中的饲草浪费，使大型养殖场的饲养管理省时省力，有利于提高规模效益和劳动生产率。颗粒化全混合日粮可以显著改善日粮的适口性，有效地防止草食家畜的挑食。这可能与制粒过程中日粮所含淀粉原料的糊化相关，从而促进了草食家畜干物质的采食量和日增重。采食量的增加，可以使草食家畜从低能量日粮中获得更多所需要的营养物质，降低了日粮精粗比例，从而节约饲料成本。

颗粒化TMR可以有效防止草食家畜消化系统功能的紊乱，颗粒化TMR含有营养均衡、精粗比适宜的养分，草食家畜采食颗粒化全混合日粮后，瘤胃内可利用蛋白质与碳水化合物分解利用更趋于同步；同时又可以防止草食家畜在短时间内因精料过量采食而导致瘤胃pH值的突然下降；另外，还有助于维持瘤胃内环境的相对稳定及瘤胃微生物（细菌与纤毛虫）的数量、活力，使瘤胃内保持正常的消化、发酵、吸收及代谢，有利于饲料利用率及乳脂率的提高，并减少了食欲不良、酮血症、乳热病、真胃移位、酸中毒及营养应激等疾病发生的概率。

有些当地的饲料不能直接饲喂家畜，例如增加一些有异味或者口味较差的辅料会使家畜少食或拒食，但是和全混合日粮混在一起就可以饲喂给家畜食用。例如在粗饲料的利用上，假如粗饲料资源不足，劣质的粗饲料可以和优质的粗饲料搭配起来饲喂，玉米秸是较差的饲料，但是搭配上羊草就可以得到合理的补充。

在种养结合、草畜一体化理论指导下的TMR日粮的调配，是基于开发利用当地饲料资源的全混日粮的调配，一方面要考虑饲草的营养价值，除了考虑营养物质供给量外，还要考虑原料特性，如钙磷比、氨基酸的组成、原料中特殊的成分对动物的影响，根据动物的养殖特点选用合理的饲料原料，另一方面，也要考虑动物的营养需要和生长时期的生理特点，处于不同生长、生理时期的动物对日粮营养的需求不同，同时因饲料原料本身的特性，在动物不同生理生长时期，在配方中的用量也不同，如全株青贮玉米在育肥羊中可以大量使用，比例可达30%～40%，但在妊娠后期的母羊中不建议使用。

一、TMR日粮配方库建立的意义及创新点

随着草食动物养殖的集约化、规模化程度越来越高，在生产中，牛羊等反刍动物的精料也进入标准化、程序化、集约化生产，而青粗饲料主要是来源于本地资源，少数的高品质牧草如苜蓿、燕麦草可以进口。以“集约化生产的精料＋本地青粗料”完成的TMR日粮，是当前大部分中小型养殖场的日粮供给形式，因此，基于本地的青粗饲料资源营养价值数据库的日粮系列化配方对养殖场就具有普遍的参考意义，因为在当前草食畜牧业养殖科技水平普遍不高的情况下，中小型养殖场将长期存在，且在一段时间内维持科技水平普遍偏低的

情况，制定一套基于本地粗饲料资源的TMR日粮配方具有非常重要的现实意义。笔者进行的研究正是基于此现实背景下，以课题组完成的不同生态区粗饲料营养价值实际值为基础，结合各地的养殖品种，完成不同畜禽品种、不同生长时期的TMR日粮配方。

配方库以常见的粗饲料分类标准，分9个系列，包括玉米秸、地瓜秧、花生秧、豆秸、稻草、小麦秸、谷草、黄贮、青干草等，全株青贮玉米作为未来推广发展的一个重要的饲料供给形式，目前在奶牛养殖中普遍应用，在肉牛、肉羊养殖中也在逐步推广，配合我国的粮改饲和种植业产业结构调整，全株青贮玉米作为一个高品质的饲料来源，将在未来的我国草食畜牧业的发展中逐步推广，并将发挥重要的作用。在笔者所做研究的制定配方库中，以粗饲料为分类标准，适当加入了全株青贮，并对全株青贮的科学使用做出了说明。

二、技术创新关键点

1. 青贮饲料的应用

全株玉米青贮饲料，水分含量在70%左右，干物质蛋白质含量在10%以上，乳酸含量在1.5%以上，但在发酵过程中也会产生亚硝酸盐（亚硝酸盐含量在0.1～0.5mg/kg）、NH_3-N等成分会影响动物的健康，尤其是种用畜禽。如妊娠后期的肉羊、肉牛、奶牛不宜多喂、产前15天停喂。一般情况下，犊牛断奶后，就可饲喂青贮饲料。成年奶牛青贮饲料的日饲喂量掌握在20～25kg为宜，断奶后的犊牛为5～15kg范围。

2. 饲料原料的再认识

在生产中，动物日粮配合包含的主要原料有谷实类（玉米、小麦等）、加工副产品（麸皮、糠麸类、玉米加工副产品）、动物源性饲料（鱼粉、肉粉、肉骨粉等），还有各种牧草、作物秸秆类，这些原料各具特点，在进行日粮配合时，要根据动物的营养需要和加工过程，对这些原料进行科学的选择、搭配，取长补短，规避原料间的拮抗，发挥协同组合效应，形成科学的配方，同时以最适宜的加工工艺，完成配合饲料的生产，使原料营养物质利用最大化。

科学调配日粮的前提是正确认识原料，包括其中营养物质含量及功能性成分。日粮除了提供动物基本营养需要外，其中含量较少的功能性成分也会发挥其他作用。如苜蓿草中除了含有优质蛋白质和一定量的纤维素外，还含有功能性多糖、黄酮，能提高动物的免疫力和母畜繁殖力。对各类原料内在特点进行深入分析，对于发挥原料的特性、科学调配日粮、提高饲料利用率具有重要的意义。

（1）常见饲料原料钙磷含量特点及肉羊各阶段钙磷需要量分析　从肉羊各阶段的钙磷需要量（见图6.1），可以看出肉羊生长的各个阶段对钙的需要量始终高于磷，钙磷的需求比（Ca∶P）为1.23～2.00；钙磷需要量，随着年龄的增加，呈下降趋势；妊娠前期钙磷需要量明显低于妊娠后期的钙磷需要量。

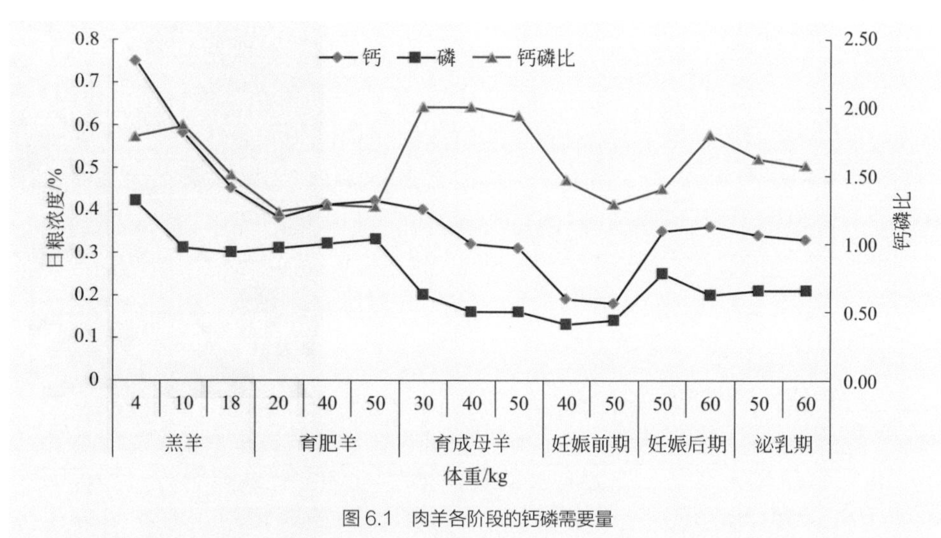

图6.1　肉羊各阶段的钙磷需要量

羔羊平均日增重：300g，育肥羊平均日增重：300g，育成公羊平均日增重：100g，育成母羊平均日增重：60g，妊娠期平均日增重：60g，泌乳期平均泌乳量：1.4 kg/d。下图同

常见饲料原料的钙磷含量及钙磷比见表6.1，种皮类饲料原料：玉米皮、麸皮、米糠等，玉米皮和麸皮中含有大量钙磷，麸皮中钙含量为0.16%左右，而磷含量为0.85%～1.05%，钙磷比与动物的营养需要相比，严重失调，在精料中大量使用，易造成育肥羊尿道、膀胱、输尿管等泌尿系统结石（见图6.2）；饼粕类饲料原料：棉籽粕中钙磷比例在1∶（2～4），菜籽粕中钙磷比在1∶（2～3），两者共同的特点是这两种原料含有大量的种皮，其中磷的绝对含量大于0.94%，在饲料中用量过大也易造成育肥羊的结石。青粗饲料、谷草、玉米秸、大豆秸等，含钙较多，钙磷比为（1.57～14.09）∶1，与精饲料搭配，能够满足反刍动物的钙磷需求。

表6.1　常见饲料原料钙磷含量

单位：%

项目	Ca	P	Ca/P	P/Ca
玉米	0.06	0.24	0.25	4.00
小麦	0.11	0.39	0.29	3.55
高粱	0.08	0.33	0.24	4.12

续表

项目	Ca	P	Ca/P	P/Ca
大麦	0.11	0.37	0.30	3.36
燕麦	0.17	0.40	0.42	2.35
麸皮	0.16	0.93	0.17	5.81
米糠	0.12	1.28	0.09	10.67
玉米皮	0.21	0.39	0.54	1.86
豆粕	0.34	0.64	0.53	1.89
豆饼	0.35	0.64	0.55	1.83
棉籽粕	0.31	1.15	2.07	3.71
菜籽粕	0.41	0.94	0.44	2.92
花生饼	0.27	0.60	0.45	2.22
花生粕	0.27	0.56	0.48	2.07
黑麦草	0.39	0.24	1.63	0.62
谷草	0.34	0.03	11.33	0.09
地瓜秧	1.55	0.11	14.09	0.07
花生秧	2.46	0.34	7.24	0.14
大豆秸	1.31	0.22	5.96	0.17
玉米秸	0.05	0.03	1.70	0.59
羊草	0.22	0.14	1.57	0.64
苜蓿干草	1.95	0.28	6.96	0.14

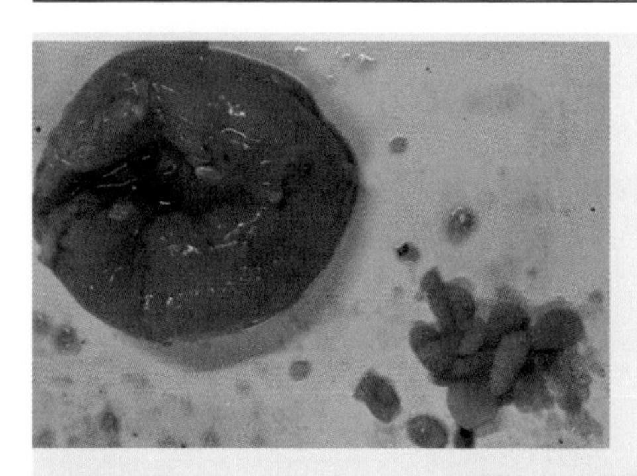

图 6.2　从羊尿道中取出的结石

由此可见，在肉羊饲料的配合过程中，应减少种皮类饲料的使用量，适当调高粗饲料的比例，育成母羊阶段和妊娠前期，应增加粗饲料的使用，减少精料比例。

（2）常见饲料原料蛋白质含量及肉羊各阶段蛋白质需要量分析　肉羊各阶段蛋白质需要量见图 6.3，由图可知，肉羊羔羊阶段（体重＜ 18kg）对蛋白质的需求量较高，日粮中含量为 22% ～ 75%，断奶后的羔羊进入育肥或育成期，日粮蛋白质含量逐渐降低。

育成母羊和妊娠母羊阶段，日粮蛋白质含量降至 10%，泌乳期蛋白质需要量有所上升。

常见原料蛋白质和限制性氨基酸含量见表 6.2，从表中可以看出，谷物籽实类饲料原料粗蛋白含量为 8% ～ 14%，饼粕类饲料原料粗蛋白含量为 35% ～ 45%，饼粕类粗蛋白中，赖氨酸和蛋氨酸比例高于其他几类饲料。

综上所述，在配合日粮的过程中，饼粕类饲料也不能满足体重 4 ～ 10kg 羔羊的蛋白质需求，育成母羊阶段和妊娠阶段，可选用粗蛋白含量较低的饲料配合日粮，适当增加粗饲料在日粮中的比例。

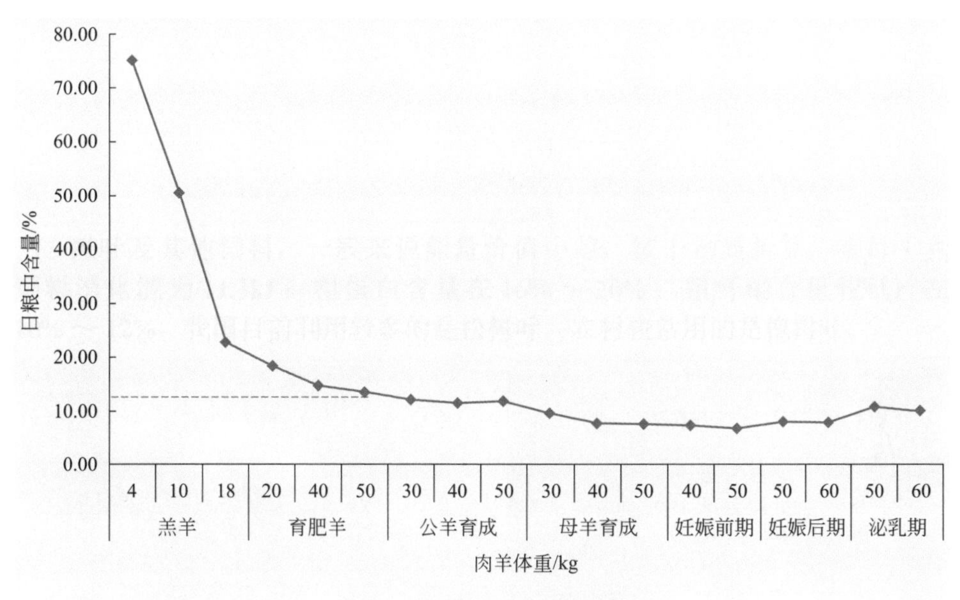

图 6.3 肉羊各阶段的蛋白质需要量

表 6.2 常见饲料原料粗蛋白（CP）及限制性氨基酸含量

项目	CP/%	Lys/%	Met/%	Lys/CP	Met/CP
玉米	8.70	0.24	0.18	0.028	0.021
小麦	13.90	0.30	0.25	0.022	0.018
高粱	9.00	0.18	0.17	0.020	0.019
大麦	11.00	0.42	0.18	0.038	0.016
麸皮	15.70	0.58	0.13	0.037	0.008
米糠	12.80	0.74	0.26	0.058	0.020
玉米皮	10.17	0.35	0.18	0.034	0.018

续表

项目	CP/%	Lys/%	Met/%	Lys/CP	Met/CP
豆粕	44.20	2.68	0.59	0.061	0.013
豆饼	41.80	2.43	0.60	0.058	0.014
棉籽粕	36.30	1.40	0.41	0.039	0.011
菜籽粕	36.60	1.24	0.60	0.034	0.016
花生饼	44.70	1.32	0.39	0.030	0.009
花生粕	45.00	1.32	0.39	0.029	0.009
苜蓿草粉（一）	14.30	0.60	0.18	0.042	0.013
苜蓿草粉（二）	17.20	0.81	0.20	0.047	0.012
苜蓿草粉（三）	19.10	0.82	0.21	0.043	0.011

注：CP 表示粗蛋白；Lys 为赖氨酸；Met 为蛋氨酸。

（3）常见饲料原料纤维及有效能含量特点及肉羊各阶段能量需要量分析

肉羊各阶段能量需要量见图 6.4，由图可知，羔羊阶段对能量的需求高，消化能（DE）为 15.70 ～ 34.50MJ/kg，代谢能（ME）为 14.20 ～ 29.67MJ/kg；育成公羊、育成母羊和妊娠阶段对代谢能的需求低于 10.00MJ/kg，泌乳期，母羊对能量的需求增加；育肥期代谢能需要量为 11.20 ～ 13.81MJ/kg。

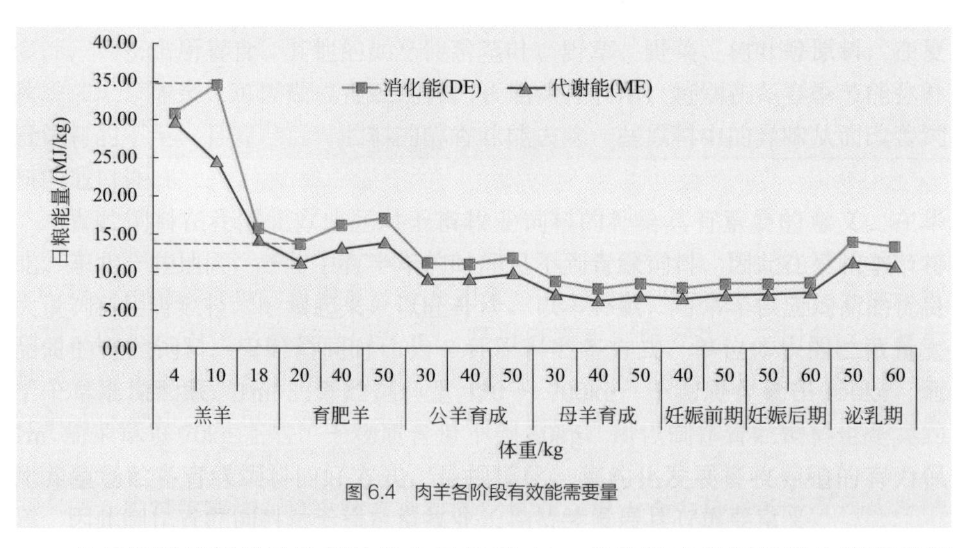

图 6.4 肉羊各阶段有效能需要量

常见饲料原料纤维及有效能含量见表 6.3，谷物籽实类饲料消化能和代谢能高于其他类饲料，饼粕类饲料纤维（CF）含量高于谷物籽实类。

综上所述，在羔羊日粮配合中，几乎所有饲料都不能满足其对能量的需求；育成公羊、育成母羊、妊娠期母羊的饲料中，应适当减少能量饲料的比例，增加粗饲料比例，避免脂肪沉积，影响繁殖性能；肉羊育肥过程中，高精料饲喂容易造成羊的酸中毒、尿结石、黄膘肉等。

表 6.3　常见饲料原料纤维及有效能含量

项目	NDF/%	ADF/%	CF/%	DE/（MJ/kg）	ME/（MJ/kg）
玉米	9.30	2.70	1.60	14.27	12.29
小麦	13.30	3.90	1.90	14.23	12.08
高粱	17.40	8.00	1.40	13.05	10.99
大麦	9.00	5.00	4.70	14.18	11.61
麸皮	37.00	13.00	6.50	12.18	9.14
米糠	22.90	13.40	5.70	13.77	12.70
玉米皮	41.86	11.96	13.80	11.00	9.05
豆粕	13.60	9.60	5.90	14.27	12.03
豆饼	18.10	15.50	4.80	14.10	12.79
棉籽粕	28.40	19.40	12.00	12.47	11.10
菜籽粕	32.10	22.90	12.50	13.22	10.92
花生饼	14.00	8.70	5.90	14.39	13.09
花生粕	15.50	11.70	7.00	13.56	12.07
黑麦草	—	—	20.40	10.86	8.90
谷草	67.80	56.00	32.60	7.32	6.02
小麦秸	80.00	62.00	31.90	5.61	4.58
玉米秸	71.50	47.90	24.90	5.50	4.50
羊草	64.80	39.00	29.40	6.76	5.55
苜蓿干草	39.69	31.99	29.50	8.07	6.65

注：DE、ME 均为肉羊的有效能。

3. 动物生长时期分类

各类规模化圈养的动物，其营养需要量，国标上现在都做了较为明确的规定，其中对动物的不同生长时期都有了明确的分期，以利于精准化供给营养物质。饲料配方的调配也以此为主要依据，饲养标准给出的数据只是在一定饲养条件下的营养需求，其与生产中的实际需要有一定的差距，且在生产中，常常会根据市场畜禽的需求情况、饲料的价格来调整日粮的营养浓度，从而调整动物生长速度和出栏日期，这种营养（饲料）供应的盈缺程度常会影响畜产品品质。

例如肉羊养殖中，在现行的饲养标准中，根据绵羊的一般生长体重，把羊的生长分成为：第一阶段，羔羊时期（4 ～ 20kg）；第二阶段，育肥羊（20 ～ 50kg）、育成母羊（20 ～ 50kg）、育成公羊（20 ～ 70kg）；第三阶段，妊娠母羊（40 ～ 70kg）、泌乳母羊（40 ～ 50kg）。但在生产中，育肥羊或肥羔的生产是肉羊养殖中的重头戏，涉及的养殖场最多，也是最容易出问题的环节，羊的快速育肥主要是在农区完成，以精料为主的育肥方式（后期精料达90%）容易造成羊的酸中毒、尿结石、黄膘肉等问题，这些一直是农区规模化肉羊育肥场频发的问题，所以实际的肉羊培育也常把育肥分成 2 ～ 3 个阶段：1 月龄断奶，进行肥羔的生产，2 ～ 5 月龄育肥前期以生长身体骨骼和肌肉为主，蛋白质供给要充足，能量适当偏低，6 ～ 8 月龄则以沉积脂肪较多，能量适当提高，蛋白质适当降低。20 ～ 50kg 的育肥羊营养需求，日粮蛋白质浓度从 18.30% 降到 13.44%，而能量需求则从 11.20MJ/kg 增加到 13.81MJ/kg（见图 6.5）。

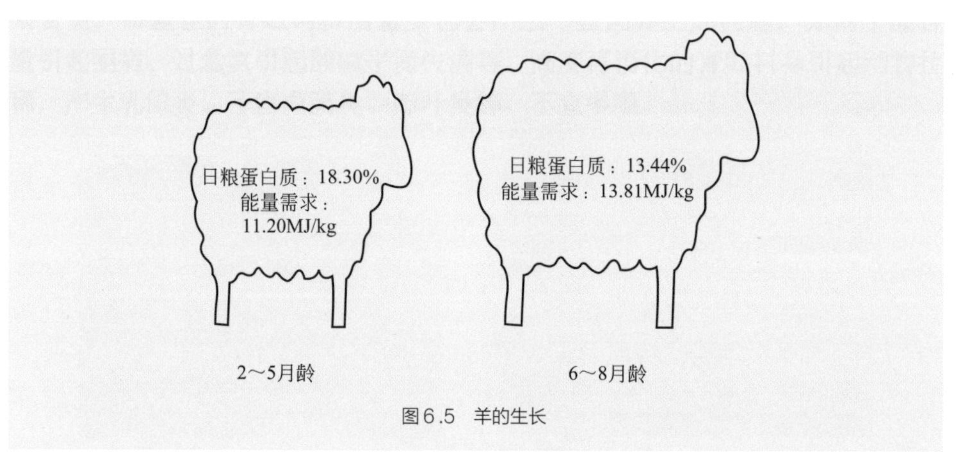

图6.5 羊的生长

在生产中还形成了对山羊羔羊不断奶育肥生产肥羔，在家庭养殖的中小型养殖场，山羊出生后，跟随母羊哺乳，用优质的干草，1 月龄后开始，边哺乳边补饲，3 月龄体重 20 ～ 25kg，直接以肥羔出栏。

技术点：①母羊一般在 6 个月龄达到性成熟，还要看体重，一般绵羊或杂交羊到体重不低于 40kg 才可以第一次配种，过早配种常会导致早衰，使用年限缩短。②羊的不同生长阶段见图 6.6。

4. 草食性家畜生长阶段划分

见图 6.7 和图 6.8。

在母牛妊娠期，胚胎生长发育分两个阶段，第一阶段缓慢生长期总计 5 个月，共 150 天；第二阶段快速生长期总计 4 个月，共 120 天；在围产期中期分娩，围产期总计约 30 天。胚胎生长至分娩共计 285 天。

5. 肉羊营养供给方案

根据肉羊生长规律，为精准化制定饲养方案，并完成科学的饲料配方的调配，把生产中的肉羊养殖分成断奶后羔羊（体重 20kg 以前）、育肥羊、育成

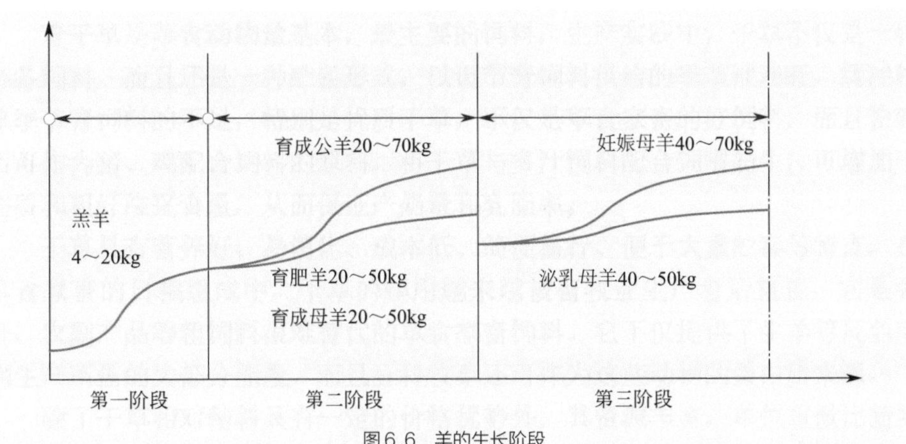

图 6.6　羊的生长阶段

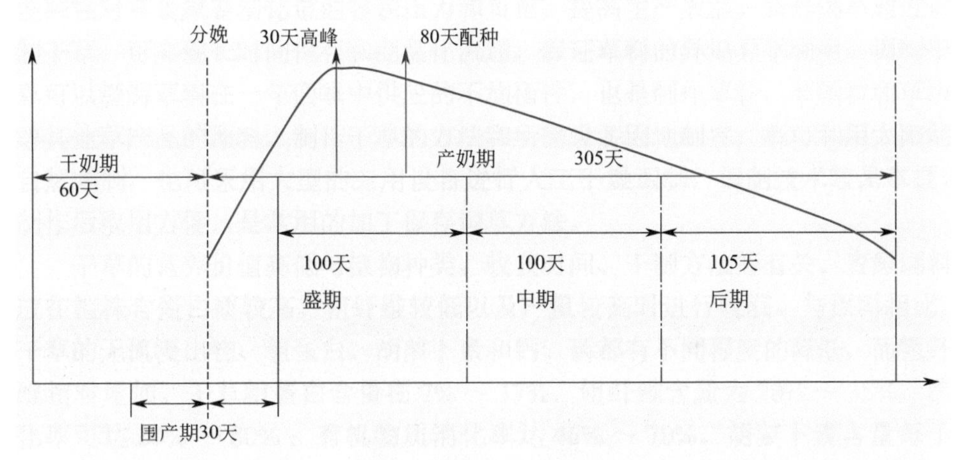

图 6.7　奶牛生长阶段的划分

母羊、育成公羊、妊娠母羊（前期，后期）、哺乳母羊等几个阶段，各阶段的生长特点和营养需求都有不同。

生长阶段的划分见图 6.9。

小尾寒羊公、母羔初生重分别为 3kg、2.87kg，3 月龄时体重分别达 20.80kg 和 17.20kg，公、母羔日增重分别达 198g 和 161g。3 月龄与初生时相比，公、母羊体重分别增加约 6 倍和 5 倍。因此，哺乳期若对羔羊饲养管理不精细很容易造成死亡。

在羔羊阶段，保持 200 ～ 300g/d 的平均生长速度，干物质采食量从 120g/d 增加到 560g/d，占体重的 3% 左右，对日粮的营养浓度要求较高，需要高能高蛋白日粮，钙磷比在（1.4 ～ 2）∶1 之间。

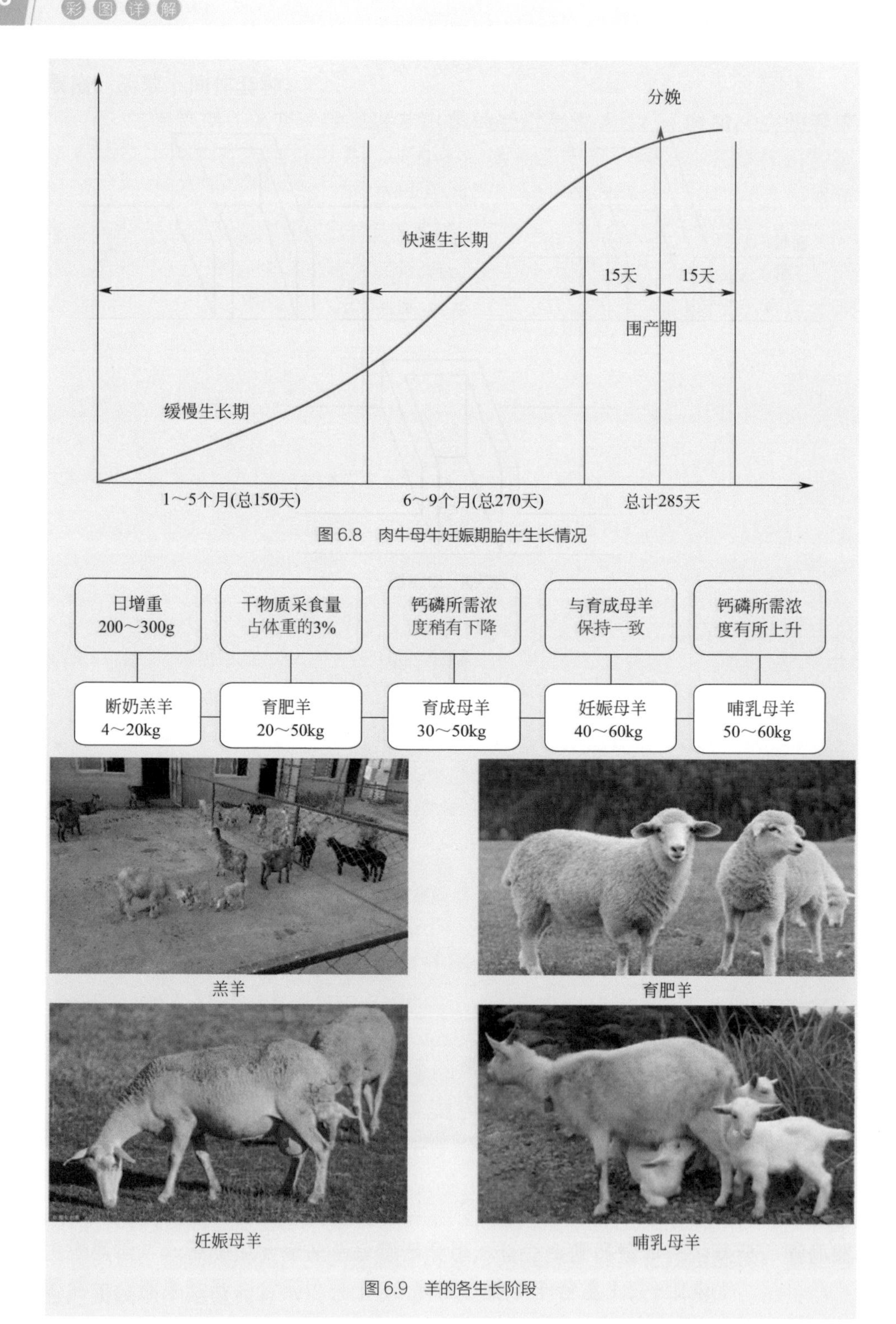

图6.8 肉牛母牛妊娠期胎牛生长情况

图6.9 羊的各生长阶段

6. 各阶段钙、磷需要分析

见图 6.10。

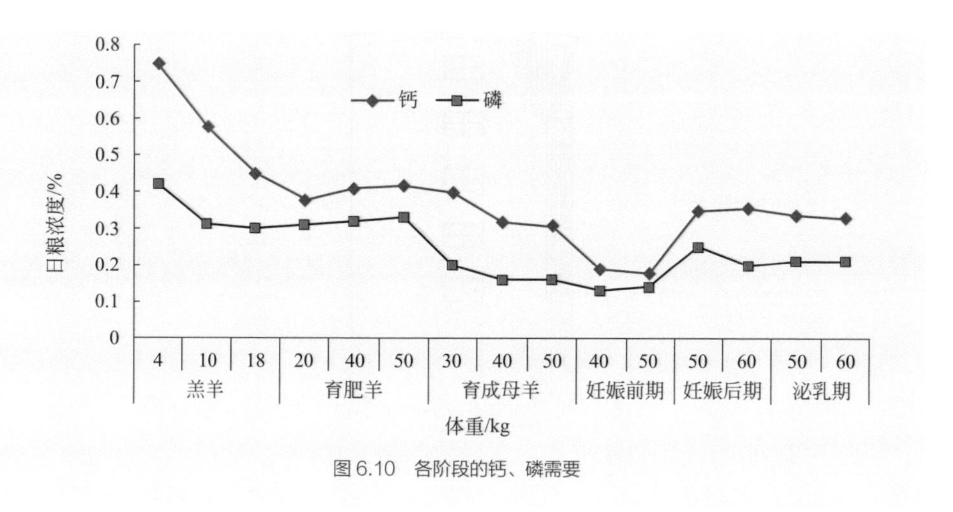

图 6.10　各阶段的钙、磷需要

第二节　TMR 日粮在生产中的应用

一、TMR 日粮在生产中应用的优势

（1）改善饲料适口性，避免动物挑食出现营养失衡。按照营养配方提供的各种青粗饲料和精饲料以及饲料添加剂，以合理的顺序投放在 TMR 饲料搅拌车的混料箱内，通过绞龙和刀片的作用对饲料进行切碎、揉搓、软化、揉细等工序并混合均匀后，能改善粗饲料的适口性，保证营养的均衡性，以提高动物的生产性能。

（2）能最大限度地提高干物质的采食量及饲料利用率。因铡切适当长度的粗饲料与精料等混合后，在物理空间上产生了互补作用，从而增加了干物质的采食量，避免了因干物质采食量不足而导致的生长缓慢、生产性能降低等问题。同时，减少了分食造成的某一种或几种饲料的浪费，提高了饲料利用率。

（3）可维持瘤胃 pH 正常值的相对稳定，增强瘤胃机能。分食制易造成粗饲料采食减少，精料比例相对升高，从而导致瘤胃内环境发生改变，pH 值下降，瘤胃微生物活性减弱、数量减少，继而影响瘤胃的正常机能。

（4）可简化饲养程序，便于实现饲喂机械化和自动化，提高人工效率，充分发挥规模化、专业化、集约化厂区的饲养优势。

（5）减少了饲养的随意性，使饲养管理更精确，并能充分利用当地的饲料资源。TMR 中可适当加入当地适口性较差的粗饲料（因混合均匀度高而不易被动物识别），并能因动物种属而异，随时调整配方，使其各阶段采食的营养物质及数量更加细化和精准，以最大限度地利用最低成本的饲养配方，并能充分发挥动物的生产性能和遗传潜力。

（6）能有效预防营养代谢紊乱，降低因干物质摄入不足或精料采食过多导致的疾病发生率，如减少了分食制中偶然发生的微量元素、维生素的缺乏或中毒现象，以及前胃弛缓、真胃移位、酮血症、瘤胃酸中毒、繁殖障碍等病症的发生。

（7）降低了管理成本、饲料成本、疫病防治费用，提高了生产效率和经济效益。

二、TMR 混合装置

1. 工作原理

立式全混合日粮搅拌机主要由一个或两个绞龙组成，螺旋绞龙分为上旋和下旋两部分。在混切搅拌时，搅拌机将物料从箱体两端各个方位同时向搅拌机中间位置旋切搅拌。绞龙螺旋体上每个螺旋导程装有动刀片，与饲料搅拌机中心线位置上的固定齿作切割工作，将通过的各种纤维性草料、秸秆进行切割搅拌，从而达到粉碎、混合均匀的效果。

除了混合以外，搅拌机还具有切碎、揉搓的功能。有的搅拌机还带有高精度的电子称量系统，可以准确计算饲料，并有效管理饲料，不仅显示饲料混合机中的总重，还计算每头动物的采食量，尤其是对一些微量成分的准确称量（如氮元素添加剂、人造添加剂和糖浆等），从而生产出高品质饲料，保证畜禽每口日粮都是精粗比例稳定、营养浓度一致的全价日粮。经过 TMR 机混合后，提高了饲料的适口性和消化率，同时避免了挑食，减少了浪费。

2. 全混合日粮设备

全混合日粮（TMR）饲喂技术关键设备是搅拌机，可解决高强度的搅拌工作和运料喂料问题。搅拌机按行走方式可分为自走式、牵引式和固定式三种型式，按结构可分为卧式和立式两种型式。

（1）自走式搅拌机　自走式搅拌机（见图 6.11）能够完成自动取料、自动称重计量、混合搅拌、运输、饲喂等，具有自动化程度高、效率高、视野开阔、驾驶舒适等优点，是搅拌机中的高端产品，适合现代化大型牛场使用。

图 6.11　自走式搅拌机

（2）牵引式搅拌机　牵引式搅拌机（见图 6.12）是由拖拉机牵引，原料混合及输送的动力来自拖拉机动力输出轴和液压控制系统。其在送料过程中进行物料的混合，拉至牛舍时即可饲喂，其可使搅拌和饲喂连续完成，适合通道较窄的牛舍。

图 6.12　牵引式搅拌机

（3）固定式搅拌机　固定式搅拌机（见图 6.13）一般以三相电机为动力，通常放置在各种饲料储存相对集中、取运方便的位置，其将饲料加工搅拌后，搅拌好的饲料由出料设备卸至喂料车上，再由喂料车拉到牛舍饲喂。该类机型适合全混合日粮（TMR）加工配送中心和牛舍通道狭窄的养牛小区使用。

图 6.13　固定式搅拌机

3. TMR 设备使用注意事项

① 打开机器后，要边混合边添加原料，使 TMR 混合更加均匀。

② 注意添加顺序，一般按照先粗后精、先干后湿、先轻后重、先长后短的原则来添加原料。

③ 混合时间决定 TMR 的均匀度、细度，所以在 TMR 混合机运转时要不时注意 TMR 日粮细度的变化，在所有原料添加完毕后，再混合 6 ～ 8min。应根据细度的分级标准来决定混合时间。

④ TMR 日粮的水分和细度由所饲喂动物的生理需求所决定，TMR 日粮的混合均匀度、附着能力以及 TMR 日粮的适口性，都会影响动物的采食及生产性能，所以保证 TMR 日粮合适的细度和水分是很关键的。TMR 日粮水分一般在 45% 左右，常用微波炉来检测 TMR 日粮的水分含量，一般一周检测一次。

⑤ TMR 搅拌效果主要从颜色、均匀度、细度、水分等方面来评定。从感官上，搅拌效果好的 TMR 日粮表现在精粗饲料混合均匀，松散不分离，色泽均匀，新鲜不发热，无异味，不结块，水分 45% 左右，如图 6.14 所示是其外观样貌。

图6.14　TMR日粮

⑥ 要经常检查TMR日粮的质量，检测的方法通常有以下三种：

a. 直接检查　随机从TMR日粮中取样，用手捧起，观察，估计其总重量及不同粒度的比例。

b. 过滤筛过滤　专用筛由两个叠加式的筛子和底盘组成。上面筛子的孔径是1.9cm，下面筛子的孔径是0.79cm，最下面是底盘。具体使用步骤为：在未采食前的日粮中随机取样放在上部的筛子上，水平摇动2min，直到只有长的颗粒留在上面的筛子上，再也没有颗粒通过筛子。这样日粮被筛分成粗、中、细三部分，分别对这三部分进行称重，计算它们在日粮中所占的比例。另外，这种专用筛也可用来检测搅拌设备运转是否正常，搅拌时间、上料次序是否科学等，从而制定正确的全混日粮调制程序。筛网过滤是一种数量化的评价法，但是到底各层应该保持什么样的比例合适，与日粮组分、精饲料种类、加工方法、饲养管理条件等有直接关系。

c. 观察动物的采食量、适口性和饲喂效果　如反刍动物的反刍情况是否正常、健康状况是否良好、生产性能有没有达到预期指标等。此外，坚持估测日粮中饲料粒度的大小，保证日粮制作的稳定性，对改进饲料管理、改善动物的健康状况及提高其生产性能十分重要。

三、TMR日粮的饲料配合原则及方法

无论是反刍动物还是单胃动物，其日粮配合具有共同的特点，就是可满足

不同生产、生理状态下的动物的营养需求，使其发挥最大生产性能。

1. 日粮的搭配原则

见图 6.15。

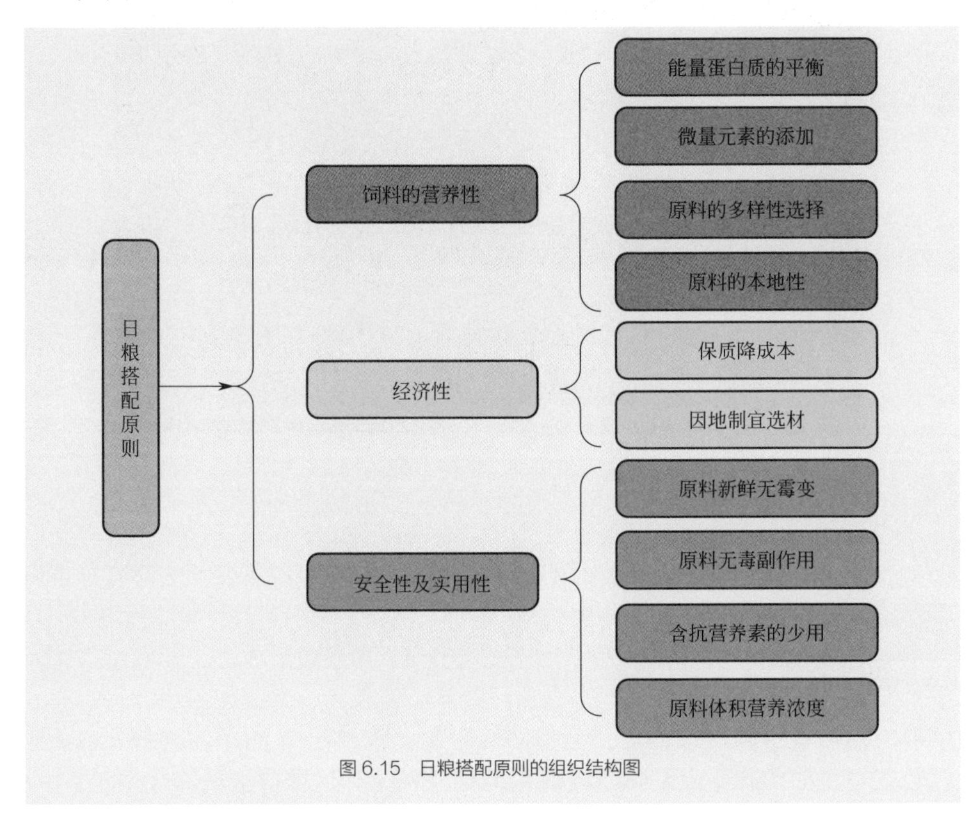

图 6.15　日粮搭配原则的组织结构图

（1）饲料的营养性

① 适宜的营养水平　动物的种类、品种、年龄、生理状态、生产水平及所处饲养环境不同，其对营养水平的要求不同，因此在设计饲料配方时，必须以饲养标准为依据，对不同养分加以合理调整，以满足不同动物的需求。

在设计配方中各种营养物水平时，应考虑养分间的平衡性，尤其是能量与其他营养之间的比例，饲养标准的第一项即为能量需要量，一般作为饲料配方也要首先满足能量与蛋白质的需求，其他成分可后来作为补充；动物尤其是家禽有“为能而食”的特性，在理论值能量和蛋白质配平的同时，还要考虑饲料原料的质量，有条件的厂区要定期进行测定，因不同产地间的营养成分可能存在差异。同时还应考虑的一个问题就是粗纤维水平，饲粮配合时要针对不同动物种类控制配方中的粗纤维含量，由于幼龄动物及单胃动物对粗纤维的消化能力很弱，不能很好地利用粗纤维，并且饲粮中粗纤维含量影响饲粮能量浓度及其他养分的利用率，因此对于这些动物的饲粮应将粗纤维控制在较低的水平，以保证其他各种养分的消化利用。

② 适合的饲料原料种类　要想使所设计的饲料配方中的各种营养水平与动物的营养需要相符合，饲料原料的选择非常重要，在条件允许的情况下，饲料原料种类尽量多样化，而且要适合不同动物的需要，只有种类多样化，才能发挥饲料营养成分互补的作用，从而使饲粮养分有较好的平衡性。此外，由于饲料在加工、贮存过程中会造成某些养分的损失，为了保证饲料产品的营养成分能真正达到设计标准，在配方设计时，设计值应略大于配合饲料的保证值（尤其是配方中的微量营养成分），以便产品在有效期内各营养成分含量不低于产品标示值。

（2）安全性及实用性　在选择饲料原料时，要注意饲料原料的品质，要求饲料原料品质新鲜，无发霉变质和酸败，本身不含有有毒有害物质，质地良好，重金属等含量不能超过规定范围。含有毒素或抗营养因素的饲料应脱毒后使用或控制使用量，对于某些可能在动物体内产生残留的饲料添加剂应严格按照安全法规要求使用。

饲料适口性直接影响饲料的采食量，对于适口性较差、有异味的饲料应限量饲喂，同时可以搭配一定量适口性较好的饲料，或加入一定量的调味剂以提高其适口性，保证动物的采食量。在选择饲料原料时还应考虑原料的体积大小，饲料体积大，营养浓度低，可造成消化道负担过重，影响动物对饲料养分的消化。饲料体积小即使能量等养分能满足动物的营养需要，但动物吃后无饱腹感，导致动物食后仍不安静，影响其生产性能。

因此饲料原料的选择既要考虑营养性，又要考虑适口性、安全性及实用性。

（3）经济性　饲料配方设计在保证配合饲料质量的前提下应降低成本，为了达到降低配合饲料成本的目的，在配方的原料选择上应尽可能因地制宜，以减少不必要的运输费用等，同时在选择原料种类时不应过多，以减少不必要的加工成本。总之从经济角度考虑应选取适用且价格低廉的饲料原料。

2. 反刍动物的 TMR 日粮设计

反刍动物 TMR 日粮配合以青粗饲料为主，精料作补充料，日粮配方设计实际上是以精粗料的比例及原料选用为基础来进行的，常用到谷类、植物副产品、矿物质、添加剂等（见图 6.16）。

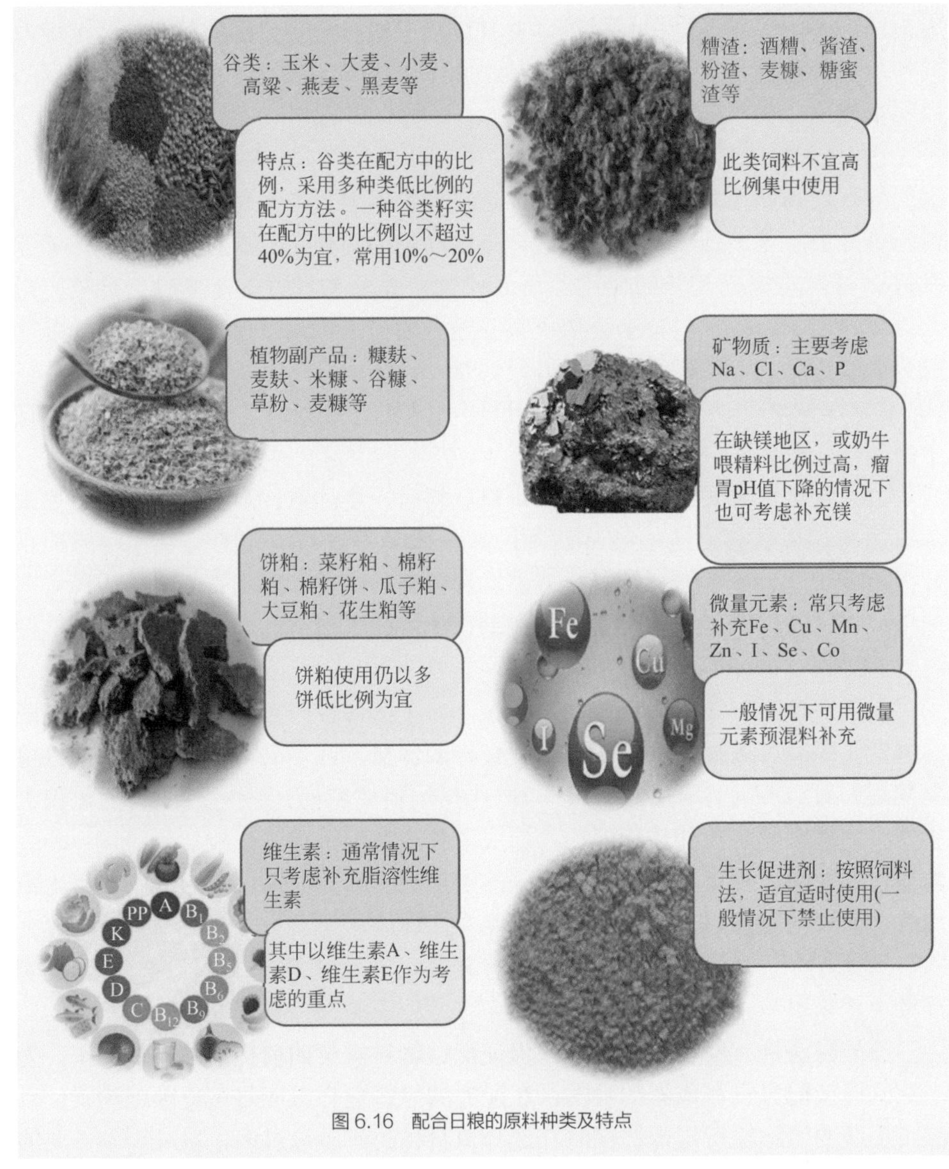

图6.16　配合日粮的原料种类及特点

全混合日粮是针对反刍动物特殊消化生理结构和特点设计的。例如肉牛的采食量较大、采食速度快，大量的饲料未经充分咀嚼就被吞咽进入瘤胃，经瘤胃浸泡和软化一段时间后，食物经呕逆重新回到口腔，经过再咀嚼，再混入唾液并再吞咽后进入瘤胃，这个过程需要较长的时间。若采用精粗分开的饲喂方式，肉牛很难将精粗饲料充分混匀，容易导致瘤胃pH值波动较大，蛋白质饲料和碳水化合物饲料发酵不同步，降低微生物合成菌体蛋白的效率和饲料的利用率，同时导致了瘤胃内环境失衡、消化机能紊乱和营养代谢病的发生。因此，采用全混合日粮饲喂技术，有利于肉牛最佳生产性能的发挥，提高肉牛的健康水平。

粗蛋白来源要考虑降解率低的原料，提高粗蛋白利用率。特别是肉牛生长后期，尽可能选粗蛋白降解率低的原料。一切动物性饲料对于反刍动物适口性都不好，所以在配方中，除代乳料要考虑脱脂奶粉外，一般不用动物性饲料，例如鱼粉、蚕蛹影响奶气味，对肉牛而言影响肉质。用植物性饲料，要保证适宜的可溶性物质，但仍要限量。糟渣不能大量使用，由少到多且限量。

日粮的物理形态：精细适度，粗料不宜细粉碎，也不能粗粉碎，粗料只适于切碎，精料宜粗粉碎（压片、制粒等），制粒也要依动物种类而异。

饲喂方式：正确的饲喂次序是先粗后精、先吃后饮、先喂适口性差的饲料再喂喜食的饲料，精料每天的投喂量不要超过体重的1%，奶牛、奶羊可稍高一些。

（1）生长奶牛日粮配方设计　饲养生长奶牛的目标是在人为控制条件下（通过饲料、饲养），在适宜的时间内（一般两年），使其达到适宜的体重（如黑白花牛340kg左右、爱尔夏牛270kg左右、娟珊牛230kg左右），为下一步配种、繁殖、产奶打下良好的基础。这种定向控制饲养的成功与否，70%决定于日粮配方，因此要设计好配方，必须注意准确记录生长奶牛的种类、年龄、体重。估计出在规定的时间内达到规定体重所要求的日增重速度。估计饲料之间的结合效应。调查摸清常用粗饲料的种类、质量和一般用法用量，估算出平均每天能提供给生长奶牛各种主要营养素的确切数量。根据饲养标准和综合有关研究资料，计算出要达到规定日增重速度的营养水平。根据生长奶牛的总采食量，计算出营养素的日粮浓度，再调整日粮中精粗饲料的比例，直到精粗比例、各种营养素需要都满足要求为止。精料配方设计必须切实保证碳水化合物和真蛋白质的质量，使用NPN（非蛋白氮）时应注意N、S比例［以（10～14)∶1为宜］。

（2）产奶奶牛的日粮配方设计。　弄清楚产奶牛的产奶阶段和产奶周期，饲料配合基本原理可参考生长牛的日粮配方设计。选料很关键，选择精料配合饲料时，一切影响奶气味的料要限量。影响奶品质的饲料较多，如菜籽饼、糟渣、鱼粉、蚕蛹等，可尽量选用影响较小的饲料或通过严格限制用量拟定配方生产饲料。应选用一部分发酵料，研究认为产奶因子与发酵饲料有关。产奶高峰期，若喂原配合饲料通过增加喂给量都不能满足产奶需要，则应重新拟定配方，增加营养素浓度。产奶高峰期过后，在饲料法规允许条件下，可适当应用特定生长促进剂（如碘化酪蛋白）提高产奶量。要求精料加工不能过细（粉状），以免影响正常瘤胃功能。若奶牛配合精料蛋白质水平达到或超过20%时，加NPN效果不好，建议不用或尽可能少用NPN化合物，否则NPN将在瘤胃内分解成氨由尿排出，影响奶牛总氮的获得水平。若精料CP＜20%，可以考虑加NPN，且最好加在精料中，以利于全部吃入。总之配方饲料要求多样化。

（3）代乳料的配方设计　前期代乳料（6周以内）配方设计是目前牛日粮配方设计中的一个难题。一是可供选用的配方原料有限，主要是脱脂奶粉或奶加工副产品，此外可选油脂、添加剂。其中动物油脂比植物油脂好，糖则以单糖为好，其他糖较差。二是成本较高，根据目前的研究，要利用其他一些动植物饲料还有一定的困难。研究证明，幼牛与幼小单胃动物无异（与乳猪类似），碳水化合物（淀粉）饲料基本上不能利用，甚至可能产生腹泻。后期（6周以后）代乳料由于胃肠机能逐渐发育成熟（基本上接近4周龄后的小猪），可用木质素含量少的青饲料。

（4）育肥肉牛日粮配方设计　肉牛育肥前期日粮粗蛋白含量应大于20%，且青粗饲料的含水量不宜高于25%（保证有效采食）。育肥前期日粮的消化率应不低于70%，育肥后期（达到成年体重后半年，及出生一年后，再过半年使体重达300～350kg时）可略低于70%。精料要有适量的可溶性物质（如淀粉、单糖等），这样有利于微生物繁殖，其含量应小于25%，若精料过多，易改变瘤胃的pH值，则不仅粗纤维的利用率下降，而且在消化上易造成酸中毒。粗脂肪的含量应小于5%，过高则抑制微生物正常活动。生产中应尽量选择饱和脂肪酸（降低氢化的能量损失），有研究表明，饱和脂肪酸加不饱和脂肪酸具有增效作用。但加不饱和脂肪酸最好进行包被使用，免于在瘤胃中氢化消耗能量，在日粮中只保持2%的不饱和脂肪酸即可。日粮pH值适于偏碱性，促进瘤胃消化，使用添加剂应考虑酸碱缓冲平衡体系，在添加剂中常用$NaHCO_3$调节酸碱度。微量营养素：水溶性B族维生素可不考虑，但脂溶性维生素必须考虑，添加脂溶性维生素要采取包被或其他保护措施（可制成微型胶囊），加脂溶性维生素应多加一些。微量元素除Fe、Cu、Zn、Mn、I、Se外，Co也要考虑，因Co合成维生素B_{12}，镁也要考虑。

进行配方设计时要选择合适的饲料原料，尽可能多用大麦，不用小麦，减少玉米用量，适当增加一些糠麸、糟渣、某些饼粕如亚麻籽饼。育肥后期要限制饲料组成中的草粉、苜蓿等含叶黄素多的饲料成分，预防体脂变黄，影响商品质量，且应尽量少用鱼粉、蚕蛹等。整个育肥期粗饲料摄入应保持在15%左右。精料配方设计粗纤维以不低于3%为宜。营养成分应全面考虑，微量元素 Fe、Cu 在后期要提高用量，铁有效含量应大于 50mg/kg，以提高肉品质量。

（5）反刍动物（草食动物）配方设计流程见图 6.17。

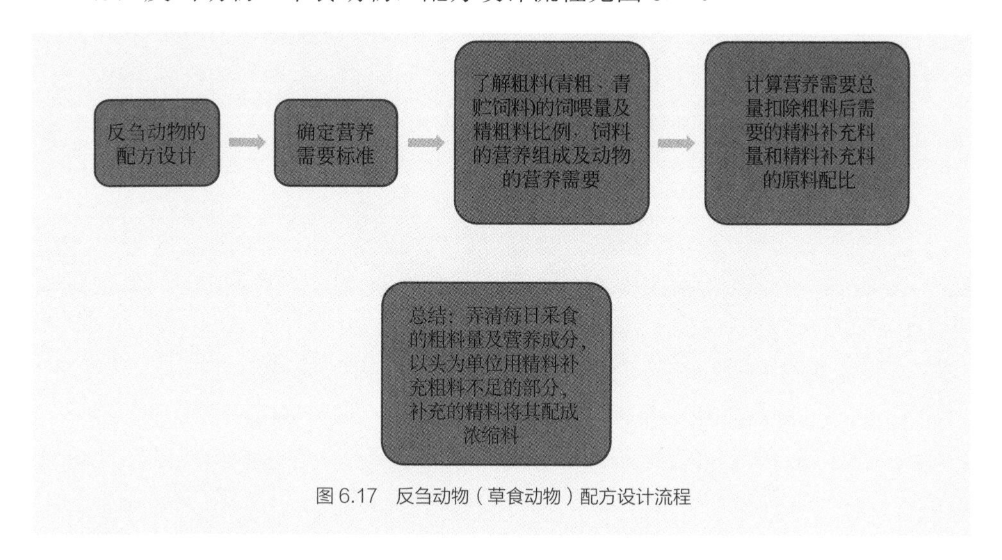

图 6.17　反刍动物（草食动物）配方设计流程

四、TMR 日粮生产及应用技术

1.TMR 日粮在规模化奶牛场的生产与应用

（1）合理设计 TMR 日粮　综合泌乳阶段、产量、胎次、体况、饲料资源等因素，以奶牛饲养标准为基础制作配方。一般要求调制 5 种不同营养水平的 TMR，即高产牛 TMR、中产牛 TMR、低产牛 TMR、后备牛 TMR 和干奶牛 TMR。大型奶牛场的泌乳牛群，可根据泌乳阶段分为早、中、后期牛群和干奶早期、干奶后期牛群。泌乳早期牛群，不管产量高低，均以提高干物质采食量为主。控制 TMR 料的营养浓度，应每周检验一次原料，确保原料成分无变化，使 TMR 营养平衡。TMR 含水保持在 35% ～ 55%，保证各种原料能较好地附着黏合在一起。选择合适的 TMR 搅拌设备，对原料进行充分混合。根据各牛群实际情况，制作各自的 TMR 饲料。

（2）原料组成及注意事项　充分利用当地饲料资源，按需储备、外购原料，推荐比例为：青贮饲料 40% ～ 50%、精饲料 20% ～ 30%、青干草 10% ～ 20%、其他 10%。奶牛高产要求日粮中必须保持一定量的青干草。青贮饲料作为奶牛日进食量最多的一种饲料，要供给充足且品质优良。青绿饲料（如甘薯蔓、花生藤、黑麦草、苜蓿、三叶草、各种青菜等）水分含量高，牛采食后很快就有饱感，会导致干物质及其养分摄入不足，应严格控制用量。糟渣类饲料（如豆腐渣、粉渣、啤酒糟、酱油渣、白酒糟、甜菜渣等）适口性好，可提供蛋白质。块根、块茎、瓜果类饲料（如甘薯、胡萝卜、马铃薯、萝卜、甘蓝、西瓜皮、南瓜、甜菜等）适口性好，水分含量高，主要作为能量饲料添加。精饲料作为饲喂奶牛的一种补充料，要根据奶牛所需的总营养物质减去粗饲料提供的营养物质，通过计算后酌情添加。

（3）科学合理分群是实施 TMR 的基础

① 调整牛群结构，保持合理的牛群结构比例。一般基础母牛的比例为70%，育成牛、犊牛的比例分别为 15%。

② 根据基础母牛的产奶量、年龄、胎次、膘情、泌乳阶段，把奶牛分成几个不同的产奶组群（如：高产、中产、低产，并制定产量标准），并划分一个干奶牛群。

③ 根据犊牛的大小可分为：3 月龄以下和 3 ～ 6 月龄两个组群。

④ 根据育成牛的大小可分为：7 ～ 16 月龄，初配到初产两个组群。

（4）根据牛群营养需要的不同，确定各个牛群的营养标准　奶牛的营养需要一般分为维持需要、生长需要、妊娠需要和产奶需要。需要把牧场奶牛的各种营养需要都加以考虑，根据奶牛的产奶、年龄、体重、胎次计算营养需要量。

（5）准确检测 TMR 各种原料的营养成分值　要想配制一个准确的、符合一个奶牛群的 TMR 日粮，必须对牧场所有的饲草饲料的营养值进行检测。

（6）根据组群不同的营养标准配制 TMR 日粮

① TMR 日粮的粗蛋白、产奶净能、钙、磷、赖氨酸、NDF 等要达到动物不同阶段所需的营养水平。

② 控制好 TMR 日粮的干物质含量和不同原料的营养浓度。

③ 控制 TMR 日粮的精粗比，还要把握好粗饲料和精补料的品质。

④ 控制 TMR 日粮粗饲料的种类、品质，合理搭配粗饲料。

⑤ 控制 TMR 日粮各种原料的添加比例及使用限度，避免有些原料的使用过度。

（7）TMR 饲喂注意事项

① 奶牛场应用 TMR 技术，对奶牛进行合理分群是首要任务。要定期对不同生长发育阶段的奶牛进行合理分群，根据它们的不同生理阶段合理搭配日粮。

② 随时观测牛的干物质采食量、产奶量和后备牛的日增重情况，及时调整 TMR 日粮精、粗比，保证各阶段奶牛的营养需要。

③ 保证配制 TMR 日粮时，饲草质量合格、计量准确、混合均匀、粒度适中及水分含量适当，确保奶牛吃到的每一口混合料营养都是一样的、均衡的。

④ 严防霉变饲料混入其中。

⑤ 要定期校正 TMR 日粮的计量器，确保计量准确。

2. TMR 日粮在规模化肉牛场的生产与应用

随着 TMR 技术在国内规模化奶牛场的逐渐普及且取得了优良的效果，规模化肉牛场推广和应用 TMR 技术及其设备，实现肉牛场从传统的精粗分饲过渡到现代化全混日粮的饲养方式，成为必然趋势。

（1）选择 TMR 日粮混合机　应根据牛场的建筑结构、喂料道的宽窄、牛舍高度和牛舍入口、牛群大小、架子牛体重、日粮种类、每天的饲喂次数以及混合机充满度等选择合适的 TMR 日粮混合机。

（2）肉牛日粮配方制作　肉牛 TMR 日粮是指根据肉牛生长发育的营养需求，按照营养调控技术和多饲料搭配原则而设计出的肉牛全价营养日粮配方。按此配方把每天饲喂肉牛的各种饲料（粗饲料、青贮饲料、精饲料和各类特殊饲料及饲料添加剂）通过特定的设备和饲料加工工艺均匀地混合在一起，供肉牛采食。肉牛全混日粮技术保证了肉牛所采食的每一口饲料都是营养均衡的。

（3）TMR 日粮的制作工艺　见图 6.18。

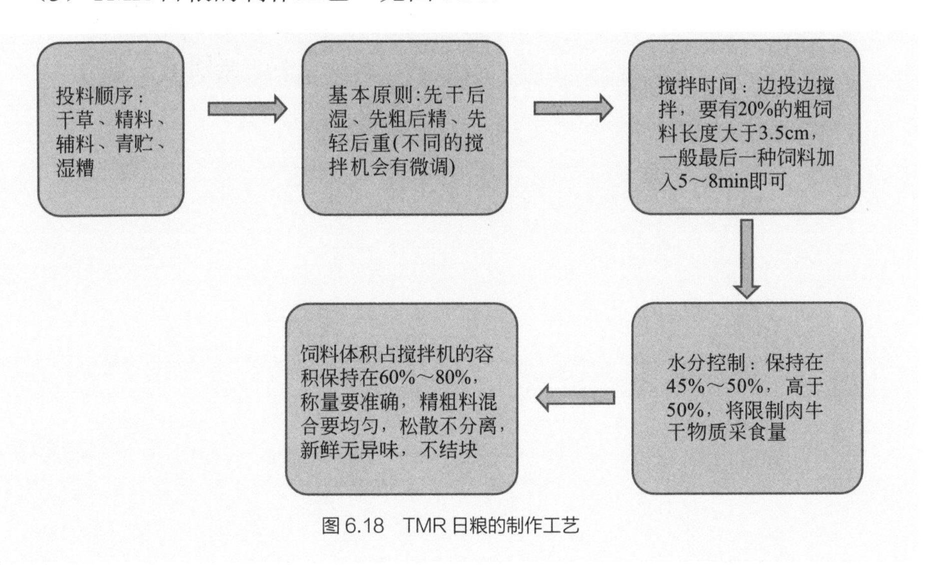

图 6.18　TMR 日粮的制作工艺

（4）饲料原料的准备　饲料原料贮存过程中应防止雨淋发酵、霉变、污染，饲料原料按先进先出的原则进行配料，并做好出入库、用料和库存记录。玉米青贮要严格控制青贮原料的水分在 65% ～ 70%；原料含糖量要大于 3%，切碎长度以 2 ～ 4cm 较为适宜，要快速装窖和封顶，窖内温度 30℃，干草类粗饲料要粉碎，长度在 3 ～ 4cm；糟渣类水分控制在 65% ～ 80%。精料补充料直接购入或自行加工，清除原料中的金属和塑料袋（膜）等异物，要符合饲料卫生相关标准。原料质量控制采用感官鉴定法和化学分析法进行。青贮饲料

（见图 6.19）质量按照青贮饲料质量评定标准进行评定。

图 6.19　青贮饲料

（5）分析饲料原料常规营养成分，科学配制日粮　测定 TMR 日粮及饲料原料各种营养成分的含量是科学配制日粮的基础，即使同一原料，因产地、收割期及调制方法不同，其干物质含量和营养成分的差异也很大。所以应根据实测结果来配制相应的全混合日粮，依照国家肉牛饲养标准，结合当地的实际选择可利用的农副产品资源，应用计算机处理配方，使日粮配方达到既营养合理又成本低廉。

（6）保证营养的平衡性和稳定性　在配制 TMR 日粮时，要保证饲草质量，配料时需要准确计量，保证搅拌机的混合性能和日粮的营养平衡性。由放牧饲养或常规精粗分开饲喂转为自由采食 TMR 日粮时，应选用一种过渡日粮，以避免因采食过量而引起消化性疾病和酸中毒。

（7）应用 TMR 日粮在肉牛生产中的优势

① 提高饲料利用率　TMR 技术是使精粗饲料混合均匀，按日粮中规定的比例科学配比，能够有效保证饲料的营养均衡性，减少矿物质、维生素的缺乏，保证饲料营养，改善饲料适口性，提高饲料摄取量。

② 提高劳动效率　TMR 技术实现饲喂机械化、自动化，简化劳动程序，提高劳动生产效率。

③ 提高日增重　TMR 配方技术，是根据不同的牛群或不同体重阶段所需

要的营养，随时调整 TMR 配方，以充分发挥肉牛生长潜力，提高日增重。

④ 提高了屠宰率　在大型规模牛场，改变传统饲养模式，实行分群散养，改善了养殖条件，增加了全面营养，饲喂的肉牛屠宰率提高。并且经过 TMR 日粮饲喂的肉牛，改善了肉品质，牛肉质地细嫩，具有较好的风味。

⑤ 减少疾病发生率　TMR 技术可使粗饲料、精料和其他饲料均匀混合，保持瘤胃 pH 值稳定，为瘤胃微生物创造一个良好的生存环境，促进微生物的生长、繁殖，提高微生物的活性和蛋白质的合成率。传统饲喂方式，肉牛在不同生产阶段，对精、粗料的摄取量不同，精、粗料分开饲喂肉牛时，不能保证每头肉牛均衡摄取精料，因而导致瘤胃功能异常。

（8）TMR 技术推广存在的问题　TMR 技术设备投资较大，需要饲料计量和配合机械设备，在规模较小的养殖场难以推广应用；技术管理方面要求高，TMR 设备的保养、维修提出了更高的要求，需要专业的维修人员，维修费用较高，较小规模养殖场难以承担此高昂费用；对饲料的原料品质要求较高，长干草很难混合到全混合日粮中，不适合多用青绿多汁饲料，对饲料的选择也提出了较高的要求；对规模场要求条件高，对场区道路、牛舍通道等都有严格要求。

3.TMR 日粮在规模化羊场的生产与应用

全混合日粮近年来在我国现代化、集约化、规模化奶牛场应用较多且取得了良好的效果，而在羊的生产上应用程度还不够高。为此，有必要将这种先进的饲养技术引入到羊的生产实践中，根据我国养羊业的实际情况，利用本地资源优势去发展适合我国的羊 TMR 饲喂技术，使羊场从传统的养殖方式向现代化饲养方式转变，进而推动我国养羊业持续健康发展。

推行全混合日粮加工饲喂，能使日粮的各组分比例适当、营养均衡，显著提高羊的生产性能及饲料利用效率。

（1）我国养羊业现状　我国是世界上的养羊大国，绵山羊存栏量居世界前列，但近年来农区养羊业正面临饲草料资源短缺和利用率低等问题，而牧区则面临草原退化、载畜量下降等问题，如何解决羊的饲草料资源紧缺问题成为今后一段时间内发展养羊业必须解决的关键问题。

（2）TMR 饲喂技术在养羊业中的优势　目前，随着南方农区肉用山羊杂交改良推广面积不断扩大，羊只的生产水平得到了大幅度提高，但传统的粗放型饲养方式仍然改变甚微，肉羊的饲喂方式仍普遍采用精粗分开饲喂的方法。这种方式已不能适应现代肉羊生产向规模化、标准化、集约化方向转变的要求。因此，为获得更好的经济效益，很多地区推广舍饲养羊。舍饲养羊适应了当前经济发展的需要，但大规模的舍饲养羊首先要考虑饲草料的供应。目前舍饲养羊的饲喂方式为青贮饲料-精料-秸秆-青干草结合饲喂，由于几种饲料分开饲喂，造成先吃进的料在瘤胃先发酵、后吃进的料在瘤胃后发酵，不同饲料在瘤胃发酵产生的酸不同，使瘤胃 pH 值波动较大，蛋白质饲料和碳水化合物饲料发酵的不同步，降低了瘤胃微生物同时利用氮和碳合成菌体蛋白的效率，进而导致饲料利用率下降。另外，不同饲料适口性不同，易造成挑食现象，也会严重影响饲料利用率，有时过多挑食、抢食精料还会发生酸中毒。从饲料加工上看，为了减少饲料浪费，各种粗饲料和辅料都要切割很碎，由此也增加了劳动力，降低了饲养工作效率。所以，有必要考虑采用一种一次成型的全价反刍动物日粮。

配制 TMR 是以营养学的最新知识为基础，以充分发挥瘤胃机能，提高饲料利用率为前提的，并尽可能地利用当地的饲料资源以降低日粮的成本，提高劳动生产率，增加养殖效益。

（3）TMR 日粮对羊瘤胃发酵的影响　TMR 日粮在制作过程中，使得各饲料原料充分混合均匀，从而保证了羊采食的每一口饲料都是营养均衡的，使得瘤胃内各种微生物的活动趋于同步，减缓了瘤胃 pH 值波动，维持了瘤胃（见图 6.20）内环境的相对稳定。

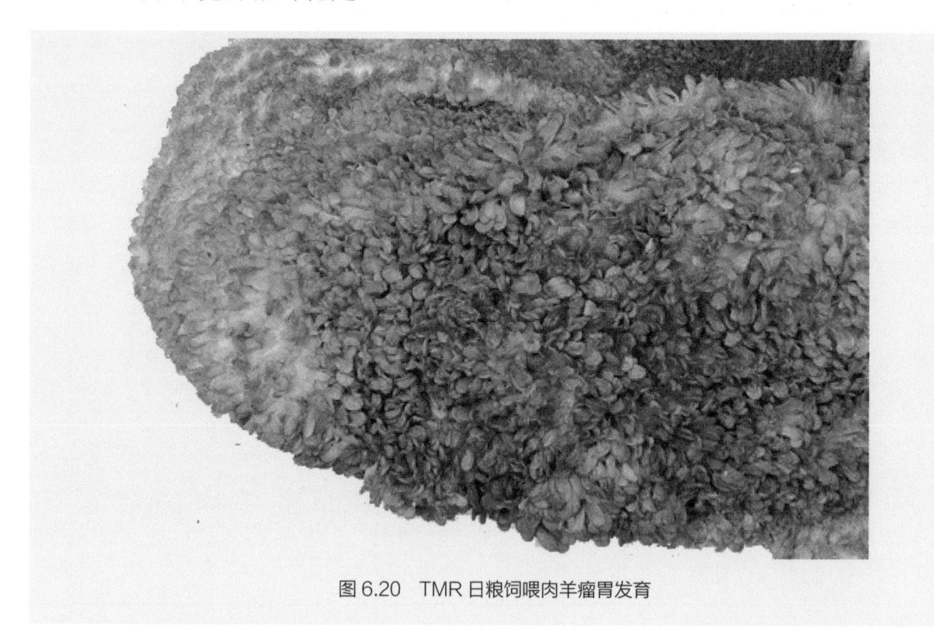

图 6.20　TMR 日粮饲喂肉羊瘤胃发育

（4）TMR 饲喂技术在肉羊养殖中的应用

① TMR 饲喂技术对肉羊饲料利用率的影响　TMR 饲喂技术是根据肉羊不同生理阶段营养需要合理配制日粮，使用 TMR 机械充分混合，更精确地调控

日粮营养水平。TMR 饲料在维持瘤胃微生物稳定的基础上，使羊所采食日粮达到营养均衡全面、精粗比适宜，符合肉羊相应生产阶段和生产目的的营养需求，同时也可以根据当地的饲料资源调整饲料配方，适量添加秸秆、干草等，从而大大提高了饲料利用率。

② TMR 饲喂技术对肉羊（见图 6.21）生产性能的影响　TMR 饲料营养均衡、适口性好，充分满足了肉羊的营养需求，与传统饲喂方式相比具有明显的促进生长作用。研究表明，4 ～ 5 月龄育肥羔羊无论是在冬季还是在夏季，采用 TMR 饲喂技术的试验组羔羊育肥末重和日增重均显著高于先粗后精饲喂的对照组。TMR 饲喂技术相比传统的精粗分饲技术还能提高妊娠母羊哺育羔羊的断奶重，而且羔羊的日增重以及出栏后的酮体重、屠宰率均有显著提高。

图 6.21　以 TMR 技术饲喂肉羊的屠宰展示图

③ TMR 饲喂技术对肉羊养殖经济效益的影响　TMR 饲喂技术能满足当前肉羊产业向集约化、规模化和标准化发展的需要，许多应用 TMR 饲喂技术的羊场，综合养殖效益大大提高，主要表现在：饲喂 TMR 日粮后，不仅羊的发病率明显减少，而且能更好地利用当地的一些饲料原料，减少了药物和饲料原料费用。同时由于营养均衡，能满足不同阶段羊的营养需要量，使其生产性能也大大提高，缩短了出栏时间，增加了出栏重，提高了劳动生产率等，从多方面提高了养殖场的经济效益。

（5）科学设计羊TMR日粮配方

① 根据饲料原料及羊所处生理阶段和体况等科学配制日粮。建议结合各群体情况，尽可能设计出多种TMR日粮配方，并每月进行调整。如群体较小，TMR日粮需要较少，为避免因生产多配方日粮造成成品保存时间过长影响日粮质量，可以生产基础TMR，再根据每群羊的需要另加部分精料或粗料。

② 准确称量、顺序投料、合理控制混合时长。

③ 原料的投放顺序影响搅拌均匀度，一般投放顺序为先长后短、先干后湿、先轻后重。

④ 混合搅拌时间决定混合均匀度，搅拌时间太短，原料混合不匀，而搅拌时间过长，TMR过细，有效纤维不足，使瘤胃pH值降低，造成营养代谢疾病。

（6）羊用TMR机械容积选择

① 市场上的羊用TMR机械一般分4m^3、5m^3、9m^{3}几种。一般来说，羊舍入口高度、宽度及舍内通道宽度决定机械容积大小；根据羊群规模、日粮种类选择机械容积，通常5m^{3}搅拌车可供3000只羊规模的羊场使用。

② TMR机械机型选择：TMR机械分立式、卧式、自走式、牵引式和固定式等机型。立式机价格稍高于卧式机，但混合均匀度要高于卧式机，且罐内出料后无剩料，卧式机受其工艺影响出料后会有少量剩料。自走式、牵引式机械化程度更高，较大规模羊场可采用，价格稍高。固定式适用于各种规模羊场，价格稍低，可单独配备专用撒料车。

（7）羊全混合日粮的不同处理工艺

① 散状充分混匀　散状充分混匀是全混合日粮最简单的制作工艺，全混合日粮生产技术要点是各原料组分必须计量准确，充分混合，为防止精粗饲料组分在混合、运输或饲喂过程中分离，应注意以下几点：a. 粗饲料切铡长度，青贮要有15%～20%的长度超过4cm，并应加入一定量长约5cm的青干草。b. 适宜的含水量，全混合日粮含水量应为35%～45%。c. 投料顺序和搅拌时间，一般全混合日粮搅拌车的投料顺序是先粗后精，按干草—青贮—精料的顺序投放混合。在混合过程中，要边加料加水边搅拌，待物料全部加入后再搅拌4～6min。如采用卧式搅拌车，在不存在死角的情况下，可采用先精后粗的投料方式。

② 颗粒化全混合日粮　颗粒化TMR日粮是根据羊对粗蛋白、能量、粗纤维、矿物质和维生素等营养物质的需要，把揉碎的粗料、精料和各种营养补充剂充分混合，调制加工成颗粒状营养平衡的日粮。颗粒化TMR有利于大规模工业化生产，减少饲喂过程中的饲草浪费，使规模化饲养管理省时省力，有利

于提高养殖效益和劳动生产率。颗粒化 TMR 可以显著改善日粮适口性，有效防止羊挑食，提高羊干物质采食量和日增重，它也可以有效防止羊消化系统机能的紊乱。颗粒化 TMR 营养均衡，羊采食颗粒化 TMR 日粮后其瘤胃内可利用碳水化合物与蛋白质分解利用更趋于同步，有利于维持瘤胃内环境的相对稳定。

（8）全混合日粮的裹包及对羔羊肉品质的影响

① TMR 饲喂方式与传统饲养方式相比，有很多优点，但是 TMR 饲粮一般要求现配现用，以保证营养成分的供给。因此需要研究如何能使混合好的 TMR 饲粮可以在不影响其养分组成的情况下存放一定的时间，从而满足中转流通所需要的时间，使一些小规模的养殖场和养殖户也能应用 TMR 饲喂技术，提高其生产效率和经济收入。

② 裹包全混合日粮配送推广应用模式，将全混日粮的保质期从 1 天延长到 15 天，降低了运输成本，方便了广大养殖场、养殖户使用。为使中小规模养殖场和个体养殖户也能用到全混合日粮，研究了用拉伸膜将制成的 TMR 饲料成品进行裹包后存放的效果。结果表明，各处理 TMR 饲料裹包存放 15 天以内其感官品质表现良好，存放 30 天时表层有发霉现象。随着贮存时间的延长，TMR 饲料中的营养物质浓度会由于贮存过程中水分的损失而有相应增加。综合生产、品质和适口性等各方面认为 50% 含水率为裹包 TMR 较为适宜的水分含量。因此，裹包技术可以应用于 TMR 的有效贮存以实现 TMR 饲养技术在中小规模养殖场和个体养殖户中的应用。

③ 对育肥阶段羔羊使用 TMR 技术和传统饲养方式相比，生长速度更快，而且使用 TMR 饲养技术的育肥羊在屠宰重、净肉率、肉的鲜嫩多汁性（见图 6.22）方面都优于传统饲喂方式的羊只。

（9）TMR 饲喂技术在养羊应用中存在的问题

① 肉羊精细分群饲喂还存在很多问题，TMR 日粮是针对羊不同生长阶段的生长发育规律及营养需要特点而建立的营养饲料配方。TMR 饲喂技术的关键是分群管理，不同时期的羊只供给不同的日粮，防止营养过剩或营养不足，便于饲喂与管理。理论上羊群分得越细越好，但考虑生产实践的可操作性及尽量减少羊只应激（频繁分群，增加了羊群流动，对羊造成一定程度的应激，从而引起生产性能下降），建议按不同生理阶段将羊群分为种公羊群、妊娠母羊群、哺育母羊群、羔羊群和育肥羊群等，并根据情况进行适当调整。

② TMR 日粮配方的设计是建立在原料营养成分的准确测定和不同阶段肉羊的饲养标准明确基础上的。我国肉羊品种较多，生长环境不同，对于同一生

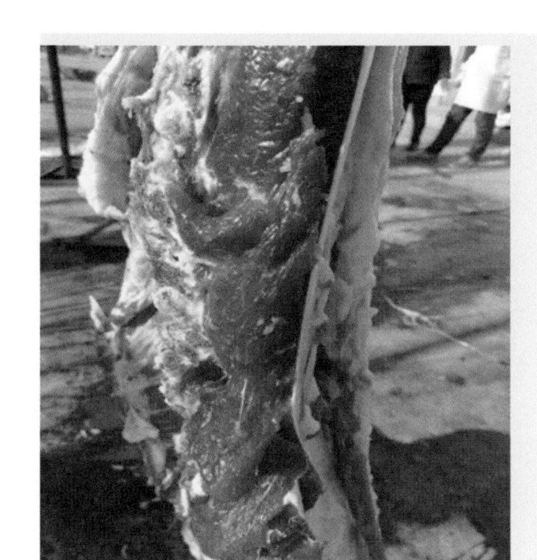
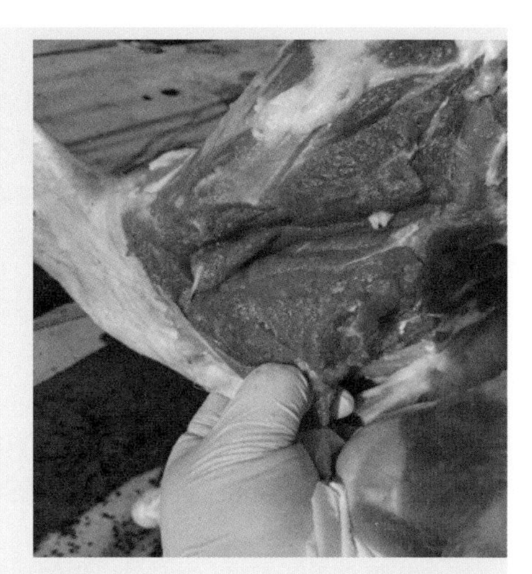

图 6.22　羊肉品质

理阶段的羊只所需的营养需要量也存在一定的差异，而适宜的肉羊饲养标准参数尚不完备。肉羊饲料原料种类不同以及同一原料在不同时期的营养物质含量也不同，还需要根据近期羊群的采食情况和羊只的体况等做出随时调整，这常常导致实配 TMR 饲料的营养含量与标准配方的营养含量有差异。因此，为避免差异太大，有条件的羊场应定期抽样测定各饲料原料养分的含量，但在基层生产中常常难以做到。

③ TMR 饲料质量品控环节多，关键是做好日粮调制的日常监控工作，包括水分含量、搅拌时间、填料顺序等。其中，原料水分是决定 TMR 饲喂成功与否的重要因素，水分变化会引起日粮干物质含量的变化，对羊的干物质采食量影响大，TMR 日粮水分含量应控制在 45% ～ 50%。要定期检查 TMR 饲料的品质，确保 TMR 饲料的饲喂效果。

综上所述，使用 TMR 饲喂技术育肥肉羊已逐渐成为肉羊育肥的主要生产方式，由于 TMR 日粮充分满足了肉羊不同生产阶段的营养需求，所以能够充分挖掘羊的生产和繁殖潜力。TMR 的利用可使肉羊的饲养管理更加科学、合理，具有提高生产能力、降低饲料成本、减少疾病发生和减少劳动负担等特点。应用 TMR 饲喂技术可适应当前肉羊养殖业向集约化、规模化、优质高效经营发展的需要，利用秸秆、农副产品等制作 TMR，已成为解决规模化舍饲羊场粗饲料资源不足、降低饲料成本、提高劳动生产率和养殖效益的重要途径。因此，TMR 饲喂技术将是今后我国肉羊饲养技术改进的方向。

第三节 发酵TMR及其生产应用技术

采用TMR日粮饲喂可以显著提高肉料比、增加产奶量以及改善肉品质，还能有效降低相关疾病的发病率，在现阶段已经成为一种较为理想化的饲料模式。但普通TMR是一种易变质类饲料，需要注意使用时间和保存时间，又由于劳动力的成本问题而限制了它的广泛使用。TMR在储存运输时极易腐败变质，不仅导致营养流失，甚至会给动物带来某些疾病。而有效解决此类问题的途径就是使用发酵TMR，这不但可以使发酵后的混合日粮营养有所提高，而且更耐储存，不易氧化。除此之外，发酵TMR所使用的原料为工农业的副产品，不仅可以在整年的时间里很好地提供给动物营养性的饲料，而且可以通过发酵改善副产品的气味和口味从而提高饲料的适口性。所以研究和应用发酵TMR生产和利用技术势在必行。

一、发酵TMR的优点

发酵TMR是普通全混合日粮技术与青贮发酵技术相结合，在原有TMR基础上进行发酵的新型日粮类型，较普通全混合日粮，有其自身独特的优点，即便于储存。普通TMR极易腐败，生产较好的TMR的保质期仅有24 h左右，尤其在高温高湿的天气更是限制了日粮的使用，而发酵后的TMR具有较好的稳定性，保质期可以达到10～15天，即便是与氧接触，在48h内也不易氧化腐败。因发酵TMR是将普通饲喂的精粗料按照最佳营养配方进行混合并发酵，因此不管是在对动物的适口性，还是在饲料营养方面都能极大地促进动物对干物质的采食以及减少动物的挑食现象，可改善瘤胃环境，减少代谢疾病。

普通TMR在营养提供方面具有较好的效果，但因其对生产设备有较高要求，因此，对于国内存在的较多小规模的农户及个体户而言，设备投入难以承担，但发酵TMR储存期长，完全可以通过大规模养殖场集中生产，而后销售、运输。因发酵TMR可有效改善原料酸败，所以具有高酸腐性的工业副产物如酒糟、糖渣、油渣等均可用来制作发酵TMR，从而减少了资源的浪费。

二、发酵TMR的制作及使用

发酵TMR综合了全混合日粮生产技术和青贮发酵技术，因此在制作过程中需要进行压实、密封保存、创造厌氧环境等处理。优质发酵TMR对于原料的含水量和发酵的时间有较为严苛的要求。除此之外，在反刍动物生产中普遍存在的一个问题就是在饲料中好氧微生物的大量生长繁殖极易导致TMR酸败。

在实际生产应用中，由于受到发酵材料的收割方式以及含水量高低的限制，发酵TMR的制作方式也有所不同，但基本应用主要分为以下三种：

① 捆+裹的方式　此方式是将原料事先用打捆机进行收割、压实并打捆之后，使用专用青贮裹包薄膜进行包裹，采用这种方式原料的含水量一般为50%。

② 青贮袋装的方式　将原料进行适当切割之后，进行高密度的装袋处理，此方式使用方便、操作简单，一般原料的含水量为65%。

③ 拉伸薄膜裹包方式　将原料收割之后压实，打捆，利用拉伸膜机器进行裹包处理，从而创造厌氧的发酵环境。由于拉伸膜技术投资少，效益高，发酵品质好，因此利用比较广泛。

尽管以上各种方式有所不同，但其作用原理都是进行厌氧发酵，改善原料品质。

三、影响TMR发酵的因素

发酵TMR在发酵过程中首先考虑的因素就是发酵原料的水分含量，如果含水量控制不好，比如过低就会导致发酵TMR在制作之初就因原料过干而无法压实，留有过多氧气，致使好氧菌大量繁殖，原料发霉。而且发酵TMR是精粗料混合，水分过低也会导致精粗料无法混合均匀，引起反刍动物专挑精料而食的现象，严重的可导致酸中毒。而如果水分过多，容易导致在发酵过程中原料的腐败变质，且容易导致可溶性的营养成分流失，进而影响发酵料的品质。所以发酵原料的含水量过高或者过低都会对发酵造成不利影响，经研究，含水量为50%时，乳酸和挥发性脂肪酸的产量较高，营养物质在瘤胃中的降解率也较高，发酵效果较好。另外微生物的存在及变化也会对TMR的发酵效果有影响。

TMR日粮是反刍动物规模化、标准化饲养的理想饲养日粮模式，必然成为反刍动物饲料的发展方向。但中小规模甚至分散饲养在我国将长期存在，相比较，TMR饲料制作所需的机械设备成本还是太高，而且生产好的全混合日粮不能久存，24h即发生变质，农户对TMR的应用在许多情况下是不可行的。而发酵TMR不仅为优质青饲料及非常规饲料资源的保存和利用提供了有效的方法和途径，可以明显提高反刍动物的生产性能及饲料利用率，显著增加养殖场经济效益，而且可以减少饲料浪费和过多氮、磷排放造成的环境污染，具有巨大的生态效益。今后应进一步研究、开发发酵TMR配方技术、生产设备、经营与配送方式等，充分发挥发酵TMR的生产潜力，促进和推动反刍动物饲养业的健康发展，满足人们对牛羊肉及其他产品的需求。

第四节 TMR 颗粒饲料生产

随着近年来 TMR 饲喂技术在奶牛、肉牛及肉羊场的大力推广，TMR 日粮相比传统的精粗分饲的饲养方式，在使用中表现出了多方面的优越性。TMR 饲养不仅营养均衡，而且能保持瘤胃内环境的稳定，降低发病率，提高动物的生产性能且易于控制饲料成本。但 TMR 饲料在实际应用过程中也存在诸多问题，特别是为了保证日粮的混合均匀度和防止动物挑食，往往需要在搅拌过程中添加水分（饲料含水量通常控制在 40% ～ 50%），从而使 TMR 容易霉烂变质，造成饲料营养物质损失甚至引起动物疾病。目前颗粒饲料已广泛应用于仔猪、肉鸡、鱼虾和实验动物生产上，随着加工设备日益改进、加工工艺水平日益提高和成本的进一步降低，这项饲料加工技术应用的范围将越来越大。用粗饲料含量较高的全混合日粮颗粒饲料饲养奶牛、肉牛及其他反刍动物在欧美一些国家相当普遍。我国的 TMR 颗粒饲料生产技术相对落后，但为了适应集约化、规模化发展的需要，有必要因地制宜，大力发展 TMR 颗粒饲料制备技术。因 TMR 颗粒饲料不但可以按照动物不同生长阶段所需的营养物质均衡调配，而且颗粒饲料经过粉碎、混匀、高温处理、压缩以及烘干等工艺后，不但解决了 TMR 日粮容易变质的问题，也展现出了以下多方面的优势。

一、TMR 颗粒料的概念及其在生产发展中的优点

TMR 颗粒料是根据反刍动物（牛、羊等）对粗蛋白、能量、粗纤维、矿物质和维生素等营养物质的需要，把揉碎的粗料、精料和各种营养补充剂充分混合，调制加工成颗粒状营养平衡的全混合日粮。与散状 TMR 相比，TMR 颗粒料在生产中具有更多的优点：

① 可以有效地开发利用当地尚未充分利用的农副产品和工业副产品等饲料资源，增加采食粗饲料量，降低饲料成本。

② 有利于大规模工业化生产，制成颗粒后贮运方便，投饲省工省时，减少饲喂过程中饲（粮）草浪费，减少粉尘等环境污染，使规模化饲养管理省时省力，有利于提高规模效益和劳动生产率。

③ 颗粒化 TMR 可以显著改善日粮适口性，有效防止牛羊挑食，提高反刍动物干物质采食量和日增重；并可增加饲喂次数，有利于非蛋白氮的利用。

④ 调质和制粒过程中的产热破坏了淀粉颗粒，使得饲料更易于在小肠消化。颗粒料中由于大量糊化淀粉的存在，将蛋白质紧密地与淀粉基质结合在一

起，生成瘤胃不可降解蛋白（即过瘤胃蛋白），可直接进入肠道消化，以氨基酸的形式被吸收，有利于反刍动物对蛋白氮的消化吸收。若膨化后再制粒更可显著增加过瘤胃蛋白的含量。

⑤ 保证各营养成分的均衡供应，维持瘤胃及消化系统的正常功能。颗粒化 TMR 营养均衡，反刍动物采食颗粒化 TMR 后其瘤胃内可利用碳水化合物与蛋白质分解利用更趋于同步，有利于维持瘤胃内环境的相对稳定，使瘤胃内发酵、消化、吸收及代谢正常进行，有利于饲料利用率的提高，减少真胃移位、酮血症、乳热病、酸中毒、食欲不良及营养应激等疾病的发生。

全价牛羊饲料制粒加工采用搓揉舒化工艺（舒化工艺是一种能够消除原料中的抗营养因子的工艺），草粉添加量可提高到 60% ～ 70%，牛羊反刍效果更佳。在加工过程中可以添加更多的糖蜜（＞ 15%），将草粉、糖蜜与精料揉搓、舒化、压实成一体。专用制粒机更有利于高纤维配方的生产，效能更高。

全价牛羊料组合制粒机的功能特点：将原料的揉化与制粒的功能整合在一台设备上，结构完美，外形紧凑，简化了工艺，降低了设备布置高度；设备的加工工艺为先揉化再制粒，可使物料中的草粉添加量达到 20% ～ 50%，制成的草粉颗粒（见图 6.23）反刍效果好；制粒前采用揉化处理，可提高物料中糖蜜的添加量，达到 5% ～ 12%，可改善饲料的适口性；通过在配方中增加草粉的添加量，可降低配方成本，提高经济效益 。

图 6.23　草粉颗粒

二、TMR 颗粒料在反刍动物生产中的应用效果

1. TMR 颗粒料对反刍动物采食量的影响

国内外大量研究表明，饲喂 TMR 颗粒料奶牛和绵羊的干物质采食量会增加，主要是由于 TMR 颗粒料改善了日粮适口性，增加了食糜在消化道中的流通速度，从而增加了奶牛和绵羊的饲料干物质采食量。林嘉等（2001）将湖羊的 TMR 进行粗饲料碱化处理及其颗粒化处理，发现 TMR 的颗粒化使得绵羊的日采食量和日粮转化率分别提高了 54.74% 和 15.52%。

2. TMR 颗粒料对反刍动物生产性能的影响

研究表明，奶牛由常规的精粗分饲转向散状 TMR 饲养，奶产量增加 5% ～ 8%，乳脂率增加 0.1% ～ 0.2%，对 TMR 进行颗粒化加工，则牛奶乳脂率会有所下降。这可能是由于 TMR 颗粒料在消化道的流通速度增加，导致反刍时间减少，影响了日粮纤维素、半纤维素的分解，改变了瘤胃发酵类型，使得挥发性脂肪酸中的乙酸比例下降，从而导致乳脂率降低，见图 6.24。

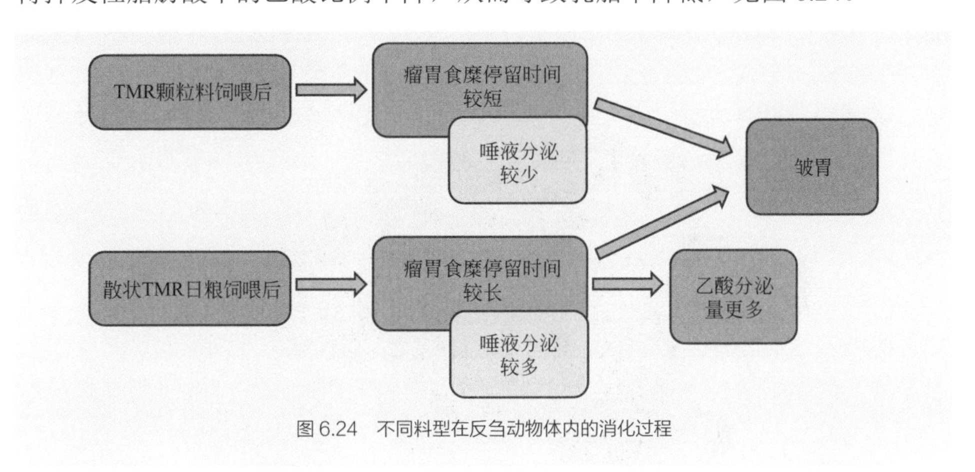

图 6.24 不同料型在反刍动物体内的消化过程

3. TMR 粒度对日粮消化率及奶牛生产性能的影响

近年来，TMR 饲喂技术在我国规模化牛场虽然推广较快，但粗饲料质量较差、饲养管理技术相对落后等因素制约了其综合效率的发挥。在饲料成分稳定的条件下，保持适宜的 TMR 粒度和纤维切割长度是维持奶牛健康、高产的有效途径。

① TMR 粒度主要取决于粗饲料的长度，因为精料对奶牛反刍起到的刺激作用非常小，谷物等饲料成分的加工处理只是淀粉在瘤胃发酵模式的一种改变。经试验对不同粒度的同种 TMR 进行了饲喂对比，发现粒度较大的 TMR

消化率较高，但粒度大小对干物质采食量与产奶量的影响并不显著，不过从总体效益来看，粒度较大的 TMR 奶料比更高些。这可能是因为粒度较大的 TMR 在瘤胃流通速度较慢，停留时间更长，消化得更充分。如果 TMR 切割过短或过细，过瘤胃速度快，则会影响奶牛正常反刍，降低瘤胃 pH 值，从而导致一系列代谢疾病，影响奶牛生产性能的发挥。所以，推荐 TMR 中牧草长度最好控制在 4cm。另外反刍动物需要足够的以粗饲料形式提供的日粮纤维以维持正常的瘤胃发酵和乳脂率稳定。提高日粮纤维含量和粗饲料颗粒大小已经证明可以有效地增强动物咀嚼活动和唾液分泌以及提高瘤胃 pH 值、乙 / 丙酸比例和乳脂率。但是日粮中含有大量长度过长的粗饲料会限制动物的干物质采食量和降低消化率，并最终影响动物的能量平衡。

② TMR 颗粒（见图 6.25）大小的增加明显降低了动物的干物质采食量，并且显著增强了动物对饲料的咀嚼。采食时间受日粮颗粒大小影响较大并与其呈正相关。

图 6.25　TMR 颗粒饲料

③ 瘤胃中挥发性脂肪酸总量在不同颗粒大小的日粮间没有明显差异，但乙 / 丙酸比例和瘤胃 pH 值会随着颗粒大小的增加而提高。动物的咀嚼行为受总采食量和日粮＞ 19mm 颗粒含量二者共同影响，后者影响效果更为明显。因此，研究用筛网过滤＞ 19mm 颗粒料占有不同比例时，反刍动物采食后对其咀嚼行为和瘤胃发酵的影响更有必要。

④ 实际生产中为了提高动物的干物质采食量，在制作 TMR 时通常将青贮

和甘草的切割长度设定得很短。经研究表明，过短的TMR会减弱其咀嚼活动，降低瘤胃pH值，增大代谢性酸中毒的发生可能。

4. 秸秆型TMR颗粒料对肉牛生产性能的影响

（1）根据动物不同的生长阶段调节日粮组成，且在不降低生产性能的前提下，充分利用了多种饲料资源，尤其是丰富的秸秆资源。农作物秸秆和干草经颗粒化处理后，理化性质改变，有利于饲料中干物质、粗蛋白、纤维物质在瘤胃内的降解，提高其消化率。

（2）在制作过程中原料要经高温处理，可有效杀灭原料中的病原体和寄生虫卵，防止疫病经饲草传播；秸秆颗粒料体积和吸湿性小，易包装，便于储存运输，降低储运成本。根据不同阶段肉牛营养需求，按照精粗比6月龄时4∶6、12月龄时5∶5、18月龄时6∶4的配制标准，不同育肥阶段营养配方设计主要是利用补偿生长原理，育肥前期以饲喂粗饲料为主，在低营养状态下维持体格生长，后期以饲喂精饲料为主，在高营养状态下发挥代偿生长的优势，加速肌肉脂肪的沉积。经应用SPSS软件分析测算，设计出多种TMR颗粒饲料配方，均适应于不同阶段的肉牛营养需求，能科学高效地利用各种饲草资源。

5. TMR颗粒饲料制作

（1）设备及仪器　有青贮铡草机、秸秆粉碎机、平模颗粒饲料机、游标卡尺、电子分析天平、分样筛、电热式恒温烘箱等。

（2）不同精粗比对制粒的影响　按照配方将粗饲料和精料混合送入秸秆粉碎机粉碎，再通过平模颗粒饲料机，经压缩熟化制成TMR颗粒饲料，直径10mm，长15～25mm，色泽呈青绿色、黄绿色，外表光亮，气味糊香。不同精粗比TMR颗粒饲料制作影响其成型率（见表6.4）。

表6.4　精粗比与成型率和利用率之间的关系

精粗比	成型率/%	粗饲料利用率/%
4∶6	93.2	60
5∶5	90.6	50
6∶4	83.4	40

精粗比在4∶6的情况下颗粒饲料的成型率、抗碎程度、牲畜采食率等综合水平最高，其粗饲料的利用率也最高。5∶5多组分日粮制作的颗粒饲料其成型率、抗碎程度和密度均高于少组分制作的颗粒饲料。

6. TMR颗粒料在肉羊生产中的应用

羊用配合颗粒饲料就是指根据羊生长发育阶段，生产、生理状态的营养需求和饲养目的，将多种饲料原料，包括粗饲料、精饲料及饲料添加剂等成分，用特定设备经粉碎、混匀而制成的颗粒型全价配合饲料。为了能够使羊只均衡健康生长，保证其生长速度的平衡性，分栏是不可缺少的操作步骤。例如羊只大小和体重悬殊太大，必定会有成为被“欺负”的弱势羊只，这样会造成一种两极分化的现象（大羊长得更大，小羊不长或瘦弱下去），少数羊可能不能够正常地生长，会成为被淘汰的对象，从而影响到出栏率。因此，在羊只入栏时应选择体重相近、个体相差不大、强弱相仿的为一栏。

开始饲喂 TMR 颗粒料之前，同样也需要一定时间段的转换期及适应期。总的原则是让羊完全地适应 TMR 颗粒料。通常情况，使用颗粒饲料养羊分三个时期，第一个时期是过渡期，此时期不同体重、大小的羊对 TMR 颗粒料的适应程度不同，因此所需要的转换时期长短也不一样。过渡期大概需要 7 ～ 10 天，也就是大概需要 2 ～ 3 个消化周期。在颗粒饲料过渡期应先少量地饲喂 TMR 颗粒料再添加自配料，再逐渐提高 TMR 颗粒料所占的比例，直到完全转化为用 TMR 颗粒料喂羊。第二个时期为预饲期，经过过渡期的调理，羊已经基本上适应了 TMR 颗粒料，此段时期是检验过渡期是否成功的时期，能够反映出羊对 TMR 颗粒料的适应程度。第三个时期为饲喂期，是完全地饲喂 TMR 颗粒料，一直喂到羊出栏为止。

饲喂颗粒饲料的注意事项有：

① 保证每圈羊的大小、体重相差不要太悬殊。如果个体大小、体重悬殊太大容易造成激烈地打斗、争抢、欺负等现象，明显影响到羊的生长速度和生长潜能的正常发挥。

② 羊群密度不宜过疏或过密。过于疏散，羊只运动量大，消耗体能也多，从而影响羊的生长速度；过于密集，会导致羊只拥挤，空气流动性差，促使羊的眼部疾病和呼吸道疾病的发生，从而影响羊只的正常生长。因此，羊群密度要适宜。

③ 饲喂量的控制与采食时间需要做到定量定时。早晚采食时间间隔长短不同，喂的量也要相应地调整，因为白天和晚上饲喂的间隔时间不同，如上午 8：30 和下午 4：30 饲喂，上午时间间隔大约是下午时间间隔的一半，所以要确保下午比上午适量多喂点。经过不断地实验喂养，发现羊的采食时间控制在上午 30 ～ 40min、下午 40 ～ 50min，饲喂效果较为理想。

④ 饮水一定要充足、干净。定期驱虫，环境要舒适，为羊的健康生长做好准备。预防疾病的发生，做好预防措施。

TMR 颗粒日粮能够适应反刍动物养殖业向集约化、规模化、优质高效经营发展的需要，有利于饲料资源的开发与利用，有利于应用现代反刍动物营养调控理论和技术生产商品化日粮，有利于从根本上改变反刍动物饲料生产相对滞后的局面，缩小与畜牧发达国家的差距，因此，TMR 颗粒料饲养技术无疑是当今我国反刍动物饲养技术改进的一个方向。但这种先进技术在实际生产中的应用对牛、羊群等的鉴定和分群等方面具有较高的要求。在综合考虑 TMR 颗粒料饲养技术利弊的基础上，我们有必要借鉴国外先进经验，加大对反刍动物 TMR 颗粒料饲养技术和体制的研究，这将有利于缓解我国饲料资源供需不平衡的矛盾，充分发挥反刍动物的生产潜能，缩短我国与世界反刍动物养殖业发达国家的差距。

第五节 高密度压块全价日粮制作技术

随着人们对环境保护认识的日益深入和国家对西部开发力度的不断加大，如何让可持续发展成为可能，特别在西部比较恶劣的自然环境下，要实现生态效益、经济效益和社会效益的良性循环，“退耕还林，退耕还草”不失为一个有远见的决策。西部地区在这方面做了很多有益的尝试，其中以种植和加工以苜蓿为主的牧草被认为是一条切实可行的途径，加之我国庞大的农作物秸秆资源，如果能够科学利用，将是实现三种效益良性循环强有力的推动剂。

如何加工这些粗饲料才能高效利用，以下介绍的高密度压块全价日粮将是一种加工利用这些资源的非常有效的方式。以前的牧草或秸秆一般采用晾晒、打捆后贮藏，这样会导致许多问题，如：运输成本居高不下；堆放场地受到限制；长期贮藏易变质；营养物质不均衡；饲料不保鲜；饲喂不方便；易发生火灾等。为解决以上问题，必须对牧草及秸秆进行深加工。目前深加工的方式主要有两种，一种是将牧草及秸秆压块，另一种是将其压制成颗粒，而压块是一种能耗相对较低、产品适合反刍动物生理习性的最有效的加工方法。

高密度全混合日粮压块饲料是根据不同动物及不同生理阶段的营养配方，将切短的粗饲料与精料补充料以及矿物质、维生素等各种添加剂在专用饲料加工机组内充分混合压缩成块状的一种营养平衡日粮成型饲料。

一、高密度压块全价日粮的优点

① 高密度（0.7 ～ 1t/m^3），比自然堆放的秸秆可提高 20 ～ 30 倍，极方便流通、存储，装袋后可以码垛，有利于长途运输。

② 适口性好，在挤压生产过程中秸秆产生高温，在 100℃左右，稍有糊香

味，牲畜爱吃，采食率可达100%。

③ 由生变熟，有利于消化吸收。

④ 高温高压，没有任何添加剂，属纯天然绿色饲料，饲喂安全。

⑤ 不易燃，长期储存不变质。

⑥ 饲料压块的规格为32mm×32mm×（20～80）mm，能满足反刍动物对粗纤维的需求，比较科学。

⑦ 使用方便，可以与其他精饲料或其他粗饲料配合使用；既可干喂，也可湿喂；特别是供给规模化的养殖场、隔离场或牧草短缺受灾的牧场，更为方便。

⑧ 营养比较丰富，目前市场上流通的主要有玉米秸、豆秸、麦秸、花生秧、苜蓿草等压块。

二、高密度压块全价日粮原料的选择及饲料配方的调配

压块饲料适用原料广泛，苜蓿、羊草、沙打旺、玉米秸（芯）、棉籽皮、稻草、油菜秸、豆秸、花生秧（壳）、红薯秧等都可以加工成粗饲料；麦秸、棉花秸则可以加工成工业原料。在这里重点介绍以苜蓿为主的牧草加以玉米秸为主的农作物秸秆相混合组成的粗饲料，再与精饲料搭配组成全价混合日粮。农作物秸秆经过复合压块处理后饲喂肉牛，无论从增重速度和肉质品质上都优于青贮和黄贮玉米秸秆与精料分开饲喂的传统饲喂模式，饲喂效果提示，玉米秸秆复合压块饲料组育肥效果优于其他组，这与大量研究结果认为禾本科农作物秸秆的营养价值以玉米秸为最好，其次是大麦秸、豆秸、高粱秸、荞麦秸、黍秸、谷草、稻草、小麦秸是一致的。

综上所述，以成型方法处理农作物秸秆具有适口性强、操作方便、节省饲料、降低增重成本、降低劳动强度、提高劳动定额、可大规模工厂化生产的优点，是开发农区饲草资源的良好途径。选择以玉米秸秆为主，配制全日粮复合秸秆成型饲料，能充分利用农作物秸秆及其农副产品下脚料，减缓人畜争食矛盾，是我国养牛业走节粮、规模化饲养之路的较佳饲料利用模式。

在大力开发秸秆资源的同时，开发新的饲料原料也具有重要的战略意义，如利用甘蔗叶和蛋白桑作饲料原料进行配方设计。甘蔗属于禾本科植物甘蔗属，产于热带与亚热带地区，甘蔗具有光饱和点高、二氧化碳补偿低、光合作用强度大等特性，因此种植简单、易存活、产量高、收效大。每千克的甘蔗叶（干物质）含消化能5.68MJ，它是一种发展畜牧业很好的饲料源。

桑树是一种多年生植物，一经种植可多年收益。桑树幼苗时稍耐阴，生长时向阳喜光，喜欢在温和的阳光和湿润的气候下生长，耐寒。其根系发达，萌

芽力及对干旱的抵抗力均很强，对土壤适应能力强大且耐水湿性能也极强。桑树枝叶（干物质）含粗蛋白25%以上，是一种对牛羊优质的蛋白质饲料资源，可用于代替日粮中部分或全部豆粕，或添加玉米秸秆和矿物质等原料配制成牛羊节粮型全混合日粮压块饲料，减少进口豆粕和玉米的需求量，降低饲养牛羊的饲料成本。但因新鲜收获桑树枝叶水分含量高、体积大，不易贮存和运输，而采用烘烤或晒干后粉碎处理，其操作麻烦、经济成本较高，难以在生产实际中大规模推广应用。故如果能研发出一种经济、方便加工桑树枝叶作牛羊饲料的方法，对发展节粮型畜牧业，解决目前我国蛋白质饲料资源严重短缺的矛盾，实现种养结合的生态循环养殖具有重要意义。

由于秸秆饲料存在蛋白质、可溶性糖类、矿物质及胡萝卜素含量较低，而纤维素含量较高等问题，直接饲喂肉牛会导致其采食量及消化率降低，难以满足肉牛的生长营养需要，从而制约了养牛业的发展。因此，如何有效、充分地利用现有的秸秆资源，并补充具有新的优势点的饲料资源，对农业发展具有重大的现实意义。

秸秆常用的处理方法有物理处理（切短、打碎、热加工等）、化学处理（碱化、氨化等）和微生物处理，生产实践证明，农作物秸秆经过适当的加工处理，其营养价值会得到明显提升。利用上述工艺将甘蔗叶和蛋白桑经不同处理后的结果显示，氨化、氨碱化与微生物处理（微贮）对甘蔗叶粗蛋白含量均有提高，粗纤维含量下降，但从处理后营养含量值和经济效益综合考虑，以氨碱化处理效果最好。微生物处理（微贮）、复合物处理（铡草2～3cm+发酵剂+纤维降解素+玉米粉+食盐）可提高全株杂交蛋白桑的养分值，但效果最好的是复合处理组。不同预处理甘蔗叶及全株杂交蛋白桑从营养价值、保存质量、保存时间综合考虑，以微生物处理（微贮）甘蔗叶、微生物处理（微贮）全株蛋白桑组效果最佳。

总之，全价压块日粮使饲料的运输、贮存更为方便，饲喂效果及经济效益等都有了明显提高。原料的选择也要因地制宜，如上文提到的甘蔗叶和蛋白桑主要分布在中国西南地区如广西一带。积极地探索寻找不同的饲料原料，不但可以解决饲料资源短缺、营养成分单一、饲养成本较高的问题，还可以灵活地搭配各种日粮，达到营养平衡、营养元素互补，以及提高生产效率和养殖效益的目的。

三、饲草（牧草及农作物秸秆）压块的工艺流程

为了满足饲草深加工的要求，实现自动化、规模化生产，目前研制出了一些符合生产要求的机械装置，这里重点介绍一种时产3～16t的饲草压块成套机组，以满足饲草深加工及自动化生产的需求。

具体工作过程为：打捆的牧草（见图 6.26）经无级变速上料机喂入牧草粉碎机进行粉碎，以获得适合压块的长度；粉碎后的草料由牧草刮板机送入均质机后，经过均质机的缓冲、混合后，由其出料机构均匀定量出料；均质机出来的草料在送到压块机的过程中，由小料添加系统加入小料并被摊平机混合、摊平，进入压块机上的喂料绞龙后由液体添加系统加入适量的水或其他液体，喂入压块机进行压块作业；压块后的草块由输送机送入冷却器，自然空气自下而上穿过堆积在冷却机中的物料，在压块过程中产生的热量被空气带走并可减少一部分水分；冷却后的草块送入成品包装缓冲仓进行打包作业。

图 6.26　草捆饲料

1. 牧草压块机组的设备组成

牧草压块机组主要由无级变速上料机、牧草粉碎机、刮板输送机、均质箱、小料添加系统、摊平机、液体添加系统、压块机、冷却器、称重打包系统、除尘风网系统、电控系统等组成。无级变速上料要通过变频器调节电机的转速，使上料机在一定范围内无级调速，从而控制喂入粉碎机的草量，草捆被置于机槽中，由滚子链上焊接的尖齿带动送入牧草粉碎机。根据机组产量的不同上料机一般有两种量型可供选择，一种是机槽宽为 920mm，可容纳并排两个草捆（通常草捆的截面为 460mm×360mm），另一种是机槽宽 460mm，可容纳一个草捆；大量型的最大输送量为 20t/h 左右，功率为 4kW，小量型的最大输送量为 10t/h 左右，功率为 2.2kW。

（1）牧草粉碎机是一种粗粉碎机，它可将牧草粉碎成 5 ～ 8cm 的草段，以满足压块和输送的需要。目前国内常见的有以下三种形式：

① 带旋转喂料筒的单转子粉碎机；

② 侧面进料卧式单转子粉碎机；

③ 侧面进料双转子粉碎机。

第一种形式的粉碎机使用较为灵活，散草和草捆均可加工，但占地面积大，造价高，粉尘难于控制；第二种和第三种形式结构简单、造价低，但只能加工草捆，相比较而言，侧面进料双转子粉碎机加工的草料质量更好一些。

（2）牧草刮板输送机专门用来输送粉碎后的牧草，它和无级变速上料机的主要区别是以推料角钢代替推料齿带动草料进行输送。为适应粉碎后牧草容重很小这个特点，机槽截面积取得较大，并采用短节距输送链，左右两排并行的链条间焊接推料角钢，角钢间距为350mm左右，输送链条由减速电机带动链轮使链条运动，从而达到输送物料的作用。在该机组中所有牧草刮板机均为倾斜式的，由一段水平接料段和倾角为30°的输送提升段组成。

（3）均质机主要有三个作用，第一是承接粉碎机的来料，起缓冲仓的作用，第二是使粉碎后的草料茎秆和叶粉混合均匀，第三是定量出料使后道工序稳定均衡工作。它主要由密闭的容料仓、铺平绞龙、出料拨轮及输送刮板组成，粉碎后的草料由牧草刮板输送机从仓顶中部进料，草料进入容料仓后堆积到容料仓内上部的铺平绞龙时，草料被铺平绞龙推向后部，同时仓底的刮板输送机带动整仓的草料向出料端输送，经出料拨轮把草料送出仓外，仓内的料位器控制无级变速上料机的启闭，当仓满时，料位器动作，使上料机停止工作，仓位下降到一定程度，启动上料机继续进料到粉碎机，均质机出料的速度由仓底的刮板输送机输送速度决定，通过调节刮板输送机转速，输送量可在一定范围内调节。

（4）小料添加系统由无级变速绞龙和料斗组成，调节喂料绞龙的转速可调节小料的添加量。小料加入均质机和压块机之间的牧草刮板机中，随草料一起进入下道工序。

（5）摊平机安装在均质机和压块机之间的牧草刮板机提升段上，它能把刮板机中的草料铺平并避免草料结块，使进入压块机的料流均匀，使压块机负载基本稳定。它依靠带刺的滚轮旋转使草料平铺在刮板机中，通过调节滚轮到刮板的距离控制料层的高度。

（6）液体添加系统主要是用来向待压块草料中加入水、糖蜜、纤维素酶等液体，以调节水分、增加能量、提高消化率。该系统主要由泵、流量计、喷头、控制电磁阀、管路及附件组成。液体由泵抽取加压后，由安装在压块机喂料绞龙顶盖上的喷头雾化，喂料绞龙在输送过程中，使之与草料充分混合。液体添加量的多少由安装在泵和喷头之间的流量计读出。

（7）压块机是本机组的关键设备，它主要由喂料绞龙、保安磁铁、机体、主轴、偏心压轮、压板、环模、主轴端盖、出料罩、动力总成等组成。

（8）粉碎后的草料进入喂料绞龙后由绞龙轴上的搅拌圆棒喂进机体进料口，流经保安磁铁时除去铁杂，在旋转主轴上喂料刮刀的作用下，沿机体内筒壁的导料螺旋进入偏心压轮和环模之间的压制区，由沿环模内沟槽公转和摩擦自转的偏心压轮将草料挤压进模孔中，偏心压轮每完成 1 次公转周期就将充满环模沟槽内的草料挤入模孔中，形成草块的 1 个料层，随着物料的连续喂入，草块被挤出模孔，碰到出料罩的锥面上被折成一定长度的草块，草块的长度可通过调节出料罩锥面与环模之间的距离来控制。

（9）压块机压出的草块温度在 70 ～ 90℃，必须进行冷却处理。热的草块进入冷却器后平铺在输送网带上并随之向出料端运动，在冷却器顶部抽风机的作用下，自然冷风从网带空眼穿过料层，带走热量和少量水分。由于草块的体积较大，内部的热量和水分较难被冷风带走，草块在冷却器中的停留时间应较长，抽风机的风量也要求大。一般冷却器的输送网带运行速度为无级可调，以适应不同含水量的牧草和各季节的要求。

（10）称重打包系统分手工打包和自动打包两种，产量较小的机组可选择手动打包系统，可减少设备投资；产量较大的机组应选用自动打包系统以减轻工人的劳动强度。由于草块的流动性差，称重打包系统的缓冲斗应设计合理，避免结拱等不利因素的发生。自动定量包装秤也应特殊设计，以适应草块打包的使用要求。

（11）为了改善工作环境及减少物料损失，本机组配备了除尘风网，吸风点设置在粉碎机、压块机、冷却机、打包口等处。粉碎机处的吸风使粉碎机内保持负压，防止物料反喷，改善粉碎机的工作特性和工作环境。压块机的吸风设置在机头吐料口处，吸取机头溢出的余料。冷却器的吸风口设置在冷却器返程输送带下方，带走冷却时落下的草屑。打包口处的吸风改善了打包时的工作环境。一台高压风机提供各吸风点的风压和风量，含尘空气由旋风除尘器或脉冲布袋除尘器处理，物料回到均质机重新参与压块，处理后的干净空气返回大气。

（12）电控系统控制机组各单机协调工作，整个系统各单机连锁，系统调定以后，整个机组可自动工作，一旦某单机出现问题，系统将给出声光报警并切断相应设备的电源。

2. 牧草加工机组的设备配置注意事项

① 粉碎机和压块机的产量应匹配，避免压块机“吃不饱”或粉碎机“窝工”，一般两者的功率相等即可。

② 均质机进出料牧草刮板机输送量应配置大一些，特别是机槽要求比倾斜提升段高 1 倍，以容纳摊平机扒下的草料。冷却器出料端刮板输送机应有一段起筛分作用的开孔底板，以清除草块在转运过程中产生的草屑。

③ 冷却器的风量应足够，以保证草块冷却后不高于室温 4 ～ 6℃，以免草块结露霉变。冷却器的抽风机应选用低压大风量的轴流风机，以降低吨料电耗。

④ 除尘风网系统的风网走向应顺畅合理，吸风口处的风速应在 15m/s 以上，风压过大容易发生堵塞。除尘器的型号应与处理风量相适应，关风器应选择 25L 以上漏风小的优质产品。

⑤ 物料进入压块机前至少要经过两道除铁磁板，以充分除去料中的铁杂，保证压块机的安全。磁板的表面磁场强度应在 2000Gs 以上，磁板宽度应使料流在其上通过。电控系统应选择可靠性高的元器件以提高系统的稳定性。

3. 牧草压块机组生产使用中的注意事项

要使机组发挥最佳效能，除了合理的设备配置外，操作也很重要，科学合理的操作可提高工作效率。

① 原料应按不同质量分类堆放，切忌加工含水量相差悬殊的物料，以免压制出的草块密度波动太大，影响产品的质量。

② 草捆的含水量应控制在 18% 以下，以利于粉碎和压块（见图 6.27），成品的含水量达标，不易霉变。草料水分在 14% ～ 18% 时，压块性能最好，草料水分低于 10% 时，压块松散甚至不成型，高于 20% 时，冷却后草块的水分过高，不易储存。草捆粉碎后草料的长度应在 50 ～ 80mm。一般压块的草捆含水量在 8% ～ 12%，进入压块机上的喂料绞龙时，由绞龙顶盖上的加水喷头加入 2% ～ 10% 的水搅拌混合，使草料的含水率符合压块的要求，加水量的多少由加水管路上的流量计读出。加入的水应清洁并滤去杂质，以免堵塞喷头。为提高草块的外观质量，可加入膨润土等黏合剂，但比例不应超过 3%，冷却时间应在 30min 以上，使草块芯部的热量和水分充分排出。压块机停机前应停止加水，等到各模孔出碎草时方可停机，以免下次启动时出现困难。牧草压块机组工艺路线简单合理，组成设备质量可靠，通过压块机单、双头的简单组合可获得不同的产量，可扩充性强，其目前已成功运用在苜蓿、玉米秸秆、橡树叶等的压块上。

四、高密度压块全价日粮在养殖中的应用技术

实施反刍动物现代集约化饲养，为秸秆作为主要商品饲料之一提供了应用基础。怎样才能更充分地发挥秸秆的营养潜力，使养牛业获取更大的经济效益，成为现阶段新的研究热点之一。多年来，国内外专家研究秸秆利用取得了诸多成功经验，生产效益显著。现今普遍采用的全混合日粮饲养技术，复合处理秸秆全价成型饲料，将玉米秸秆、黄贮、青贮、干稻草和苜蓿等，经切短、

图6.27 牧草草块

膨化、氨化、生物发酵、酶解等综合技术处理后，与精料补充料以及矿物质、维生素和添加剂等，在饲料搅拌机内充分混合，再经专用成型机械压制成特为反刍动物食用的块状饲料。全混合日粮压块饲料是根据不同动物及不同生理阶段的营养需要配制的营养平衡日粮。综上所述，得出以下结论：

（1）因其经过复合处理秸秆、全价配合日粮和压块成型系列技术，不需专业的饲料搅拌喂料车，能够保证采食到的每一块饲料，均是全价平衡的，较全混合日粮饲养技术更全面地提高了秸秆的饲用价值，保证了日粮营养的全价、平衡、适口，便于运输和保存。只提供充分饮水，不需再添加任何物质，便可完全满足肉牛增加体重的营养需要。

（2）采取复合处理秸秆、全价配合饲料能提高饲料的利用率。其机理可认为：将秸秆复合处理，并在机械作用下与精料补充料充分混合均匀压制成块，使饲料颗粒在瘤胃中始终保持粗饲料特有的刺激瘤胃壁而促进瘤胃蠕动，有加强消化、提高采食量的作用。

（3）全混合日粮压块饲料饲喂反刍动物，与青粗饲料和精料分开饲喂的传统饲喂模式相比，能够避免采食营养不均衡，能够提高反刍动物的增重速度，增加经济效益。该饲料既可干喂，也可湿喂，特别是供给规模化的养殖场、隔离场或牧草短缺受灾的牧场，更为方便。压块饲料适用原料广泛，如苜蓿、羊草、沙打旺、玉米秸（芯）、棉籽皮、稻草、油菜秸、豆秸、花生秧（壳）、红薯秧等都可以加工成粗饲料。在大力开发秸秆资源的同时，开发新的饲料原料也具有重要的战略意义，如甘蔗叶和桑树叶等。

第七章

牧草中的活性成分及其在饲料中的应用技术

各类牧草作物，除了能够提供常规的营养物质外，其中所含的少量功能性活性成分同样在畜牧业中具有重要的开发利用价值。当前畜牧养殖中应用的从各类牧草中提取的物质，包括植物多糖类、生物碱（如小檗碱）、绿原酸、皂苷、杜仲叶提取物、黄芩素、大豆黄酮、红细胞凝集素等，它们作为功能性添加剂被应用于各种动物的日粮配合中，起到了提高饲料养分利用率、改善肠道健康、抗氧化、抗炎以及免疫增强等多种作用。

更重要的是，各类牧草中提取的功能性物质被认为是将来在饲料中替代抗生素的一类物质，因此具有广阔的开发利用前景。比如常见的红豆草、百脉根中含有大量的浓缩单宁，单宁能够在反刍动物瘤胃中减少甲烷的产生，另据研究，十字花科油菜类，在反刍动物日粮中应用也可以减少瘤胃甲烷的产量，提高营养物质的利用率，另外也减少了环境污染。除了可以在日粮中直接应用这些牧草外，还可以把这些物质提取出来，用于配合饲料生产。

第一节　功能性牧草

有些牧草中含有的大分子功能性成分，具有某些特殊的作用，应用这些牧草作为饲料或作为原料提取其功能性成分作为饲料添加剂，能够改善动物健康、提高生产性能，在提高肉、蛋、奶等畜产品品质方面具有重要的作用。

这一领域的研究，结合了生物技术、化学分析、营养学等学科的知识，功能性牧草的概念可认为是这一产业链的起点。

目前研究的功能性牧草主要包括菊苣、菊芋、鲁梅克斯、车前草等。

一、菊科牧草

菊科牧草是一类功能性牧草，在生理特征上它们不同于一般牧草，如典型的菊芋、菊苣。一般植物是以淀粉（结构是1,4-糖苷键连接的葡萄糖）作为能量的储备形式，而菊芋、菊苣是以果聚糖（以1,2-糖苷键连接的果糖）作为能量储备形式。果聚糖不能被动物体内的淀粉酶消化，但能够被瘤胃微生物和盲肠微生物降解，尤其是能够促进拟杆菌、瘤胃球菌、普雷沃菌的增殖，产生短链脂肪酸等小分子代谢物，提高动物免疫力，调控糖脂代谢。

1. 菊苣

菊苣（*Cichorium intybus* L.）为菊科菊苣属多年生草本植物（见图7.1）。其用途多样，叶可饲喂家畜或食用，根可提取菊粉等食品工业原料。饲用品种分叶用和根用两种，有些品种可兼用。菊苣的饲用价值高，适口性好，在我国多用来养猪、鱼以及各种家禽，也是饲喂高产奶牛和育肥羊的优质饲草。

图7.1　菊苣

（1）植物学特征　菊苣肉质轴根粗壮，入土深达1.5m；侧根发达，水平或斜向分布。主茎直立，中空，多分枝，营养生长期平均高40cm。基生叶莲座状，叶片肥厚而大，长30～46cm、宽8～12cm；叶形变化大，羽状分裂至不分裂。头状花序，花浅蓝色。种子楔形，千粒重1.5g左右。

（2）生物学特性　菊苣喜温暖湿润气候，但也耐寒耐热，在炎热的南方能正常生长，在寒冷的北方当气温在–8℃时也是青枝绿叶。对土质要求不严，在pH 4.5～8.0的土壤中均可生长，在pH 6.0～7.5的肥沃沙壤土中生长最好。降雨量多的地区，应选坡地或排水良好的平地种植。

（3）栽培技术

① 整地施肥　菊苣种子细小，所以土壤在深耕基础上土表应细碎、平整，

在耕翻土地的同时每亩施足厩肥 2500 ～ 3000kg。

② 播种

播种时间：菊苣为多年生，所以播种时间不受季节限制，一般 4 ～ 10 月份均可播种，温度在 5℃以上即可。

播种量：菊苣种子细小，播量一般为直播每亩 400 ～ 500g、育苗移栽每亩 100 ～ 150g，播种深度为 1 ～ 2cm。

播种方法：采取撒播、条播或育苗移栽方法。若采取育苗移栽，一般在 3 ～ 4 片小叶时进行，行株距 15cm×15cm。播种时，种子和细沙土拌匀加大体积进行，以保证种子均匀播种。播种后，浇水或适当灌溉，保持土壤一定湿度，一般 4 ～ 5 天出齐苗。

③ 田间管理

除杂草：苗期生长速度慢，为预防杂草危害，可用除单子叶植物除草剂喷施，当菊苣长成后，一般没有杂草危害。

浇水、施肥：菊苣为叶菜类饲料，对水肥要求高，在出苗后 1 个月以及每次刈割利用后及时浇水追施速效肥，以保证快速再生。

及时刈割利用：待植株达 50cm 高时可刈割，刈割留茬 5cm 左右，不宜太高或太低，一般每 30 天可刈割一次。

④ 收获利用　菊苣播种后，2 个月后即可刈割利用，若 9 月初播种，在冬前可刈割一次，第二年春天 3 月下旬至 11 月均可利用，利用期长达 8 个月，亩产鲜草达 1×10^4 ～ 1.5×10^4kg。菊苣在抽薹前，营养价值高，干物质中粗蛋白达 20% ～ 30%，同时富含各种维生素和矿物质元素。菊苣可鲜喂、晒制干草和制成干粉，是牛、羊、猪、兔、鸡、鹅等动物和鱼的良好饲料。菊苣抽薹后，干物质中粗蛋白仍可达 12% ～ 15%，此时单位面积营养物质产量最高，作为牛羊的饲草最佳。

菊苣花期为 6 ～ 9 月份，长达 3 个月，是良好的蜜源植物。其根系中含有丰富的菊糖和芳香族物质，可提取代用咖啡。根系中提取的苦味物质可用于提高消化器官的活动能力。菊苣在欧美等地广泛作为蔬菜利用，其肉质根茎在避光条件下栽培，可生产良好的球状蔬菜作为生菜食用。莲座叶丛期幼嫩植株略带苦味，经适当加工亦可直接食用。

（4）利用特点　菊苣株高 40 ～ 50cm 就应及时刈割，留茬高度 5 ～ 6cm。以后每隔 25 ～ 30 天刈割一次。菊苣也可以用来放牧，出苗后 100 天左右，轴根已经扎入土中，不易被家畜拔起，此时就可以放牧。菊苣营养丰富，蛋白质含量较高，各种氨基酸含量高，可以加快身体内各种蛋白质的合成，增强免疫力。其消化率高，适口性好，既可鲜饲，也可制成草粉或与其他牧草混合后青贮。菊苣是养殖动物的优质饲料来源，也是提取菊粉的优质原料。

（5）适宜区域　其适应性广，在我国南北方都可种植。南方需选择排水良好、土质疏松的地块种植。北方寒冷地区越冬前需做一定的保护，否则越冬率不高。

2. 菊芋

菊芋（*Helianthus tuberosus* L.）又名洋姜、鬼子姜，是一种多年宿根性草本植物（见图 7.2）。原产北美洲，十七世纪传入欧洲，后传入我国。其地下块茎富含淀粉、菊糖等果糖多聚物，可以煮食或熬粥、腌制咸菜、晒制菊芋干或作制取淀粉和酒精的原料。宅舍附近种植兼有美化作用。

图 7.2　菊芋

（1）植物学特征　菊芋高 1 ～ 3m，有块状的地下茎及纤维状根。茎直立，有分枝，被白色短糙毛或刚毛。叶通常对生，有叶柄，但上部叶互生，下部叶卵圆形或卵状椭圆形。头状花序较大，少数或多数，单生于枝端，有 1 ～ 2 个线状披针形的苞叶，直立，舌状花通常 12 ～ 20 个，花瓣通常 10 ～ 13 个，舌片黄色，开展，长椭圆形，管状花花冠黄色，长 6mm。瘦果小，楔形，上端有 2 ～ 4 个有毛的锥状扁芒。花期 8 ～ 9 月份。

（2）生物学特性

① 抗逆性强　在年积温 2000℃以上，年降水 150mm 以上，−50 ～ −40℃

的高寒沙荒地只要块茎不裸露均能生长。其抗旱抗风沙：菊芋块茎在沙下30cm内均可利用本身的养分、水分及强大的根须正常萌发；块茎、根系储存水分能力强，待干旱期维持生长所需；随着根茎发达，起到固沙作用。

② 再生性极强　一次种植可永续繁衍。大旱时，地上茎叶全部枯死，但一旦有水，地下茎又重新萌发；每一复生块茎，都分蘖发芽，年增殖速度可达20倍。菊芋籽落地扎根，四处繁衍。

③ 无病虫害　在生长期内，无需施肥、打药、除草、管理，一旦形成连片，人、畜都很难破坏其繁衍发展。

④ 耐寒、耐旱能力强　我国荒漠地区大都处于高寒地带，气候寒冷、干燥、多风沙，冰冻期长，但菊芋有着极强的耐寒能力，可耐 –40℃甚至更低的温度。

（3）栽培技术

① 繁殖方式　春季解冻后，选择20～25g重的块茎播种，亩需块茎种子50kg，株行距0.5m×0.5m，播种深度10～20cm，播后30天左右出苗。菊芋一年播种，收获后有块茎残存土中，翌年可不再播种，但为了植株分布均匀，过密的地方要疏苗、缺株的地方要补栽。

② 除草　菊芋出苗后，要及时补苗，结合补苗进行1次除草。一般播后30～40天中耕松土，深度6cm左右，结合中耕进行除草。第2次中耕在现蕾以前，结合除草进行，为块茎生长发育创造良好条件。

③ 施肥

整地施基肥：秋季采收后整地，亩施土杂粪肥5000kg，70%撒施、30%播种时集中沟施；另施硫酸钾15kg，深耕30cm，耕后整平做畦以备播种。

在施足基肥的基础上，菊芋的生长期需追施两次肥：第一次在5月下旬前后，每亩追施尿素10kg，促使幼苗健壮、多发新枝；第二次在现蕾初期，每亩追施硫酸钾15kg，追后浇水。

④ 培土

中耕培土：春天出苗后或雨后要及时除草，并结合中耕进行培土。

浇水：菊芋的苗期、拔节期、现蕾期和块茎膨大期是浇水的4个关键时期，一般可在4月中旬浇出苗水、5月下旬浇拔节水、8月中旬浇现蕾水、10月中旬浇块茎膨大水。菊芋虽然抗旱，但土壤水分充足时能大幅度提高产量。中部半干旱地区降水正常年份不发生严重干旱时，一般不需浇水。若遇夏秋连旱，应在8月中下旬浇一次现蕾水，旱地利用集蓄雨水进行补灌，一般能增收54.6%。

⑤ 摘蕾　在块茎膨大期要摘花摘蕾，以促使块茎膨大。

⑥ 收获　秋后正值菊芋块茎快速生长的时期，待到10月上旬，菊芋的叶、茎完全被霜冻死，此时即可收获地下块茎。采用人工或机械等办法，把菊芋块茎从土里取出。

⑦ 冬季贮藏　如果是第二年春季用菊芋，则可以在秋后把菊芋秆割去，不收菊芋块茎，但第二年春季要尽可能早些取出，否则发芽很快（地温 2℃即开始萌发），影响菊芋质量。

冬季贮藏方法为：秋季挖一浅窖，把菊芋放入，随即撒上沙土，保持湿度和足够的通气，然后四周盖上 5cm 厚的土，不要让菊芋暴露出来。大量贮藏时，可用草把子作几个通气孔。菊芋在 0℃以下即开始冬眠，冬季贮藏期间怕热不怕冷，只要有土盖住，–50℃也不会被冻死，第二年仍可发芽生长。要本着这一原则做好冬季贮藏工作，只要温度不高，就不会霉烂。

⑧ 包装与运输　菊芋的包装一般可采用塑料编织袋，既透气又保湿，一般可放置 10 ～ 20 天。

（4）利用特点　块茎含果聚糖，是当前提取菊粉（inulin）最好的原料。研究发现，洋姜提取菊糖，可治疗糖尿病，其对血糖具有双向调节作用，即一方面可使糖尿病患者血糖降低，另一方面又能使低血糖病人血糖升高。研究显示，洋姜中含有一种与人类胰腺里内生胰岛素结构非常近似的物质，当尿中出现尿糖时，食用洋姜可以控制尿糖，说明有降低血糖作用。当人出现低血糖时，食用洋姜后同样能够得到缓解。菊芋块茎耐储存，富含氨基酸、糖、维生素等。从第三年起，每隔一年摘取块茎的 50%，不影响地被。菊芋的花中也富含叶黄素、绿原酸等，具有天然的抗氧化功能。

菊芋的块茎和地上茎叶可作饲料饲喂兔、猪、羊、驴、马等。既可在菊芋生长旺季割取地上茎叶直接用作青饲料，也可在秋季粉碎后制作干饲料。因此，发展畜牧业也将成为以菊芋为代表的沙产业的一个组成部分。

菊芋粉主要成分为菊糖、粗纤维及丰富的矿物质。据报道，鲜菊芋块茎中大约含 15% ～ 20% 菊糖，约占菊芋干重的 70%，且其中 70% ～ 80% 是低聚果糖，以及水分 79.8%、蛋白质 1.0%、灰分 2.8%、粗纤维 16.6% 和一定量的维生素。

3. 鲁梅克斯

鲁梅克斯又称高秆菠菜（见图 7.3），由于它属于蓼科酸模类，牧草审定委员会将其定名为“杂交酸模”。该品种是由乌克兰科学家经 13 年的努力于 1990 年培育而成的优良品种。我国于 1995 年从国外引进。

图 7.3 鲁梅克斯

（1）植物学特征　鲁梅克斯为宿根多年生草本植物，根深可达 2m 以上，叶片长椭圆形，叶片长 90 ～ 95cm、宽 20 ～ 24cm，两年后根颈直径可达 20cm 以上，每株分蘖平均 10 个以上，最多达 20 个以上，成簇生长，其中叶子味道似菠菜略有酸味微甜，无其他异味，无刚毛，适口性好；生长期可达 20 年，莲座期平均高 70cm，抽茎期高 2 ～ 3m，温度在 20 ～ 28℃时生长最快，低于 5℃停止生长，轻霜对其无危害。

（2）生物学特性　鲁梅克斯抗逆性很强，具有耐寒、耐旱、耐盐碱的特性。

① 抗严寒　由于本品是在北纬 45° 以上的寒带地区培育而成，对寒冷有“先天”的适应性，在 –40℃下可安全露地越冬，一般霜冻对其生长无影响。我国各地均适合种植。

② 耐盐碱　多数作物在含盐量超过 0.3% 的土壤中便无法存活，但鲁梅克斯却可在含盐量 0.6%、pH 值为 8 ～ 10 的土壤中正常发育生长，这是因为它根部的细胞能合成一种特殊的低分子碳水化合物以调节细胞内外渗透压的平衡，从而可避免细胞因脱水而死亡。

③ 御干旱　鲁梅克斯，其根系可深达 2m。即使在年降水量 130mm 的干旱地区，由于它能充分利用深层土壤中的水分，可有效抵御干旱热风恶劣天气，故最适合在那些“靠天吃饭”的干旱地区种植。如种在荒山、荒坡、缺乏水肥条件的贫瘠土地上 2 年后可达到高产，对防风固沙、改善生态环境效果显著。

（3）栽培技术　播种期为 4 ～ 10 月份，早春最好，保证长的生长时间，在寒冬到来之前根系粗壮发育，来年返青后能高产丰产。播种时深耕土地，整平耙细，每亩施农家肥 3000kg，钾肥、磷肥各 5kg，上足底肥，幼苗生长到 20cm 后，追施尿素。

① 直播　大田直播以4～10月份为宜，条播、穴播、撒播均可，播量每亩150～200g，为使播种均匀，掺入3～5倍的细沙土。播深为2cm，播后立即镇压，利于保墒和防风。

② 育苗移栽　利用温室、温床或塑料大棚进行育苗是一种经济的繁殖方法，每亩用种子50g，播种前将种子浸泡3h，再将苗床灌水，为使播种均匀，待水全部渗透后将种子和细沙掺和在一起密播（4～6g/m^2），然后在上面撒一层草木灰。为了使下种后的土壤保持湿润，上面可搭20～30cm高的拱棚膜，当幼苗出现5～6片叶时即可移植，移栽后压紧根部土壤立即浇水。苗活后应中耕松土，株距45cm、行距60cm为宜。

③ 分株繁殖　把生长健壮的植株连根挖起，割去生长点以上的茎叶，切掉根的下部，仅留上部带生长点的根颈7～8cm，将根颈纵向切开为数个分株，每个分株上面有1～2个芽，切后直接定植于大田，大约5～6天即可长出新叶。这种方法栽植后成活快，生长迅速，定植当年可获得高产。切掉的下部根段为良好的饲料。

④ 施肥与灌溉　在幼苗定植时要适量施磷肥和钾肥，定植后及时灌水，5天后再灌一次。每次刈割后结合灌水追肥，追肥量视土壤肥力而定，以施速效氮肥为主，混合施适量磷、钾肥。每年春季返青前或刈割后可施入腐熟厩肥和堆肥，结合灌水施用适量速效氮肥。

⑤ 田间管理　除草、中耕和深松土可以提高地温，改善土壤通气性，促进生长。生长第二年以后，需及时中耕松土。此外，应注意防止蚜虫和白粉病的发生。

⑥ 刈割　当植株高50cm左右即可进行第一次刈割，以后每隔20～30天可刈割一次。及时刈割可使植株保持在发育的幼龄阶段，生活力旺盛，刈割时留茬高度3～5cm，最后一次刈割应不晚于停止生长前25天，以利于植株越冬。

（4）利用特点　鲁梅克斯鲜草鲜嫩适口，营养丰富，各种家畜喜食。蛋白质含量高是鲁梅克斯的突出特点，而且还含有各种酸，如大黄酸，可以治疗便秘。干物质中含粗蛋白30%～34%，粗脂肪3.6%，粗纤维13%，无氮浸出物8.3%，粗灰分18%，且蛋白质组成中氨基酸平衡较好。

生鲜饲喂时将茎叶切碎直接喂或打浆拌入糠麸饲料后再喂，喂牛可整株使用。青贮时应加20%的禾本科干草粉或秸秆或禾本科牧草混贮。北方一年可刈割4～5次，每公顷150～225t，产量较高。其干物质蛋白质含量远远高于大豆、玉米、小麦，是目前和长远发展养殖业和降低成本的首选牧草品种之一。

4. 车前草

车前草（*Plantago asiatica* L.），又名车前、车轮草等（见图7.4）。产于中国多省区，朝鲜、俄罗斯（远东）、日本、尼泊尔、马来西亚、印度尼西亚也有分布。全草可药用，具有利尿、清热、明目、祛痰等功效。

图7.4　草地上混播的车前草

（1）植物学特征　根为直根系或须根系。茎通常变态成紧缩的根茎，根茎通常直立，少数具直立和节间明显的地上茎。叶螺旋状互生，通常排成莲座状，或于地上茎上互生、对生或轮生；叶尖呈莲座状，平卧、斜展或直立；叶片薄纸质或纸质，宽卵形至宽椭圆形。

（2）生物学特性　车前草在一般土地、田边角、房前屋后均可栽种，但排水良好、疏松、土层较厚、温暖、潮湿、向阳、肥沃的沙质土壤上最适宜，20～24℃范围内茎叶能正常生长，气温超过32℃则会出现生长缓慢，逐渐枯萎，直至整株死亡，土壤以微酸性的沙质冲积壤土较好。

（3）栽培技术

① 选地　选择湿润、比较肥沃的沙质土壤，每公顷施基肥30000～45000kg后翻耕。播种之前，将种子掺上细沙轻搓，去掉种子外部的油脂，利于种子发芽。我国北方3月底至4月中旬或10月中下旬播种。条播按行距20～30cm开沟，深1～1.5cm，将种子均匀播入沟内，覆土后稍加镇压，浇水，保持土壤湿润，播后10天左右出苗。为确保成苗率，可采取25%多菌灵粉剂拌种消毒，并用辛硫磷掺入细沙撒于地面，以防治地下害虫。

② 田间管理　车前草出苗后生长缓慢，易被杂草抑制，幼苗期应及时除草，除草结合松土进行，一般一年进行3～4次松土除草。苗3～5cm时进

行间苗，条播按株距 10 ～ 15cm 留苗。车前草喜肥，施肥后叶片多、生长旺盛且抗性增强，穗多穗长，产量高。车前草抽穗期必须及早疏通排水沟，防止积水烂根。封垄后切勿中耕松土，否则伤根及土壤渍水造成烂根。车前草在抽穗前后应加强管理，发现中心病株，及时拔除、集中烧毁，以控制车前草白粉病、褐斑病、白绢病等扩展蔓延。

③ 收获

a. 种子收获　车前草果穗下部的果实外壳初呈淡褐色、中部果实外壳初呈黄色、上部果实已收花时，即可收获。车前草抽穗期较长，先收穗的早成熟，所以要分批采收，每隔 3 ～ 5 天割穗一次，半个月内将穗割完。宜在早上或阴天收获，以防裂果落粒。用刀将成熟的果穗割下，在晒场晒穗裂果、脱果。晒干后搓出种子，簸净杂质，种子晒干后在干燥处贮藏。

b. 全草收获　车前草幼苗长至 6 ～ 7 片叶、13 ～ 17cm 高时可采收作为菜用。车前草在旺长后期和抽穗期之前，穗已经抽出与叶片等长且未开花，此时药效最高，可进行全草收割。把全草连根拔起，洗净泥沙和污物晒 2 ～ 3 天，待根颈部干燥后收回室内自然回软 2 ～ 3 天，可成商品出售。

（4）利用特点　车前草中主要有黄酮类、苯乙酰咖啡酰糖酯类、环烯醚萜类、三萜类化学成分，并具有抗菌消炎、抗感染、抗病毒、抗溃疡、抗氧化、降血脂、降血尿酸等药理作用。车前草还具有清热利尿通淋、祛痰、凉血、解毒的药理作用，且药源丰富，廉价易得，是一种极具发展价值的草本植物，在某些疾病的预防和治疗方面具有广阔应用前景。

（5）分布区域　车前草在我国的主要产地是黑龙江、吉林、辽宁、内蒙古、河北、山西、陕西、宁夏、甘肃、青海、新疆、山东、江苏、河南、安徽、江西、湖北、四川、云南、西藏等地，朝鲜、俄罗斯、哈萨克斯坦、阿富汗、蒙古、巴基斯坦、印度也有分布。

5. 红豆草

红豆草（*Onobrychis viciifolia*）又称驴食草（见图 7.5），原产于欧洲，属于豆科多年生草本植物，根系发达，茎直立，适应性广，抗逆性强，抗旱性能更为突出，在我国许多地方有引种，栽培效果良好。红豆草产量高，适口性好，易于栽培管理，营养物质含量高，是各种家畜喜食的优质牧草，被称为“牧草皇后”。红豆草具有较强的抗旱、抗寒能力，一次种植可利用 4 ～ 6 年。

（1）植物学特征　红豆草根系发达，入土深可达 1.2m，根瘤较多，可生物固氮，有改良土壤的效果。茎直立，中空，具纵条棱，疏生短柔毛，分枝多，株高 80 ～ 120cm。叶片为奇数羽状复叶，有小叶 13 ～ 27 片，小叶长椭

图7.5 红豆草

圆形或披针形。总状花序，有小花25～75朵，花粉红到紫红色。荚果半圆形，扁平，褐色，有凸起的网纹，边缘带锯齿，成熟时不开裂，内有种子1粒，种子肾形，暗褐色，带荚，千粒重16g。

（2）生物学特性 红豆草喜温暖干燥气候，适宜在年平均温度12～13℃、年降水量350～500mm的地区种植，在年降雨量200mm左右的地区也可种植。红豆草抗旱性能强，其抗旱能力超过紫花苜蓿，但抗寒性不及紫花苜蓿，冬季最低气温在–20℃以下无积雪覆盖地区不易安全越冬。对土壤要求不严，适宜在富含石灰质土壤上种植，在酸性土、黏土和地下水位高的土壤中种植会影响其生长和产量。

（3）栽培技术

① 整地 红豆草具有良好的适应性，对土壤要求不严，轻度盐碱地、干旱瘠薄地均可种植，播种前应耕翻和耙耱，平整土地，消灭杂草，并注意保墒。

② 播种 红豆草一般都带荚收获，播种时不用去荚，但应去掉秕粒种子和杂质，将带荚的种子均匀播种即可。一般采取条播或撒播，以条播为好，条播行距30～40cm，播种量视草的用途而定，收获草的田地每亩用种3～4kg，种子田每亩播种2～3kg。播种时间，春、夏、秋三季皆可，春播一般在每年的4月中下旬至5月上旬，当年可开花结果，但产量较低；秋播应在9月底之前，以利幼苗越冬。红豆草除单播外，也可与禾本科的黑麦草等混播。

③ 田间管理 红豆草是豆科作物，虽可根瘤固氮，但对氮、磷、钾肥的施用反应显著，特别是在瘠薄土壤上播前应施有机肥作基肥，苗期适当施用氮肥，以提高产草量和品质。在混播草地中，施用磷、钾肥可以显著提高红豆草的出苗比例。红豆草虽然抗旱，但对水分反应比较敏感，灌溉不仅能提高其草

产量而且会提高种子产量，浇灌越冬水可以提高其越冬率。

（4）利用特点　红豆草茎秆中空，草质柔软，气味芳香，无论是青饲还是青贮或干草饲喂，肉牛、奶牛、羊、兔、鹅、猪等畜禽都特别喜欢采食，适口性好，特别是草食家畜大量采食也不会引起臌胀病。在加工和利用上，红豆草青饲、调制青干草、加工草粉或青贮皆可，不仅可饲喂牛羊，而且可以鲜草打浆喂猪。与其他豆科牧草相比，红豆草在各个生育阶段均含有很高的浓缩单宁，可沉淀，能在瘤胃中形成大量持久性泡沫的可溶性蛋白质，其最大的特点是牲畜食后不得臌胀病。

（5）分布区域　目前栽培的红豆草主要分布于我国温带，如内蒙古、山西、北京、陕西、甘肃、青海、吉林、辽宁等省（区）都有试种或较大面积的栽培；野生的分布于西欧奥地利、瑞士和德国等地。在前苏联野生种分布于波罗的海沿岸；栽培种广泛分布于英国、意大利、法国、匈牙利、捷克、斯洛伐克、西班牙、乌克兰和俄罗斯南部各州。

6. 百脉根

百脉根（*Lotus corniculatus*），又名五叶草、牛角花，是多年生豆科百脉根属多年生草本植物（见图 7.6），原产欧亚大陆温带地区，中国河北、云南、贵州、四川、甘肃等地均有野生种分布。百脉根茎叶细多，适口性好，具有较高的饲用价值。其最大的特点为茎叶中富含缩合单宁，作为饲草能够有效降低家畜臌胀病的发生。我国各地因为不同的生存环境，有着不同的百脉根品种，其中的浓缩单宁的结构和含量会有较大的差异。

图 7.6　百脉根

（1）植物学特性　百脉根为牧草绿肥作物，荚果褐色，矩圆筒形，长 21～27mm，宽约 3～4mm，有多数种子，花期 5～7 月份，果期 8～9 月份。

百脉根高 11 ～ 45cm，茎丛生，无明显主茎，茎长 30 ～ 80cm，光滑无毛，直立或匍匐生长。叶为三出复叶，蝶形花冠，黄色。小叶 5 枚，3 小叶位于叶柄的顶端，2 小叶常生于叶柄的基部；小叶纸质，卵形或倒卵形，长 5 ～ 20mm，宽 3 ～ 12mm，无毛或于两面主脉上有疏的长柔毛；小叶柄极短，长约 1mm，密被黄色长柔毛。

（2）生物学特性

① 温度　百脉根喜温暖湿润气候，最适宜温度为 18 ～ 25℃，开花要求 21 ～ 27℃。耐寒力较差，幼苗易受冻害，成株则有一定耐寒能力，–7 ～ –3℃下茎叶枯黄。其耐热能力比紫花苜蓿稍强，耐旱能力比苜蓿稍差，比红三叶和白三叶强，喜湿润不耐荫蔽。

② 土壤　百脉根喜肥沃能灌溉的黏土、沙壤土、酸性土、微碱性土壤，pH 值 6.2 ～ 6.5 为最适宜。在瘠薄和排水不良的土壤上或短期受淹地亦能生长。

百脉根适于放牧，耐践踏，再生性强，耐旱力强于白三叶和红三叶、弱于苜蓿，耐酸能力为苜蓿和红三叶所不及，但酸度过大会影响根瘤的形成和固氮作用的进行。不耐阴，需长日照，充分开花需日照 14 ～ 16h；日照不足，开花减少，出现严重匍匐生长；弱光下，茎枝和根生长均受抑制。幼苗耐寒力较差，且在冬季气温较低、土壤水分不足的地区则不能越冬。

(3) 栽培技术

① 整地　百脉根种子细小，幼苗生长缓慢，与杂草竞争力弱，也易受遮阴或混播影响，故整地应精细，要求上松下实。

② 播种　百脉根硬实率为 21％～ 64％，播种前，要对种子进行处理或浸泡，以提高发芽率和促进齐苗。宜在 9 ～ 10 月份秋播。单播播种量每亩 0.5 ～ 1.0kg。混播时播种量减少。它适于条播，播深 1 ～ 2cm，行距 30 ～ 40cm，第 2 年就覆盖地面。山区种植宜采取等高线开沟播种。百脉根除用种子繁殖外，也可用其根、茎进行无性繁殖，方法是把根、茎切成段扦插。

③ 田间管理　苗期应注意清除杂草。据测定，春播的百脉根，到下半年 10cm 范围内长有 17 株，第 2 年生长的百脉根叶层更紧密，杂草不易侵入，一般不再进行中耕除草。百脉根通常与其他多年生牧草混播，可供放牧利用。可与它混播的有多花黑麦草、白三叶等。

（4）利用特点　百脉根茎细叶多，产草量高，一般亩产鲜草 1500 ～ 3000kg，高者可达 4000kg/ 亩，刈割后，再生缓慢，一般每年刈割 2 ～ 3 次。其营养含量居豆科牧草的首位，特别是茎叶保存养分的能力很强，在成熟收种后，蛋白质含量仍可达 17.4%，品质仍佳。刈割利用时期对营养成分影响不大，因而饲用价值很高。其茎叶柔软细嫩多汁，适口性好，各类家畜均喜食。可刈割青饲，可调制青干草、加工草粉和混合饲料，还可放牧利用。用于青饲或放牧时，其青绿期长，含皂素低，耐牧性强，不会引起家畜臌胀病，为一般豆科牧草所不及。因其耐热，夏季一般牧草生长不良时，百脉根仍能良好生长，延长了利用期。

（5）分布区域　百脉根原产欧亚两洲温带，19 世纪后期开始栽培，中国四川、贵州、广西、湖北、江苏、河北、新疆、甘肃（主要是陇南山区）均有野生分布。

7. 甜叶菊

甜叶菊（*Stevia rebaudiana* Bertoni）又名甜菊、甜草，属菊科甜叶菊属，是原产于南美洲的一种糖料植物（见图 7.7）。它是继甘蔗、甜菜后的第三种天然糖源作物，主要用叶子提取糖。因其茎叶中含有高甜度、低热能、安全无毒具有独特医疗作用的物质——甜菊苷类，而受到人们的普遍重视。甜菊自 20 世纪 70 年代引入我国以来，已在新疆、江苏、北京、福建、浙江、山东等 20 多个省市区试种，取得了较好的成效，产品远销澳大利亚及欧洲、美洲、东南亚等许多国家。其市场缺口大，发展前景广阔。

图 7.7　甜叶菊及甜叶菊多糖

（1）植物学特征　甜菊种子属瘦果，由冠毛、子实皮、种皮和胚 4 部分组成。果实纺锤形，长约 3 ～ 4mm、宽 0.5 ～ 0.8mm，果皮黑（棕）褐色，有 5 ～ 6 条凸状白褐色纵纹，两纵纹间有纵沟，果皮密生刺毛。果顶有浅褐色冠毛 20 ～ 22 条，冠毛皮上有锐刺。甜菊种子质量差异大，不实率一般在 25% ～ 60%，少量早薹、早花现象。提早抽薹开花的植株，容易受到冻害，影响生长发育和受精结实，降低产量。若出现早薹，应及早摘薹，促进侧枝生长。一般摘去蔓尖 6 ～ 9cm，摘蔓后及时追施尿素、腐熟人畜粪水等速效肥料，或喷施速效肥，促进其营养生长，补充养分消耗。

（2）生物学特性

① 温度　甜叶菊原产于亚热带地区，喜高温，北方栽培甜叶菊应特别考虑低温的影响。20 ～ 25℃是甜叶菊发芽的适宜温度，低于 15℃或高于 30℃均对种子发芽不利。甜叶菊在幼苗期如遇持续 1 个月的 8 ～ 12℃低温，叶片及地上部干物质重就会明显减少。甜叶菊生长的适宜温度为 25 ～ 29℃，如果日平均气温低于 24℃，甜叶菊就会生长缓慢；日平均气温高于 25℃，甜叶菊生长就会十分迅速；秋季日平均气温降至 15℃，甜叶菊则停止生长。

② 光照　甜叶菊属短日照作物，其临界日照 12h，光照时间小于 12h 开花提前，营养生长期缩短。在我国北方种植甜叶菊，由于属于长日照地区，开花时间显著推迟或不开花，不能正常采种，只能收叶。

③ 水分　甜叶菊发芽时土壤相对含水量不能低于 80%，而且近地表空气湿度要大。在近地表空气湿度过小、蒸发过快的情况下，即使土壤湿度很大，种子也难于发芽扎根。土壤湿度小，近地表空气湿度小，会使种子发芽率明显降低，发芽出苗后也会造成死苗严重的现象。但是，土壤相对含水量超过 85%，甜叶菊种子发芽率也会下降，无根苗增多，烂子严重。甜叶菊在 1 年的生长周期中，总耗水量变化范围为 4500 ～ 9000m^3/hm^2。

（3）栽培技术

① 育苗地选择　选择背风向阳的平坦地块，要求土质肥沃，保肥保水力强，排灌方便，呈中性或微酸性的壤土、沙壤土为宜，沙土地和盐碱地不能作育苗地。

② 种子处理

精选种子：应用水选法，将种子浸入清水中，搅拌 15min 左右，静置 2h 左右，捞除上浮的不实种子等杂物，收取饱满下沉的种子进行消毒处理。

种子消毒：将种子装在纱布袋内，放入 50％的多菌灵 250 ～ 300 倍药液中浸泡 10 ～ 15min，取出后用清水冲净药剂，再进行浸种催芽。

浸种催芽：将经过消毒处理好的种子放入 20 ～ 25℃的水中浸泡 10 ～ 15h。再将浸泡好的种子放在 20 ～ 25℃温度条件下催芽，保持湿润，每天早晚各翻动一次，经过 2 ～ 3 天时间，种子开始露白即可播种。

③ 播种

播种时间：大棚育苗，播种时间一般在 4 月上中旬。

播种方法：育苗床在播种的前一天浇足底水，将催芽后的种子拌入细土，均匀撒播到育苗床。播完种子后，用细筛子均匀筛撒覆土，至种子半露半埋为宜，再用木板轻压一下，使种子和土壤紧密接触，然后喷细水，使覆土湿透。播种后的苗床要覆盖地膜或加盖小拱棚，有利于苗床保湿和增温，促进出苗。

（4）利用特点　甜叶菊中糖苷键的主要成分是由β键连接的葡萄糖，即葡聚糖，该糖不能够被肠道微生物消化，一方面其甜度是葡萄糖的300倍以上，能够做代糖产品，在人类食品和动物饲料中的应用具有广阔的前景，另一方面是其能够被肠道微生物利用，以此来产生各种短链脂肪酸、氨基酸、维生素等代谢物，来调控动物健康。

二、木本饲料

1. 构树

构树（*Broussonetia papyrifera*）又称楮桃，属桑科构属，广泛分布于东亚和东南亚，抗逆性强，生长迅速，成活率高，易繁殖，是我国主要的构属种植品种（见图7.8）。构树叶化学成分复杂，含有丰富的蛋白质、脂肪、糖苷类、萜类、黄酮类、微量元素及多种人体所需的氨基酸、矿物质等，有独特的营养价值，目前主要作为饲料原料使用，其精加工产品较少且主要集中在蛋白质和多糖方面，开发利用严重滞后，极大地限制了构树叶的推广和应用。通过现代技术手段提取构树叶中活性成分并对其进行深加工，可以有效提高其经济效益，同时这也是当前行业研究的重点。

图7.8　构树

（1）植物学特征　叶螺旋状排列，广卵形至长椭圆状卵形，长6～18cm，宽5～9cm，先端渐尖，基部心形，两侧常不相等，边缘具粗锯齿，不分裂或3～5裂，小树之叶常有明显分裂，表面粗糙，疏生糙毛，背面密被绒毛，基生叶脉三出，侧脉6～7对；叶柄长2.5～8cm，密被糙毛；托叶大，卵形，狭渐尖，长1.5～2cm，宽0.8～1cm。花雌雄异株；雄花序为柔荑花序，粗壮，长 3 ～ 8cm，苞片披针形，被毛，花被 4 裂，裂片三角状卵形，被毛，花药近球形，退化雌蕊小；雌花序球形头状，苞片棍棒状，顶端被毛，花被管状，顶端与花柱紧贴，子房卵圆形，柱头线形，被毛。

（2）生物学特性　喜光，适应性强，耐干旱瘠薄，也能生于水边，多生于石灰岩山地，也能在酸性土及中性土上生长；耐烟尘，抗大气污染力强。

（3）栽培技术　每年 10 月份采集成熟的构树果实，装在桶内捣烂，进行漂洗，除去渣液，便获得纯净种子，稍晾干即可干藏备用。由于种粒小，种壳坚硬，吸水较困难，播种前必须用湿细沙进行催芽。春季条播，行距 25 ～ 30cm，播种时，将种子和细沙混合均匀后撒入 2cm 深的条沟内，覆土以不见种子为宜，播后盖草，待三周后种子即发芽出土。做好出苗前期管护工作，防止鸟类及鼠害，保证种子的安全越冬。当年生苗木可达到 80 ～ 90cm，即可出圃造林。

（4）利用特点　构树能抗二氧化硫、氟化氢和氯气等有毒气体，可用作为荒滩、偏僻地带及污染严重的工厂的绿化树种，也可用作行道树和造纸。构树叶蛋白质含量高达 20% ～ 30%，氨基酸、维生素、碳水化合物及微量元素等营养成分也十分丰富，经科学加工后可用于生产全价畜禽饲料。

嫩叶可喂猪。利用生物技术发酵生产的构树叶饲料具有独特的清香味，不含农药、激素，猪喜吃，吃后贪睡、肯长。根据饲养生猪品种的不同和生长阶段的不同，饲料消化率达 80% 以上。

2. 桑树

桑树（*Morus alba* Linn.）属桑科桑属，为落叶乔木（见图 7.9），是水土保持、固沙的好树种。在我国，从东北的辽宁到西南的云贵高原，从西北的新疆到东南沿海各省，许多地方都种桑树。桑叶是喂桑蚕的主要食料，桑树木材可以制家具、农具，还可以作小建筑材料。桑皮可以造纸，桑条可以编筐，桑葚可以酿酒。因为桑树的经济价值高，尤其蚕丝是上等的纺织原料，随着国家经济建设事业的发展和人民生活水平的提高，对蚕丝的需要量也日益增加。因此，各地可以根据当地具体条件适当地发展种桑事业。

(1) 植物学特征　落叶乔木，高 16m，胸径 1m。树冠呈倒卵圆形、叶卵形或宽卵形，先端尖或渐短尖，基部圆形或心形，锯齿粗钝，幼树的叶子常有浅裂、深裂，上面无毛，下面沿叶脉疏生毛，脉腋簇生毛。聚花果（桑葚，桑果）紫黑色、淡红或白色，多汁味甜。花期 4 个月；果熟期 5 ～ 7 月份。

图 7.9 桑树

（2）生物学特性 喜光，对气候、土壤适应性都很强。耐寒，可耐 -40℃的低温，耐旱，耐水湿。也可在温暖湿润的环境生长。喜深厚、疏松、肥沃的土壤，能耐轻度盐碱（0.2%）。抗风，耐烟尘，抗有毒气体。根系发达，生长快，萌芽力强，耐修剪，寿命长，一般可达数百年，个别可达数千年。

（3）栽培技术

① 播前准备 选择土质疏松、土块容易打碎的好地，犁翻打碎土块后，开好排水沟，按行宽 70 ～ 80cm 划线，沿线施入腐熟有机肥，与泥土翻匀，整平地面。

② 播种方法 2 ～ 3 月份播种最适宜，先将播桑行线 10cm 宽的泥土充分打碎、充分淋水，然后沿播桑行线点播桑种，亩播种量 100 ～ 150g（每 10cm 播 3 ～ 6 粒），用细土面薄盖种子，最后盖草再淋水。行间套种黄豆、花生、蔬菜等经济作物（不要离桑苗太近），套种作物可在播种的同时进行，也可适当提前，争取 5 月份收获完，以免影响桑树生长。

③ 管理 播种后小苗阶段注意淋水，及时除草、施肥、除虫，套种作物收获后，及时施肥，不久就可养蚕。为了养树，当年不夏伐，冬季离地面 50cm 左右剪伐，按每亩 6000 ～ 7000 株（行距 70 ～ 80cm，株距 13.3 ～ 16.7cm）留足壮株，多余苗木挖去出售或自种，重施冬肥。

（4）利用特点 桑叶作为动物饲料消化率高、适口性好，消化率最高可达 95%，同时桑叶还可制成桑叶茶、饮料和食品添加剂，桑叶中含有黄酮、多糖、生物碱等多种生物活性物质，对降血压、降血脂、降血糖、抗衰老、增强免疫力等有良好作用。

3. 辣木

辣木（*Moringa oleifera* Lam.）是辣木科辣木属植物，乔木（见图 7.10）。

辣木在热带和亚热带地区栽种作为观赏树，也具有一定的经济价值。它的种子可净化水，出产食用油，在油漆和化妆品制造业中也有一定的价值。辣木叶是中国国家新资源食品，它的根同样可食用。

图7.10　辣木

（1）植物学特征　高3～12m，树皮为软木质，枝有明显的皮孔及叶痕，小枝有短柔毛。根有辛辣味，叶通常为3回羽状复叶，长25～60cm，在羽片的基部具线形或棍棒状稍弯的腺体。腺体多数脱落，叶柄柔弱，基部鞘状，羽片4～6对，小叶3～9片，薄纸质，卵形、椭圆形或长圆形，长1～2cm，宽0.5～1.2cm，通常顶端的1片较大，叶背苍白色，无毛。叶脉不明显，小叶柄纤弱，长1～2mm，基部的腺体线状，有毛。

（2）生物学特性　辣木性喜温暖、湿润，适生于年平均气温21℃以上、1月份平均气温11～18℃、极端最低气温3℃左右、年降水量为1000～2000mm的地区。对土壤肥力要求中等以上，在沙壤土长势不良。但对水分则要求较高。在土地肥沃、水分条件好的地方生长较快，而在土壤虽较肥厚，但水分较缺乏的地区生长不良。

（3）栽培技术　辣木移栽定植基本上与其他苗木一样，但最好能够选择在阴雨天进行移栽定植，与此同时需要及时浇灌定根水，从而有效保障辣木的成活率。在具体进行辣木移栽定植的过程中，需要注重对辣木的根系进行保护。如果需要使用扦插的方式进行造林，则需要选用长度在10～150cm左右、直径大约在14～16cm的大枝作为扦插条。

考虑到辣木对于水分的要求比较低，因此在进行移栽定植的过程中只需要确保土壤湿润即可。另外，不同的种植目的其栽植密度也有很大不同。比如说在采菜用梢以及采用果中，需要适当加大栽植密度，尽可能将株行距控制在0.8m×2m或者是1m×2m之内，而在采种和采叶中则需要适当减小栽植密度，最好将株行距控制在1.5m×2m或者是2m×2m之内。

（4）利用特点　辣木是一种有独特经济价值的热带植物，其用途广泛，它的叶片、果实富含多种矿物质、维生素等营养成分，作为蔬菜和食品有增加营养和食疗保健功能。种子含有生物絮凝活性成分，有净化水的特殊功能。辣木籽可协助改善、预防疾病，改善睡眠、延缓衰老，还可用来治疗肝脏、脾脏、经络等特殊部位的疾病。经常食用辣木籽可以增强免疫力、排毒、抗老化、抗癌，并对多种慢性及重大疾病都有积极的改善功效。

第二节　牧草常见功能活性成分

各类牧草中不仅含有常规的营养物质，还含有一些具有特殊生物学功能的营养活性物质或抗营养因子（见图 7.11），由于它们的含量较少，在传统营养学中，我们更多的是考虑常规的营养成分作用，很少考虑其中的营养活性成分。

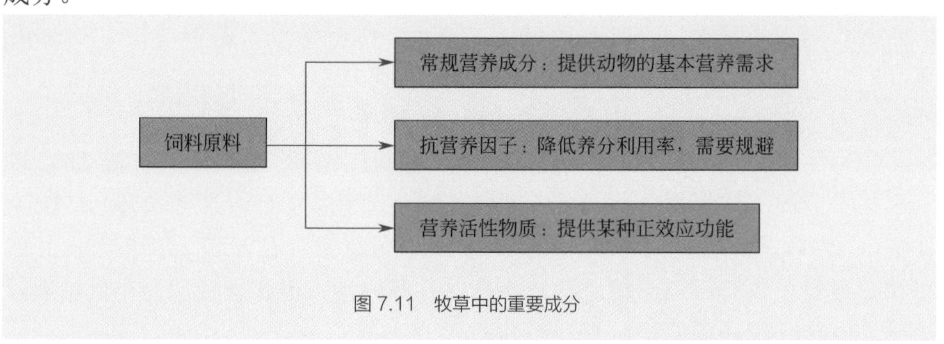

图 7.11　牧草中的重要成分

作为营养供给的物质，如蛋白质、脂肪、碳水化合物等，这些成分提供了动物生长发育的营养需求，在以往的研究中是主要的研究对象，近年来随着科技的发展，其中的功能性活性成分逐渐被发掘。这其中包括植物多糖类、生物碱类、花青素、黄酮类、皂苷类、植物精油、香豆素、有机酸、植物多酚类等（见图 7.12），它们在畜禽改善生产性能、提高机体免疫力、抗氧化、抗病毒、抗炎、抗癌等方面发挥显著功效。

此外，饲料中还含有一些抗营养成分，能降低动物对养分的吸收利用，如菜籽粕中的异硫氰酸酯、棉酚这些活性成分含量低，在不正确的处理下，常常发挥不了应有的作用，有的随代谢物被排出体外，成为污染源。比如在谷物饲料中，植酸磷的比例占总磷含量的 50% 以上，常用的麸皮、米糠类种皮原料，

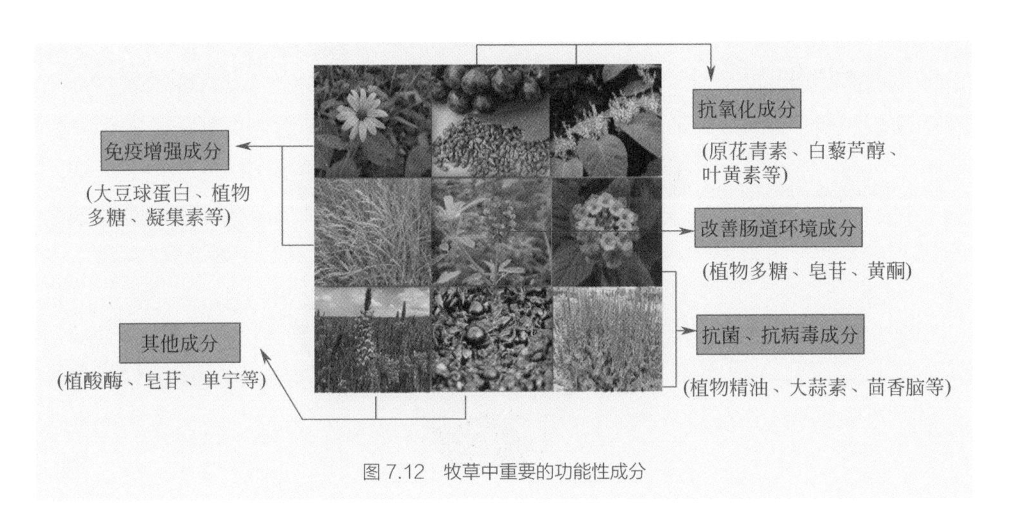

图 7.12　牧草中重要的功能性成分

植酸磷更是占总磷的 70% ～ 95% 的比例。植酸磷是植物饲料中磷的主要存在形式，植酸磷只有被植酸酶分解为无机磷后才能被动物吸收利用。由于动物体内缺乏消化植酸磷的植酸酶，所以正常情况下这些饲料植酸磷不能被利用，而是随粪便排出体外，成为环境磷污染的重要源头，通过外源植酸酶的添加，可以使植酸磷游离出来，成为可利用磷，减少饲料中磷酸氢钙等矿物质磷的使用，节约成本，同时减少了磷的排放，使饲料中原有的磷被最大程度地利用。常见功能活性成分如下所述。

牧草中功能性成分的关键性因子就是植物生物活性物质或植物化学物质。尽管此类化合物在植物中的含量甚微，然而却种类繁多。它们对大多数功能性饲料的健康效果起到重要作用。迄今为止，已针对各种包括牧草在内的植物活性物质展开了系统的生物活性研究，基本上已经明确了一些化合物用于功能性饲料的意义。

植物饲料中的功能性成分数量非常巨大。譬如，已经分离和鉴定的酚类化合物就有 6500 多种，其中属于类黄酮的就达 2000 多种。饲料中功能性成分巨大，根据其化学组成，主要分为以下几大类（见图 7.13）：①植物多糖；②蛋白质及多肽类；③生物碱 / 小檗碱类；④植物精油；⑤黄酮类；⑥多酚类。其中每一大类还包括诸多小类，如植物多糖及磷脂类包括低聚糖、长链多糖、糖醇及环多醇、脂肪酸及脂类等；酚类化合物还包括黄酮及黄酮醇类、花色素类、酚酮类、醌类、木酚素类、酚及酚酸类、单宁类等其他类。

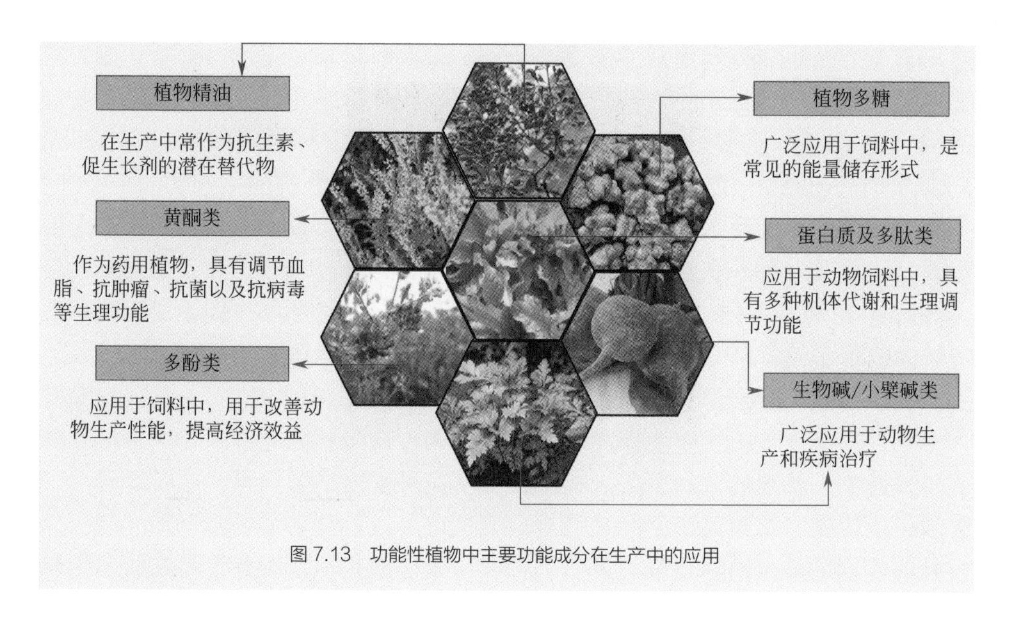

图 7.13　功能性植物中主要功能成分在生产中的应用

1. 植物多糖

一些糖类化合物是普遍存在于绿色植物体内的物质，对于大分子的糖类如淀粉、纤维素等分布也相当广泛。植物多糖是植物的常见能量储存形式，可从植物器官如果实、块茎、根部或种子中大量提取。由于植物碳水化合物特殊的单糖组成或特殊的组成结构决定了其特殊的生物学活性。其中，在牧草中最为常见且应用最广泛的是低聚糖和植物多糖。

多糖一般指的是分子中含 10 个碳以上的大链分子，功能性多糖的分子量比较大，一般在几万至几百万道尔顿以上，由一种或多种单糖残基按不同的比例以不同的糖苷键连接而成。组成多糖的单糖主要包括葡萄糖、果糖、阿拉伯糖、木糖、半乳糖、鼠李糖、岩藻糖、糖醛酸、甘露糖等。功能性多糖除具有特殊的单糖外，其功能的发挥还依赖于特殊的糖苷键，植物多糖的糖苷键主要有 α-1,4-、α-1,6-、β-1,3- 和 β-1,4- 型糖苷键，单糖间连成直链，也可以形成支链；直链多以 α-1,4- 和 β-1,4- 糖苷键相连，支链中链与链的连接点常为 α-1,6- 糖苷键。多数具有突出活性的多糖都以 β-1,3- 糖苷键相连，并以 β-1,3-D- 葡聚糖的构成为主链，同时具有一定的分支和特殊的基团。

一些植物多糖通常可作为食品增稠剂或乳化剂，那些不为人体所消化的植物多糖，都属于膳食纤维（dietary fiber）。20 世纪 70 年代，人们对膳食纤维给予了极大的关注，并且逐渐发现植物多糖有着广泛的生理学功能。在畜禽饲料中添加一定剂量的功能性多糖能够提高动物生产性能，改善肠道的环境，促进消化道形态的发育，并可减少腹泻，同时在抗应激、抗氧化、增强免疫力、防衰老等方面也发挥着生物学功能。目前，在苜蓿草、刺五加等牧草中提取的多糖具有广泛的生理作用，被逐渐应用到当前的畜禽生产中。

2. 生物碱

生物碱是含氮有机化合物，具有显著的生物活性，广泛存在于牧草中，尤其是双子叶植物茄科、罂粟、毛茛，以及单子叶植物百合、石蒜等科中（见图 7.14）。很多生物碱化合物已广泛应用于动物生产和疾病治疗中，如甜菜碱、阿托品（含颠茄碱）、可卡因（鸦片中提取）等。

图 7.14 罂粟和石蒜花

（1）小檗碱 小檗碱又名黄连素，是一种黄连植物提取物（见图 7.15），临床上主要用于治疗肠道感染，还具有改善胰岛素抵抗、增强胰岛素敏感性、降低人体血清胆固醇等多重药理学作用。此外，小檗碱还具有抗肿瘤的作用，小檗碱廉价低毒，其能通过抑制肿瘤细胞增殖、诱导肿瘤细胞凋亡、调节肿瘤微环境等多个途径发挥抗肿瘤的作用。

图 7.15 黄连中的小檗碱

（2）甜菜苷生物碱　甜菜苷类是一类含氮的水溶性植物色素，可分为两类：紫色的β- 花青苷以及黄色的甜菜黄素。甜菜是含甜菜碱最多的植物之一（见图7.16），在饲料业中广泛应用。甜菜碱作为甲基供体，与胆碱、蛋氨酸共同参与生化反应，甜菜碱在甲基化反应中，是胆碱的代谢中间体，可进行蛋白质合成。因此在鸡、猪料中甜菜碱可以替代部分蛋氨酸，分担蛋氨酸的供甲基功能，节省蛋氨酸，降低饲料成本。在仔猪断奶、腹泻以及肉鸡发生球虫病等应激时甜菜碱可通过 Na/K 泵有效地防止水分损失，对维持和稳定动物肠道离子平衡和消化机能起着非常重要的作用。甜菜碱还可参与脂肪代谢，可使脂肪量下降和重新分配，特别是对脂肪沉积加大的青年母猪和阉公猪有较明显的降脂作用。

图 7.16　甜菜苷

（3）苦参碱　苦参碱是由豆科植物苦参的干燥根、植株、果实经乙醇等有机溶剂提取制成的（见图 7.17），是一种生物碱。一般的苦参总碱，其主要成分有苦参碱、槐果碱、氧化槐果碱、槐定碱等多种生物碱，以苦参碱、氧化苦参碱含量最高。其他来源为山豆根及山豆根地上部分。苦参碱是常用中草药苦参中的有效成分，有时还以氧化苦参碱的形式存在。医学中已经把苦参或苦参碱制成各种剂型应用于临床。苦参对于提高雏鸡的生长速度、增强免疫功能以及防治球虫感染有显著作用；在仔猪饲料中添加苦参及其制品，对防治仔猪痢疾有效果，可提高仔猪增重。

3. 植物精油

植物精油是存在于植物中的一类具有芳香气味、可随水蒸气蒸馏出来而又与水不相混溶的挥发性油状成分的总称，大部分具有香气，如薄荷油、丁香油等。挥发油为混合物，其组分较为复杂，主要通过水蒸气蒸馏法和压榨法制取

图 7.17 苦参

精油。挥发油成分中的萜类成分多见，另外，尚含有小分子脂肪族化合物和小分子芳香族化合物。

植物精油作为抗生素促生长剂的潜在替代物，其作用方式为通过抑制肠道有害菌的生长，来增加肠道有益菌的数量，进而达到调节肠道微生物区系的目的。这对于处于应激阶段的动物，如断奶仔猪和饲养于较差环境的动物尤为重要。目前研究认为其抑菌机制可能是其作用并破坏了细胞壁结构，进而与细胞质膜作用，改变其对阳离子如 H^+ 和 K^+ 的渗透性，造成离子梯度耗竭，引起细胞基本代谢受损，从而使细胞成分渗漏，膜电位崩溃，抑制 ATP 合成或加速 ATP 水解，最终导致细胞死亡。

此外，植物精油对畜禽生产性能也有一定的作用。一些研究表明，牛至、月桂、鼠尾草、香桃木、茴香和柑橘中提取的精油混合物（见图 7.18），对肉鸡的生长具有改善作用。同时，植物精油对胃肠道的刺激，还能够增加消化液及消化酶的分泌，改善肠道形态。

4. 黄酮类

黄酮类（flavonoids），又称类黄酮、生物类黄酮或植物黄酮，是自然界中存在的一类低分子天然植物多酚类物质，现指具有以色酮环与苯环为基本结构的一类化合物的总称，是多酚类化合物中最大的一个亚类，目前已分离鉴定的达 8000 多种。目前生物类黄酮已引起国内外学者的广泛关注，成为研究开发抗生素替代品的热点。

黄酮类化合物在植物中分布较广，属于植物次级代谢产物，数量之多列天然酚类化合物之首，大多具有颜色。很多植物中含有黄酮类化合物（见图 7.19），如沙棘、菊芋花、银杏叶、葛根、芹菜、草木樨、甘草、淫羊藿、大豆、小麦等。

图 7.18 富含植物精油的植物

图 7.19 富含黄酮类的植物

黄酮类物质是自然界药用植物中的主要活性成分之一，具有调节血脂、消除氧自由基、抗氧化、抗肿瘤、抗菌以及抗病毒等生理功能。此外，某些黄酮类化合物还具有雌激素样生物活性并在家禽生产中起到重要作用，其化学结构与 17β- 雌二醇相比，芳环上有对应于雌二醇的 2 个羟基结构，这使其在理化特性上与 17β- 雌二醇有许多相似之处，所以也被称为植物雌激素。由于其具有多种生理功能，所以是重要的天然抗氧化剂和新型饲料添加剂。

最近几年有关类黄酮的大量研究表明，其主要有以下几种生物学功能：

① 类黄酮对动物的脂质代谢具有调节作用，能防止脂肪沉积，降低肉鸡腹脂率。

② 类黄酮具有抗氧化性能，能清除过氧化氢和超氧离子。

③ 类黄酮对内分泌有影响，能够促进胰岛 β 细胞的恢复，降低血糖和血清胆固醇，改善糖耐量，对抗肾上腺素的升血糖作用，同时它能够抑制醛糖还原酶。

④ 类黄酮能增强机体的非特异免疫功能和体液免疫功能。

⑤ 类黄酮还具有抗菌、抗病毒作用。

5. 多酚类

植物多酚（plant polyphenol）是一类广泛存在于植物体内的次生代谢物，具有多元酚结构，主要存在于植物的皮、根、叶和果实等中（见图 7.20），在植物中的含量仅次于纤维素、半纤维素和木质素。

图 7.20　浆果中富含植物多酚

多酚本是植物自身防御和种子保护等所需的重要物质，近年来随着对多酚生物学功能认识的不断加深，其生物学调节作用逐渐受到关注。植物多酚具有抗微生物作用，在预防微生物侵袭过程中起重要作用；具有抗氧化作用，能够降低细胞过氧化物含量或通过消除免疫反应途径中生成的过量自由基，来抑制脂质过氧化；具有抗炎作用及抗肿瘤作用。此外，植物多酚还具有通过免疫器官、免疫细胞及免疫分子调节机体免疫系统的功能，进而达到保肝护肾的功效。

植物多酚应用于饲料中能改善动物生产性能，增加消化酶分泌、促进胃肠道功能，改善肠道菌群，提高营养物质利用率，从而促进畜禽生长，还具有提高产蛋率的作用；多酚能够提高白细胞吞噬能力和 T 细胞转化率，促进血红蛋白、血清蛋白、抗体的合成，从而起到抗炎与提高免疫力的作用；茶多酚制剂能降低鸡肉产品胆固醇、脂肪的沉积，提高肉品的系水力和贮藏品质，提高肉鸡非特异性免疫球蛋白含量和不饱和脂肪酸含量，即同时具有保鲜与改善肉品质等作用。

第三节 常用的牧草功能性提取物

牧草中含有的活性物质数量非常巨大，相比于名贵中草药活性物质来说，具有来源广、产量高、价格低廉等优势。

一、免疫增强剂

在饲料行业，免疫增强剂是代替饲用抗生素而逐步发展起来的一类新型饲料添加剂，它是指一些单独使用即能引起机体出现短暂免疫功能增强作用的物质，有的可与抗原同时使用，有的佐剂本身也是免疫增强剂。其中的天然植物性免疫增强剂以其无残留、安全和免疫功效显著而日益被重视。

牧草中免疫增强剂来源广泛，原料价格低廉，安全环保，且多数可大批种植，所以开发牧草中天然植物免疫增强剂以逐步代替抗生素，可达到保护环境和增进健康的目的。中草药提取物中有较多的免疫增强成分，但其价格较高，人工种植受到一定的限制。近几年，从牧草中提取出一些同中草药相似的活性成分，在机体免疫力提高方面具有较好的应用前景。

1. 多糖

多糖（polysaccharide）是由糖苷键结合的糖链，是至少要超过 10 个单糖组成的聚合糖高分子碳水化合物，可用通式（$C_6H_{10}O_5)_n$ 表示。由相同的单糖组成的多糖称为同多糖，如淀粉、纤维素和糖原；以不同的单糖组成的多糖称为杂多糖，如阿拉伯胶是由戊糖和半乳糖等组成。多糖不是一种纯粹的化学物质，而是聚合程度不同的物质的混合物。多糖类一般不溶于水，无甜味，不能形成结晶，无还原性和变旋现象。多糖也是糖苷，所以可以水解，在水解过程中，往往产生一系列的中间产物，最终完全水解得到单糖。

（1）多糖在免疫调节中的作用

① 刺激免疫的作用，包括刺激巨噬细胞和淋巴细胞增殖，促进抗体产生。

② 促进和诱生干扰素作用等，刺激机体免疫功能发挥。

③ 解除免疫抑制作用，恢复正常免疫水平。

（2）苜蓿多糖　苜蓿中含有多种生物活性物质，它们主要是苜蓿多糖（见图 7.21）、皂苷、黄酮、香豆素、叶蛋白和膳食纤维等。苜蓿的蛋白质优良，在现蕾末期至开花期苜蓿干草蛋白质含量在 19% 以上，优质苜蓿干草蛋白质含量高达 22% 以上。

图 7.21　紫花苜蓿及苜蓿多糖

苜蓿多糖是从紫花苜蓿中提取出来的，是已被证明存在广泛生物学活性的物质之一。苜蓿多糖是由酸溶性碳水化合物构成的酸性多糖，属于非淀粉多糖，从苜蓿茎、叶中提取而来，主要成分为葡萄糖、甘露糖、鼠李糖、半乳糖醛酸和另一种未知单糖，不含蛋白质和淀粉。实验室中可用 Sevag 法提取并纯化多糖，得到的苜蓿多糖分子量在 20000 ～ 60000 道尔顿。

研究发现，苜蓿多糖具有多方面的生物活性，在一定剂量范围内对畜禽有明显的促进生长的作用，可提高养分的利用率，但其最主要的功效便是免疫增强作用。目前，苜蓿多糖的免疫调节功能逐渐被应用到生产中。

苜蓿多糖能够不同程度地促进畜禽免疫器官胸腺、法氏囊、脾脏、盲肠、扁桃体的发育，延缓胸腺的萎缩，还能改善肠道菌群，改善肠道形态发育，提高肠道免疫能力，促进肉鸡肠道后段有益菌的生长，特别是乳酸菌，抑制大肠杆菌的增殖。苜蓿多糖能促进B淋巴细胞对抗体的分泌，显著提高T淋巴细胞转化率，促进淋巴细胞、巨噬细胞增殖，提高血清中鸡新城疫抗体的滴度和巨噬细胞的吞噬指数，提高药物疗效和抗原免疫应答能力，能够激活免疫细胞，增强机体的抵抗力。在生产中畜禽会面临各种应激，产生氧化损伤，苜蓿多糖能够提高机体总抗氧化物水平，减少炎症相关因子的分泌，提高畜禽的抗氧化能力。

此外，苜蓿多糖还具有抗肿瘤、抗菌、抗感染、抗辐射、抗疲劳等作用。目前苜蓿多糖已经广泛应用到家禽和猪上，作为功能性添加剂使用，并收到了很好的效果。

2. 杜仲叶提取物

杜仲是我国独有的植物“活化石”，只有一科一属一种，为杜仲科杜仲属的多年生落叶乔木植物（见图7.22），在地球上已经生活了将近5000万年的时间。杜仲树的经济价值很高，资源稀少，属国家级珍稀濒危植物，为国家二级珍贵保护树种。杜仲全身是宝，其皮、叶、果、枝条中都含有丰富的代谢产物，这些代谢产物中的活性物质多达80多种。

图7.22 杜仲

杜仲叶是一种天然的中草药饲料添加剂，其主要功效成分绿原酸具有抑菌、抗应激、抗氧化、清除自由基、促进生长和改善肉质等多种功效。以杜仲叶为原料，采用现代先进提取工艺，可生产出具有优越的抑菌、抗氧化、清除自由基和促生长功能的高效、环保、安全、无毒副作用的绿色饲料添加剂，其主要生理功能有如下几方面：

（1）提高生产性能　杜仲叶中的有效成分能够促进消化器官成熟及消化液分泌；能够显著提高肉仔鸡成活率、平均体重；提高蛋鸡的产蛋性能；提高仔猪等家畜的日增重；降低发病率和死亡率等。

（2）免疫调节功能　杜仲叶提取物对细胞免疫具有双向调节作用，能够激活单核巨噬细胞系统和腹腔巨噬细胞的吞噬活性，增强机体的非特异免疫功能；能够缓解氢化可的松导致的 T 淋巴细胞百分率降低，能够提高免疫力低下的畜禽外周血中 T 淋巴细胞的增殖活性，使 T 淋巴细胞百分率提高，增强小鼠腹腔巨噬细胞的吞噬功能；对肉仔鸡有明显的体液免疫增强效果。

（3）抗氧化功能　日粮中添加杜仲叶提取物，可以显著增加肉鸡血清及肝脏谷胱甘肽过氧化物酶（GSH-Px）、超氧化物歧化酶（SOD）等抗氧化酶活力和抗超氧阴离子含量而使其总抗氧化力（T-AOC）显著提高，并使脂质过氧化产物 MDA 含量显著降低，从而有效地保护畜禽机体免受氧化应激。同时，血清中 NO 水平显著降低，也间接反映出体内氧自由基的含量降低。

此外，杜仲叶中的绿原酸还具有抗菌、抗病毒作用。体外抑菌试验表明，杜仲提取物对大肠杆菌、金黄色葡萄球菌、福氏痢疾杆菌、肺炎球菌、肺炎杆菌、炭疽杆菌、白喉杆菌等具有不同程度的抑制作用，同时在改善肉质、蛋品质和风味上也有重要作用。

二、抗氧化剂

抗氧化剂是指能够清除自由基对机体的损伤，提高机体抗氧化酶活性，或能有效延缓和防止饲料中营养成分被氧化变质的天然植物饲料添加剂。以下介绍绿原酸。

绿原酸，又名咖啡单宁酸，化学名为 3-*O*- 咖啡酰奎尼酸，是由咖啡酸与奎尼酸组成的羧酚酸。绿原酸在植物界的分布十分广泛，从双子叶植物到蕨类植物都有，是植物体在有氧呼吸代谢中的产物，是许多中药材以及水果蔬菜中的主要有效成分，具有多种生物活性。绿原酸主要存在于忍冬科忍冬属、菊科蒿属等植物中，在杜仲、金银花、咖啡、菊花等植物中的含量非常高（见图 7.23）。此外，马铃薯、胡萝卜、菠菜、苹果等蔬菜水果中也含有绿原酸。

绿原酸是一种有效的酚型抗氧化剂。其抗氧化能力要强于咖啡酸、对羟苯酸、阿魏酸、丁香酸、丁基羟基茴香醚（BHA）和生育酚。绿原酸之所以有抗氧化作用，是因为它含有一定量的 R-OH 基，能形成具有抗氧化作用的氢自由基，以消除羟基自由基和超氧阴离子等自由基的活性，从而保护组织免受氧化作用的损害。

图 7.23　绿原酸高含量植物

绿原酸有着重要的免疫调节作用。目前的研究发现，绿原酸对上皮内淋巴细胞上清液以及肠道固有层淋巴细胞上清液中 γ- 干扰素（IFN-γ) 和肿瘤坏死因子 -α（TNF-α）水平影响均较大。体外研究显示，绿原酸可显著增强流感病毒抗原引起的 T 细胞增殖，并且能诱导人淋巴细胞及人外周血白细胞生成 IFN-γ 和 TNF-α。此外，绿原酸亦能提高畜禽机体内的 IgE、IgG 和 IL-4 的水平。绿原酸也能够增强巨噬细胞的功能。

此外，绿原酸还具有抗紫外和抗辐射的作用，作为代表性天然多酚物质，可以保护胶原蛋白不受活性氧等自由基的伤害，有效防止紫外线对机体皮肤产生的伤害作用。还有其他的一些功能作用前文已涉及，这里不再赘述。

三、抗菌、抗病毒添加剂

丝兰提取物：丝兰（见图 7.24）属于龙舌兰科，是一种原产于北美干旱沙漠地区的多年生常绿小型灌木，在我国南方省市也有种植，主要用于城市绿化和观赏。民间医学认为丝兰具有抗关节炎和抗炎作用，含有甾类皂角苷、多糖及多酚等主要活性成分，同时含有特殊的皂角苷表面活性剂和尿素酶抑制剂复合物。作为一种天然植物添加剂，丝兰具有改善动物生产环境、增加畜禽肠道有益菌群的数量、改善营养物质的吸收、提高蛋白质利用率、提高机体免疫力、降低疾病发生率等优点，且安全无残留，因此在我国的养殖业中具有良好的社会经济效益。

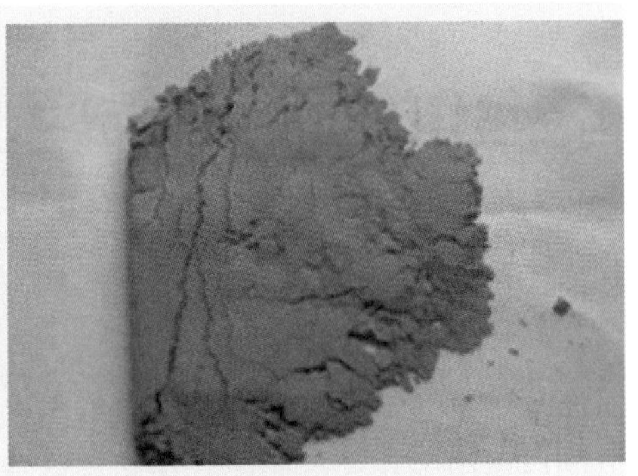

图 7.24　丝兰及其提取物

丝兰提取物的许多生物学功能都与其活性成分有关，其主要活性成分包括甾类皂苷、多糖、白藜芦醇和麟凤兰多酚。甾类皂苷是丝兰提取物最重要的活性成分，也是研究最清楚的成分，是一种天然的表面活化剂或乳化剂，有利于油脂的乳化，可促进甘油一酯的消化吸收。皂苷还具有使原虫细胞膜与胆固醇结合的能力，可破坏原虫细胞膜的完整性，导致细胞溶解。丝兰多糖作为肠道微生物利用的营养物质，具有调节肠道酸碱平衡，提高消化酶活性，提高蛋白质、维生素和矿物质利用率的作用。丝兰多酚对氨基具有强力的结合能力，可降低氨气含量。

（1）抗菌作用　据中国应用药理学记载，丝兰皂苷具有广谱抗菌作用，它对溶血性金黄色葡萄球菌、溶血性链球菌、肺炎双球菌、痢疾杆菌、伤寒杆菌、副伤寒杆菌、霍乱弧菌、大肠杆菌、变形杆菌、铜绿假单胞菌、百日咳杆菌及其常见的致病性皮肤真菌均有较强的抑制性。丝兰皂苷质量浓度为 1 ～ 10mg/L，能抑制牛链球菌和痢疾杆菌生长。在饲粮中添加丝兰皂苷可显著降低大肠杆菌数量，增加乳酸杆菌数量。

（2）减少氨气的排放　养殖场动物粪尿产生的臭味气体中，氨气占很大的比例，它与剧毒的硫化氢成为养殖场主要的臭气指标气体。粪便中氨气的产生主要是由于未消化的营养物质（尤其是含硫氨基酸）随粪便排出体外，被微生物发酵产生大量氨气和硫化氢；而尿中氨气的产生是由于脲酶的作用，促使氨气从尿素中大量逸出。肠道内蛋白质和氨基酸代谢产生的尿素在脲酶的作用下分解也会产生氨气。这些肠道氨气能损害黏膜上皮组织，影响黏膜细胞的生理代谢，破坏肠道正常菌群组成，打破肠道酸碱平衡，使肠道消化酶活性降低，最终影响饲料的消化吸收。

（3）调节肠道微环境　肠道中的环境复杂，其中的营养物质、理化环境和微生物菌群都处于一个动态平衡过程，才能保证营养物质的高效消化和吸收。平衡一旦被打破，动物就会出现各种消化问题。氨气是一种弱碱性气体，是影响肠道理化平衡的一个重要因子。丝兰提取物可降低肠道内氨气的含量，维持肠道的酸碱平衡，为消化酶发挥最高活性作用提供适宜的 pH 条件，促进了营养物质的消化吸收。

丝兰提取物中的皂苷可改变肠道绒毛结构和黏膜厚度，使得营养物质吸收面积增加，还能结合肠上皮细胞膜上的胆固醇形成复合物，将其清除，增加肠黏膜细胞的通透性，减少膜表面张力。皂苷还能与细菌表面的与胆固醇结构相似的化合物结合，增加细菌细胞壁和细胞膜的通透性，使得外源酶的分泌增加而降解细菌周围的大分子，使营养物质的吸收更快。

另外，丝兰皂苷通过对肠道原虫的抑制作用影响了原虫对细菌的吞噬，使得肠道内纤维分解细菌的数量增加，更有助于纤维素在消化道后段的发酵和降解。

四、唇形科植物提取物的功能及应用

唇形科植物（见图 7.25）中的酚类化合物含量较高，被人们认为是内源性酚类化合物的主要来源。以紫苏为例，此类植物中含有丰富的酚酸类、桂皮酸类和黄酮类衍生物，包括迷迭香酸、咖啡酸、酰基酒石酸、阿魏酸、原儿茶醛、咖啡酸乙烯酯、迷迭香酸甲酯和迷迭香酸乙酯等。

1. 抗氧化作用

唇形科植物如止痢草、百里香、迷迭香、丁香、肉桂等植物提取物有较强的抗氧化性，被广泛用作饲料添加剂。

止痢草是一种广泛分布于地中海地区的唇形科芳香植物。从止痢草叶片和花中以蒸汽蒸馏加工得到的精油具有抗氧化活性。香芹酚和百里香酚是止痢草精油中 2 种主要的酚类物质，占 78% ～ 82%。研究表明，止痢草植物提取物能更有效地延缓肉仔鸡脂质氧化，而不受贮藏时间的影响。饲粮中添加止痢草植物提取物能提高肉鸡血清抗氧化活性。止痢草、百里香和迷迭香提取物可以提高鸡肉和鸡蛋的氧化稳定性。

2. 抗肿瘤作用

酚酸类物质具有保护细胞的作用，表现出对癌症初始发展的影响。多酚通过调节癌细胞增殖的有丝分裂原活化蛋白激酶（MAPK）和 PI_3 激酶活性参与抗肿瘤过程。酚酸在炎性中间体的形成中起关键作用，能影响环加氧酶 2 的表

图 7.25 常见的唇形科植物

达和活性，这是一种参与肠道疾病（如结肠癌）的发展相关的酶。利用代表不同癌症阶段的各种癌细胞系，可以研究植物酚酸类提取物的抗肿瘤功能。有证据表明，咖啡酸和绿原酸对癌症发展具有一定的抑制作用，并可作用在细胞的分化、增殖或凋亡上。马郁兰提取物在人乳腺癌细胞上表现出细胞的促凋亡作用，其中迷迭香酸表现出强烈的活性。紫苏提取物可抑制小鼠皮肤肿瘤的形成，且其抗肿瘤活性与提取物中的迷迭香酸含量相关。

3. 抗菌活性

目前，研究人员已从紫苏、迷迭香、薄荷、夏枯草、鼠尾草等多种唇形科植物中分离获得具有抗菌活性的酚酸类化合物，如迷迭香酸、鼠尾草酸、咖啡酸、绿原酸等。

紫苏粗提物对大肠杆菌和金黄色葡萄球菌具有明显的抗菌活性，其有效的抗菌成分主要有 4 种，分别是迷迭香酸、3,3- 二乙氧基迷迭香酸、咖啡酸和木犀草素，其中迷迭香酸和 3,3- 二乙氧基迷迭香酸抗菌活性最强。研究表明，迷迭香酸可以改变细菌细胞膜的透性，导致还原糖和蛋白质的渗漏，影响细胞正常代谢，也可通过抑制 DNA 聚合酶的活性而影响 DNA 复制，从而发挥抗菌作用。此外，迷迭香叶子提取物中的鼠尾草酸对李斯特菌、变形球菌、黏性链球菌、唾液链球菌等都具有抗菌活性。这些酚酸成分也被证实具有抗真菌活性，如迷迭香酸可通过特定的作用抑制植物病原真菌菌丝的生长和孢子的萌发；咖啡酸对一些植物真菌，如黄曲霉有很好的抑制效果。

薄荷提取物具有抗菌抗炎的功能，研究者采用气相色谱 - 质谱联用仪分析了薄荷精油的成分，在鉴定出的 21 种成分中，异佛尔酮（41.22%）、*β*- 石竹烯（10.01%）、斯巴醇（2.89%）、*β*- 蒎烯（1.45%）和桉树脑（1.13%）为主要成分。采用琼脂扩散法和微量肉汤稀释法对薄荷精油的抗菌活性进行了研究，结果表明，枯草芽孢杆菌及变形杆菌出现最大的抑菌环。

夏枯草提取物有抑制和抵抗金黄色葡萄球菌、大肠杆菌、青霉及黄曲霉的作用，主要是夏枯草提取物的水溶部分在起作用，并且水溶部分可以有效抑制结核杆菌，具有明显的抑菌活性。夏枯草的抗病毒作用表现在其阻碍病毒复制、抑制细胞病变等效应，临床上在有效治疗单纯疱疹病毒性角膜炎中达到了高效率、低毒素的目的。

鼠尾草提取物对金黄色葡萄球菌表现出不同程度的抑制作用，其中二氢丹参酮与隐丹参酮的抗菌活性较强。研究表明，醌式基团为抑菌作用的活性基团，邻醌的作用最强。以甘西鼠尾草为原料提取制得的消炎醌溶液，对无乳链球菌、枯草杆菌、金黄色葡萄球菌均具有较强的抑菌作用。

五 . 百合科大蒜提取物的功能及应用

大蒜在我国多个地区广泛种植，是一种药食两用的植物资源。大蒜各部位含有多种活性成分，被誉为“地里长出来的抗生素”。诸多研究表明，大蒜提取物（见图 7.26）具有抗菌消炎、防治癌症、抗氧化、增强免疫力等生理活性，已广泛应用于医药、食品、化妆品等领域。

（1）抑菌作用　大蒜素抗菌谱广，抑菌性强，对革兰阳性菌和革兰阴性菌都具有极强的杀灭作用，可有效抑制鱼类、畜禽类常见疾病的发生。大蒜的挥发性物质、大蒜汁及大蒜浸出液对多种致病菌如葡萄球菌、痢疾杆菌、大肠杆菌、脑膜炎双球菌、肺炎双球菌、白喉杆菌、副伤寒杆菌、链球菌、结核杆菌、霍乱弧菌等都有明显的抑菌或杀菌作用。其作用机制是由于大蒜中含有的有效成分大蒜素、大蒜新素分子中的氧原子与微生物生长繁殖所必需的半胱氨酸分子中的巯基相结合，干扰微生物细胞的分裂、生长和代谢，最终导致细胞壁破裂，达到杀灭微生物的目的。

（2）抗肿瘤作用　大蒜中含有多种抗癌物质，大蒜提取液能阻断霉菌对硝酸盐的还原作用，阻断细菌、霉菌对亚硝胺合成的促进作用，其部分机理在于大蒜中所含的有机硫化合物可与亚硝酸生成硫代亚硝酸酯类化合物，从而抵消其毒性。

图 7.26　大蒜及其提取物

（3）免疫增强作用　在饲料中添加适量大蒜素，动物摄取后皮毛光亮、体质健壮、抗病力增强，同时也降低了饲料消耗、提高了蛋鸡产蛋量，可促进鱼类和畜禽健康生长，提高成活率。

（4）调味诱食作用　大蒜素具有浓烈、纯正的大蒜气味，可替代饲料中的其他香味剂。它能改善饲料异味，刺激鱼类、畜禽产生强烈的诱食效果，使之食欲大增，增加采食量。

（5）改善动物品质　在饲料中添加适量的大蒜素，可以有效地调节刺激肉中香味氨基酸的形成，增加动物肉或蛋的香味成分，从而使动物肉或蛋的风味更加鲜美。

（6）降毒驱虫、防霉保鲜　在饲料中添加大蒜素，具有清瘟、解毒、活血化瘀的功能，可显著降低饲料中汞、氰化物、亚硝酸等有害物质的毒性，并可有效地驱除虫、蝇、螨类等，起到稳定饲料质量、改善畜禽舍内环境的作用。

（7）抗球虫作用　大蒜素对鸡球虫有良好的防治效果，在非球虫疫区可替代抗球虫药物。

六、十字花科植物提取物的功能及应用

十字花科植物（见图 7.27）包括 330 多个属，约 3709 种，除南极洲外各大洲均有分布，尤以北温带分布最多。我国有 102 属，412 种。该科植物有些可作蔬菜食用，有些能入药，有些供观赏。十字花科以其极高的营养价值和药用价值逐渐引起了人们的关注。

图 7.27 常见的十字花科植物

芥子碱（sinapine）广泛存在于十字花科植物中，在十字花科植物（见图7.28）的生理代谢调控、提高植物抗病性和改善营养品质等方面起着非常重要的作用。近年来的研究揭示了芥子碱不仅是一种非常有价值的天然抗氧化剂，在抗衰老药物的研究中具有重要意义，还具有显著的降血压、抗辐射、抗炎、抗腹泻和抗雄激素活性等功效。芥子碱主要存在于十字花科植物中，其价格低廉、来源相当广泛、提取制备方法简便，这对于用其开发成新型药物有着广阔的应用前景。

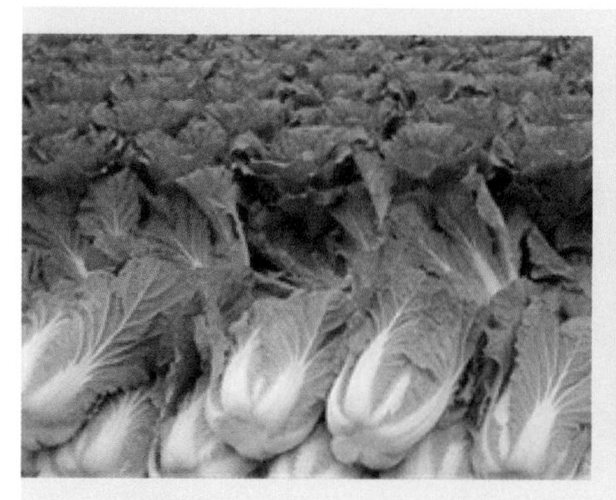

图 7.28 十字花科植物中富含芥子碱

（1）降压作用　有研究者首先报道了从莱菔子中分离得到的芥子碱具有降压作用。近年来有关芥子碱降压作用的报道较多，由于芥子碱能够通过多种机制抑制细胞内钙浓度升高，说明其是一种有效的钙阻滞剂，可发挥降压等作用。

（2）抗辐射、抗氧化作用　芥子碱有很强的辐射保护作用，它是一种潜在的抗癌物质。芥子碱在辐射和活性氧攻击中不仅可以防止碱基损伤，而且能更有效地减少链的断裂，因此它是一种非常有价值的保护物质。芥子碱的保护作用强于咖啡酸，芥子碱和芥子酸等还具有较强的抗氧化活性，对超氧阴离子自由基的清除能力是抗坏血酸的140倍。因此，鉴于芥子碱类物质对自由基的清除能力，可以推断，它们对酶催化活性的抑制作用还有可能通过对氧化性物质的清除来实现。

（3）抗雄性激素作用　芥子碱能显著抑制由丙酸睾酮诱发的去势雄性小鼠前列腺增生，降低小鼠包皮腺湿重和血清酸性磷酸酶活力，提示芥子碱具有抗雄性激素活性，可能是白芥子为抑制前列腺增生的活性成分之一。

（4）抗肿瘤作用　研究者采用溶剂萃取法制备芥子碱，通过CAM模型，检测芥子碱对CAM新生血管生成的影响。发现与生理盐水对照组相比，中、大剂量芥子碱组实验作用部位的血管生成明显受抑，周围血管网模糊，密度减少，而小剂量组差异不显著。说明芥子碱具有一定的抗血管生成活性，且其作用效果呈剂量依赖性。因此推测芥子碱对一系列血管生成疾病如糖尿病视网膜病变、银屑病、动脉粥样硬化、类风湿性关节炎等顽疾也同样适用。

第四节　植物提取物在畜禽日粮配合中的应用技术

自20世纪50年代发现饲料中低浓度的抗生素不但可以预防动物疾病，还可以促进畜禽的生长以来，各种抗生素随之被广泛添加于饲料中用作生长促进剂。特别是现代畜牧业在追求最大经济价值的驱动下，人们开始大量使用抗生素来提高畜禽生产性能。随着研究的不断深入，饲料中长期添加抗生素的负面效应逐渐受到人们的关注，长期使用抗生素，能够使部分细菌产生耐药性，耐药菌又将耐药因子传递给其他敏感菌，从而导致超级耐药菌的产生。杀灭病原菌，动物生产者不得不提高给药剂量。通常，饲料中所使用的抗生素或化学合成药物在体内会产生一定的蓄积，当不按规定用药、停药时，在畜禽体内积蓄的药物不能被动物代谢排出，从而会残留在畜禽产品中对人体产生危害；其次，某些耐药菌对抗生素的抵抗力还会影响人类某些疾病的预防和治疗。

研究表明，天然植物提取物由于没有化学合成药物的弊端，其所含的活性成分不但具有抗菌作用，还具有抗病毒和抗氧化等特性，在畜禽上应用不仅能够提高动物的生产性能，改善幼龄动物的肠道环境，增强动物免疫力，还能提高母畜的繁殖性能。植物提取物最初运用于饲料中是因其香味可以影响养殖动物的采食习惯、促进唾液和消化液分泌从而提高采食量，在动物生产中的作用主要表现为改善适口性、提高采食量、促进唾液和其他消化液的分泌。随着不断地深入使用，现取代抗生素中最为直观的作用是，植物提取物中的化学活性物质可以通过杀菌、通过对细菌选择性抑制从而有利于消化道菌群的生态平衡，保证肠道健康，提高动物对营养成分的吸收利用，且在动物体内没有任何残留和副作用及体外的残留排出物。因此，植物提取物替代抗生素在畜禽生产中的应用越来越受到人们的关注。

一、牧草中功能性提取物在饲料生产中的应用研究

1. 提高动物免疫力和抗病力

存在于牧草天然提取物中的免疫活性成分主要有多糖、皂苷、生物碱、精油和有机酸等。其免疫调节作用是多方面的，不仅与各种免疫细胞有关，还与细胞因子的产生和活性密切相关，同时天然植物饲料添加剂对免疫系统的影响往往受机体因素及用药剂量的影响，呈双向调节作用，这也是植物提取物免疫机理的复杂之处。

2. 促进动物生长

植物提取物促生长机理可能包括以下几个方面：第一，通过改善饲料适口性来增加动物采食量；第二，植物提取物能够提高内源酶的分泌量，增强其活性，调节肠道微生物菌群，提高饲料养分利用率；第三，影响营养物质吸收后在体内的转化利用，提高能量用于生长的转化；第四，调控与生长相关的激素分泌，促进动物生产性能的提高。

3. 改善肉品质

肉的风味受氨基酸、脂肪酸、肌苷酸、硫胺素等风味物质的影响。中草药饲料添加剂影响肉品风味变化主要是通过改变肌肉中氨基酸、肌苷酸含量，改善脂肪酸达到的。大蒜素、芦荟多糖、甜菜碱、植物活性肽以及黄芪、葛根等提取物对肉质风味的改善是显而易见的，但是有些机理还不是很清楚，需要加强该方面的研究。

二、植物提取物在不同畜禽上的应用

1. 植物提取物在猪生产中的应用

（1）在断奶仔猪养殖中的应用　断奶仔猪对各种应激状况的应对能力差，体内微生态平衡脆弱，再加上免疫系统不够完善，因此常常发生腹泻，导致其生长发育受到抑制甚至死亡，给养殖户带来一定的经济损失。由于抗生素在治疗猪腹泻方面疗效甚微，故天然植物提取物的研究日益受到人们的关注，并且现今已有大量试验证明植物提取物对断奶仔猪饲料转化率、肠道健康和生长发育等具有显著的促进作用。

研究表明，在仔猪饲粮中添加植物精油提取物使仔猪平均日增重和平均日采食量分别提高 5.04% 和 3.0%，料肉比降低 1.9%，且植物精油中的活性成分对革兰阳性菌和革兰阴性菌具有强烈的抗菌特性。在断奶仔猪日粮中添加牛至油预混剂，试验组比对照组腹泻率减少 40%；在断奶仔猪饲料中添加适量的牛至油使仔猪日增重提高 15.19%，料重比下降 12%。

日粮添加 0.03% 的植物精油提取物，可显著提高仔猪的日增重和饲料转化率。有研究者在 21 天断奶仔猪日粮中添加不同水平的复合植物提取物（5% 香芹酚、3% 肉桂醛和 2% 辣椒油树脂）也得到相同的结果，植物提取物的促生长作用可能与其能促进幼龄动物早期肠道发育、调节肠道菌群结构有关。仔猪饲粮中添加精油复合物（百里香酚和肉桂醛）50g/t、100g/t 或 150g/t，结果表明，与对照组相比，添加精油能够降低仔猪腹泻率和粪中大肠杆菌数量，增加淋巴细胞转化率和吞噬率，同时增加血液中的 IgA、IgM、C_3 和 C_4 含量，添加 100g/t 和 150g/t 精油组能够显著改善仔猪日增重和饲料转化率。

同样研究表明，在 35 天的仔猪试验中，与不添加抗生素的负对照组相比，添加精油组（百里香酚和肉桂醛复合物）和正对照组仔猪平均日增重和粪便评分显著改善、干物质和粗蛋白消化率以及淋巴细胞增殖显著增加、仔猪空肠绒毛高度与隐窝深度比显著增加、盲肠和结肠以及直肠中大肠杆菌的数量显著降低、结肠中总需氧菌数量显著降低；与负对照组相比，正对照组血浆中 IGF-1 水平显著增加；与负对照组相比添加精油组血浆中白介素 -6 显著降低、肿瘤坏死因子水平显著增高、血浆总抗氧化能力增加，同时结肠中乳酸菌与大肠杆菌比显著增加。

由此可见，某些植物提取物具有特殊的芳香气味，可改善饲料的适口性，进而提高动物的采食量；另一方面，植物提取物所含活性成分如百里香酚、香叶醇、香柠檬油等物质具有抗菌作用，可以杀灭胃肠道的有害微生物，改善胃肠道微生态平衡。因此，在仔猪饲料中添加植物提取物不但能够促进仔猪阶段的健康生长，同时对仔猪后期生长发育也具有积极的作用。

（2）植物提取物对生长肥育猪的影响　在猪生长肥育阶段，养殖者希望通过使用较少的饲料而得到较快的增长速度。植物性饲料添加剂在动物饲养和兽医学上早有研究。特别是在欧洲，减少养猪生产中使用抗生素的压力迫使研究人员开发具有抗生素类似作用且有利于环境的替代物。生长肥育阶段，猪日粮中添加植物提取物，在生长速度和饲料利用率方面能起到与抗生素类似的效果，从而可以更好地发挥生长猪的生产潜力。

研究结果表明，饲料中添加黄芪多糖对生长肥育猪的生产性能具有一定的提高趋势，同时，在饲料中的黄芪多糖能提高生长猪血液中球 / 白比值，提高机体体液免疫和细胞免疫的能力。在肥育猪的饲粮中添加茶多酚能提高肥育猪肌肉总抗氧化能力，添加一定浓度的茶多酚，有利于提高生长肥育猪的免疫性能，在一定程度上还能降低腹泻率。

因此，在生长肥育猪饲粮中合理使用植物提取物能够有效降低抗生素的使用量，同时，能够提高猪采食量、改善料重比。

（3）植物提取物对母猪的影响　植物提取物不仅可以作为母猪的抗菌、促生长剂，而且可以提高母猪的繁殖能力。功能性植物提取物（见图 7.29）可提高母猪泌乳第 1 周蛋白质的消化率；添加止痢草提取物的经产母猪，其平均日采食量比对照组高 10%；母猪年死亡率显著降低，泌乳期母猪的淘汰率显著降低；同时窝产活仔数增加，分娩率增加，产死胎数降低。总体来看，添加止痢草提取物的经产母猪的年死亡率比对照组减少 43.79%，泌乳期的母猪淘汰率显著降低，同时分娩率增加 8.84%，窝产活仔数增加 1.4 头 / 窝，产死胎数降低 22.22%；饲粮中添加止痢草提取物可以提高 26% 的胰岛素样生长因子（IGF-1）和 10% 的 γ，δ-T 淋巴细胞的水平。黄芪多糖粉能有效提高妊娠后期母猪的生产性能，改善出生仔猪的健康水平，能够有效预防妊娠母猪的各种繁殖障碍和疾病，窝均产仔数、窝均活仔数和窝均活仔重均高于对照组；弱仔率、死胎率、木乃伊率和畸形率分别比对照组降低 3.53%、1.03%、0.35% 和 0.32%；孙明梅等指出，在哺乳母猪基础日粮中添加植物提取物能明显改善哺乳母猪的泌乳性能，提高哺乳仔猪的生长性能，降低哺乳仔猪的腹泻率及死亡率。由此可见，植物提取物在母猪生产中的作用效果也相当显著。

2. 植物提取物在反刍动物生产中的应用

（1）提高采食量和饲料消化率　为了提高动物的采食量和饲料消化率，生产实践中除了考虑饲料原料的质量及配合方式外，天然的饲料添加剂也逐渐被广泛应用。众多研究显示，植物提取物能够提高反刍动物的采食量和饲料消化率。

图 7.29 生产中常用的功能性植物

植物提取物的作用效果与饲粮类型有关。洋蓟素和葫芦巴提取物制成的商品添加剂添加到高精料的荷斯坦奶牛的饲粮中，与对照组比较，采食量有所提高。植物精油添加到小母牛的饲粮中，结果显示在高粗料饲喂条件下，粗蛋白的消化率低于对照组。垂柳和银百合的提取物以 30mL/d 的剂量添加到羔羊的全混合日粮（TMR）中，研究其对消化能（DM）、采食量（OM）及消化率的影响。结果显示，与对照组相比，3 期试验后（每期 21 天）垂柳添加组对 DM、OM 的影响中，其平均日采食量分别由 1039kg、912kg 提高到 1104kg、966kg，消化率分别由 81.0%、82.1% 提高到 85.2%、86.0%；同时，粗蛋白和粗脂肪的采食量和消化率也显著提高。

（2）抑制甲烷的生成　植物提取物添加剂，抑制瘤胃甲烷产生，不仅能够降低反刍动物甲烷生成对环境的影响，而且可以减少瘤胃发酵过程中的能量损失，提高饲料的利用率。

植物提取物单宁具有降低瘤胃甲烷生成的作用。以三叶草和苜蓿为发酵底物，研究富含缩合单宁的黑荆树提取物（0.615g/g）对甲烷生成的影响，结果显示，甲烷生成量较对照组平均下降 13%。植物挥发油也具有降低瘤胃甲烷产量的作用。研究植物提取物对瘤胃发酵的影响时，筛选的样品中有 35 种提取物使甲烷产量平均降低 15%，其中 6 种富含植物油的提取物达到 25% 以上，而这些提取物对瘤胃发酵的其他指标并无显著影响。皂苷也具有减少甲烷产生的功效，将茶皂苷以3g/d的剂量添加到50日龄的羊羔饲粮中，经过2个月的饲喂后，平均日产甲烷量减少了27.7%，且原虫数量减少了41%。

（3）提高过瘤胃蛋白数量　植物提取物可与蛋白质结合形成不易被瘤胃微生物降解的复合物，从而提高过瘤胃蛋白的数量。单宁是一种天然的过瘤胃蛋白保护剂，在瘤胃发酵过程中，pH值在5.0～7.0时单宁和蛋白质结合成稳定的复合物，不易被瘤胃微生物降解。当复合物流经真胃（pH 2.5）和小肠（pH 8.0～9.0）时，蛋白质与单宁分离，被胃蛋白酶和胰蛋白酶分解成容易被机体吸收的小分子物质，即起到过瘤胃保护作用。

植物提取物可以通过抑制原虫或与蛋白质降解有关的微生物的生长，从而减少蛋白质在瘤胃中的降解。体外、体内试验研究证实，皂角苷可以调控瘤胃微生物的发酵，改善阉牛的生长性能，减少铵态氮的产生，增加丙酸的浓度，抑制甲烷的产生。皂角苷之所以对瘤胃发酵产生这些影响，是因为在原虫细胞膜上存在甾醇结构，皂角苷可以和这些甾醇结构结合，造成原虫细胞膜破裂，降低原虫的溶菌活性，甚至杀死原虫，从而减少原虫的数量。对辣木籽（皂苷含量40.9g/kg干物质）和胡黄连根（单宁含量97.6g/kg干物质）的提取物进行体外发酵时，二者使瘤胃铵态氮浓度分别降低了14%和35%，且不影响饲料消化率。可能的机制在于，提取物抑制了瘤胃内的氨化菌的繁殖。

给反刍动物饲喂含有缩合单宁的牧草或者在饲粮中添加缩合单宁提取物，会降低反刍动物甲烷的释放量和瘤胃产气量。单宁之所以能够对瘤胃发酵产生这些影响，是因为单宁能够和蛋白质、碳水化合物结合。由于单宁的这种性质，当它与瘤胃微生物酶相互结合时，会影响酶的活性；单宁与瘤胃微生物细胞结构中的蛋白质、多糖类物质结合后，抑制瘤胃微生物的活性，从而降低甲烷产量和瘤胃产气量。单宁的这种作用只是抑制了细菌的活性，并没有使细菌灭活。

（4）调控瘤胃发酵模式　乙酸/丙酸值在一定程度上反映了瘤胃发酵类型，常被用于饲粮的比较和相对营养价值的评定，在生产实践中也常作为调节精粗料饲喂比例的参考。植物提取物的添加可降低乙酸/丙酸值，提高丁酸的含量，可以在一定程度上维持反刍动物葡萄糖代谢平衡，特别是高粗料饲粮，可以缓解葡萄糖合成不足而导致的一些问题。

有研究指出，瘤胃铵态氮浓度下降的主要原因是皂角苷抑制了原虫的活性，而铵态氮主要是由原虫产生的。皂角苷对革兰阳性菌的抑制作用也是通过破坏细胞膜而起作用的。革兰阳性菌通常产生乙酸，皂角苷抑制了那些不产生丙酸的原虫和革兰阳性菌的活性，而使革兰阴性菌在瘤胃内环境中大量繁殖，从而造成丙酸积累。因而皂角苷增加丙酸，减少乙酸的产量，影响瘤胃发酵类型。

在瘤胃中，植物精油能够和微生物细胞膜结合，其中活性组分环烃的疏水性使得植物精油能够聚集在细菌细胞膜的磷脂双分子层中，占据了脂肪酸链中的空间，改变细胞膜的构象，导致膜的流动和膨胀。由于细胞膜失去了稳定性，离子会通过细胞膜渗透，改变渗透压。为了维持细菌正常的生命，大量的能量被用于通过离子泵来维持正常的渗透压分配用于细菌。正常生长的能量减少，使生长受到抑制，瘤胃微生物群落被改变，从而也改变了瘤胃发酵类型。这种作用机制对革兰阳性菌更为有效，因为革兰阳性菌的细胞膜能够直接与植物精油中的疏水性化合物相互作用，而革兰阴性菌的细胞壁是亲水性的，通常不会允许亲脂性的物质进入到细胞中。

（5）改善畜产品品质　随着生活水平的提高和膳食健康意识的增强，人们对畜产品的追求逐渐由数量转为对品质的追求。生产上常用的化学合成防腐剂不仅增加了生产成本，而且合成添加剂的使用也影响肉质的风味。目前，植物提取物作为一种天然的添加剂，已被广泛用于改善畜产品品质。将百里香叶的提取物添加到母羊的饲粮中（3.7% 和 7.5%），研究其对所产羔羊羊肉品质的影响，结果显示，试验组羔羊肉颜色变暗的时间较对照组显著延长，脂肪的氧化腐败和有害菌的数量也显著低于对照组，同时获得了较好的感官品质。

3. 植物提取物在家禽生产中的应用

（1）对肉禽生长性能的影响　在实际养殖条件下，使用植物提取物饲料添加剂可以显著提高黄羽肉鸡日增重、降低料肉比及死亡率、改善饲料报酬等。

某农业大学研究了免疫程序对肉鸡使用植物提取物饲料添加剂效果的影响。在雄性罗丝肉鸡日粮中添加植物提取物，试验中一半肉鸡在 3 日龄时进行饮水免疫，另一半不免疫，试验结果发现，不论肉鸡免疫与否，添加植物提取物饲料添加剂都显著提高 41 日龄肉鸡增重，在 37 日龄时饲料报酬显著改善。

在肉鸭饲料中添加适量的甜叶菊多糖（100 ～ 200g/t）可以显著改善鸭肉品质（见图 7.30）。将在青绿饲料中提取的功能性植物多糖添加到禽类饲料中，可以有效改善禽类的健康。禽类对饲料来源的胡萝卜素、叶黄素、辣椒红等色素转化利用率低，会沉积到皮下、肌间脂肪、鸡蛋等位置。沉积的脂肪会成为内毒素（LPS）、三甲胺、杂环氮等异味物质的富集池，导致肌肉异味。类似地，鸡、鸭、鸽子、鹅等禽类，会发现，脂肪是黄色的，它们对胡萝卜素以及其他类胡萝卜素的分解转化能力差。常见的宰杀后的鸡、鸭外皮颜色发黄，尤其是对于快速生长的动物，生长过程中产生的胺类来不及排泄，大量沉积在肌肉中。然而，当饲料中添加了植物多糖后，可以促进消化系统对这些色素的吸收效率，减少脂肪和肌肉中色素的沉积，减少饲料中异味物质的沉积，进而减少内毒素的产生，改善禽类产品的风味和质量，提高经济效益。

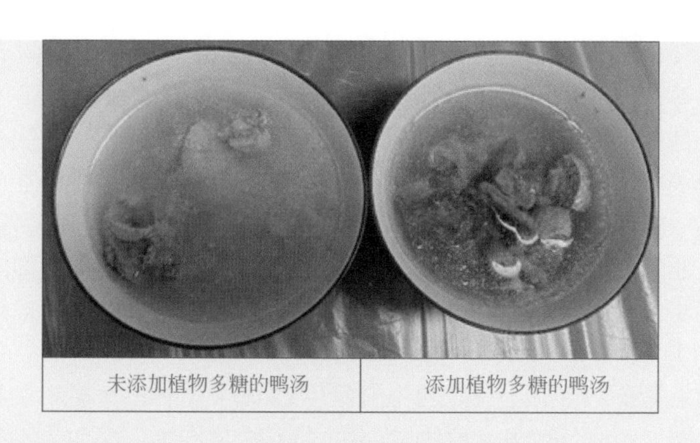

图 7.30 植物提取物对鸭肉品质的影响

（2）对蛋、种禽生产性能的影响 植物提取物饲料添加剂对蛋、种鸡的生产性能的影响也有很多报道。选择 32 周龄的罗曼蛋鸡，在日粮中添加止痢草、迷迭香、藏红花的提取物和 α- 生育酚（维生素 E）进行了 56 天试验，结果表明，4 种添加剂对母鸡生产性能没有显著影响。但是，根据统计学原理可以把 1 个处理组与其他组的平均值进行比较，结果发现，添加止痢草提取物可以提高母鸡的产蛋率（2%）和饲料报酬（3%）。在德国最大的散养蛋、种鸡公司的试验结果表明，在第 26 ～ 56 周的蛋鸡饲料中添加植物提取物饲料添加剂可以提高产蛋量和降低母蛋、种鸡的死亡率与淘汰率。

（3）对家禽排泄物的影响 饲料在被畜禽胃肠道消化吸收过程中，将会产生氨、硫化氢、粪臭素等臭味气体，特别是未完全被胃肠道消化吸收的营养物质，含有大量的臭味物质，尤其是未被消化吸收的蛋白质臭味更严重，这些臭味物质随粪便排出体外污染舍内外环境。而艾蒿含有丰富的氨基酸、维生素以及矿物质，可有效地提高机体对饲料营养物质的消化率和吸收率，从而减少粪便中未被消化吸收的物质，也降低了粪便中的臭味气体。

（4）对家禽消化的影响 研究表明，来源于植物香料和药草植物的植物饲料添加剂对动物的营养物质消化可产生正面作用。日粮中添加辛辣成分（如姜黄素、辣椒素和胡椒碱）已被证明可以刺激肠黏膜和提高胰腺消化酶的活性。辛辣物质辣椒素和胡椒碱与肉桂醛拥有共同的合成途径。研究日粮中添加 100mg/kg 的百里香酚和肉桂醛对肉仔鸡促胰消化酶分泌的影响，结果发现，添加百里香酚和肉桂醛无论对于 21 日龄还是 40 日龄肉仔鸡的淀粉酶、脂肪酶和胰凝乳蛋白酶活性都有显著性影响，且在 21 日龄时，添加百里香酚肉鸡的脂肪酶、胰蛋白酶和胰凝乳蛋白酶活性分别比对照组提高 29%、18% 和 14%；与肉桂醛相比，添加百里香酚更易对消化酶产生影响。

（5）对家禽免疫系统的影响　植物提取物对畜禽的免疫调节作用主要体现在其对机体免疫因子和相关细胞因子的影响方面。例如，茯苓、淫羊藿、甘草等中草药中的多糖是免疫刺激剂，具有促进胸腺体液反应、提高白细胞分泌干扰素和免疫球蛋白以及抑制细菌和病毒繁殖的作用。蒺藜科植物中的皂苷对于奶牛血液中 IgM、IgG 等免疫因子的分泌具有促进作用。此外，部分植物提取物还可以促进免疫器官如法氏囊、脾脏等的生长，进而增加机体的免疫能力。植物提取物对幼龄反刍动物具有显著的增强免疫力的功效。有研究表明，蒲公英、葎草等植物的提取物对减少犊牛腹泻、提高免疫力均具有积极的作用。

禽肠道是营养物质消化吸收的主要场所，同时，肠道免疫系统也是机体的重要免疫防线。有学者指出，植物提取物具有减少有害菌群的数量、改善畜禽肠道内有益菌群的结构、提高消化酶活性和促进肠道绒毛形态发育等功效。此外，植物提取物对肠道黏膜上皮的免疫相关细胞因子的表达也具有促进作用。通过以上这些功效，植物提取物可以有效预防病毒、细菌对肠道和肠道微生态的破坏和感染，降低疾病的发生率。

中草药属于植物，现已明确，部分中草药对预防仔猪的腹泻和减缓断奶应激具有较好的效果。添加植物提取物能够抑制仔猪肠道大肠杆菌的生长与繁殖，同时增加乳酸杆菌和双歧杆菌等有益菌的数量，进而维持肠道的微生物区系平衡。植物提取物也对畜禽肠道具有一定的修复损伤的作用。

参 考 文 献

[1] 张文华，蒲小鹏．牧草品质对生长期羔羊生长性能、养分利用和微生物氮产量的影响 [J]. 中国饲料，2019，（22）：107-110．DOI：10. 15906/j. cnki. cn11-2975/s. 20192224.

[2] 张晓庆，郝正里，李发弟．植物单宁对反刍动物养分利用的影响 [J]. 饲料工业，2006，27（13）：44-46. DOI：10. 3969/j. issn. 1001-991X. 2006. 13. 014.

[3] 陈天来，刘宇珍．提高蛋鸡生产水平的技术措施 [J]．吉林畜牧兽医，2021，42（1）：33-35．DOI：10. 3969/j. issn. 1672-2078. 2021. 01. 026.

[4] 秦国栋，谭子超，周东，等．不同桉树精油添加水平对笼养白羽肉鸡生长性能、免疫机能和抗氧化机能的影响 [J]．动物营养学报，2021，33（3）：1408-1417．DOI：10. 3969/j. issn. 1006-267x. 2021. 03. 023.

[5] 田玮，苏兰丽，赵改名．蛋白质和氨基酸对羊毛的生长的影响 [J]．中国饲料，2001,（19）：23-24. DOI：10. 3969/j. issn. 1004-3314. 2001. 19. 013.

[6] 金光明，关正祖．皖西白鹅消化系统的解剖学研究 [J]．安徽农业技术师范学院学报，1994，8（1）：54-56.

[7] 王少兵，陶显娣，季慕寅，等．优质牧草对瘦肉型猪生长性能及其胴体品质的影响 [J]．畜牧与兽医，2013，45（5）：18-21.

[8] 宋燕，苗翠萍．牧草品种选择时应考虑的几个方面 [J]．养殖技术顾问，2010，（5）：41.

[9] 向伟庆．选择种植优良牧草品种的要领 [J]．河南农业科学，2003，（10）：64-65.

[10] 董建平，齐会生，钟乃扣．牧草栽培配方施肥技术 [J]．农技服务，2011，28（5）：630-631.

[11] 王永树．牧草病虫害及其防治浅析 [J]．畜牧与饲料科学，2012，33（1）：30-31.

[12] 康敬国，罗六伟，杜利勤，等．林草间作技术研究 [J]．河南林业科技，2005，（2）：12-13.

[13] 张丽芬．高产牧草的种类及栽培管理技术 [J]．畜牧与饲料科学，2013，34（10）：43-44.

[14] 邢福，周景英，金永君，等．我国草田轮作的历史、理论与实践概览 [J]．草业学报，2011，20（3）：245-255.

[15] 全国畜牧总站．主要优良饲草高产栽培技术手册 [M]．北京：中国农业出版社，2010.

[16] 王培胜，刘宪丽，刘东颖，等．刺松藻多糖对肝癌 Hca-F 荷瘤小鼠的抑瘤作用 [J]．中国海洋药物，2010，29（5）：40-43.

[17] 郑文明，呼天明．肉仔鸡日粮中添加苜蓿草粉效果研究．家禽科学，2005，（4）：9-11.

[18] 夏素银等．苜蓿草粉饲粮添加纤维素酶对蛋鸡生产性能、蛋品质及养分利用率的影响．草业学报，2011,（5）：183-191.

[19] 张子仪．中国饲料学 [M]．北京：中国农业出版社，2000.

[20] 杨凤．动物营养学 [M]．北京：中国农业出版社，2011.

[21] 王成章，王恬．饲料学 [M]．北京：中国农业出版社，2003.